U0314911

人力资源和社会保障部职业能力建设司推荐
有色金属行业职业教育培训规划教材

镁合金压铸生产技术

主　编　高自省
副主编　白坤举　陈振兴

北　京
冶金工业出版社
2012

内 容 简 介

本书是有色金属行业职业教育培训规划教材之一，是根据有色金属企业生产实际、岗位技能要求以及职业学校教学需要编写的，并经人力资源和社会保障部职业培训教材工作委员会办公室组织专家评审通过。

本书系统地介绍了压铸镁合金及镁合金压铸的工艺和技术，简要地介绍了CAD/CAM/CAE在压铸模设计上的应用，并对镁合金压铸生产质量控制和镁合金压铸安全生产与管理做了比较详细的介绍。

本书可作为高等学校、职业院校相关专业和企业培训教材，也可作为大、中专院校相关专业教师、企事业单位专业技术人员和领导干部等人员的参考读物。

图书在版编目(CIP)数据

镁合金压铸生产技术/高自省主编 . —北京：冶金工业出版社，2012.3

有色金属行业职业教育培训规划教材

ISBN 978-7-5024-5808-9

Ⅰ.①镁… Ⅱ.①高… Ⅲ.①镁合金—压力铸造—技术培训—教材 Ⅳ.①TG292

中国版本图书馆 CIP 数据核字（2012）第 005168 号

出 版 人 曹胜利
地　　址 北京北河沿大街嵩祝院北巷 39 号，邮编 100009
电　　话 (010)64027926 电子信箱 yjcbs@cnmip.com.cn
责任编辑 张熙莹 美术编辑 李 新 版式设计 孙跃红
责任校对 王永欣 责任印制 李玉山
ISBN 978-7-5024-5808-9
北京百善印刷厂印刷；冶金工业出版社出版发行；各地新华书店经销
2012 年 3 月第 1 版，2012 年 3 月第 1 次印刷
787mm×1092mm 1/16；18 印张；474 千字；267 页
47.00 元
冶金工业出版社投稿电话：(010)64027932 投稿信箱：tougao@cnmip.com.cn
冶金工业出版社发行部 电话：(010)64044283 传真：(010)64027893
冶金书店 地址：北京东四西大街 46 号(100010) 电话：(010)65289081(兼传真)
（本书如有印装质量问题，本社发行部负责退换）

序

有色金属是重要的基础原材料，产品种类多，关联度广，是现代高新技术产业发展的关键支撑材料，广泛应用于电力、交通、建筑、机械、电子信息、航空航天和国防军工等领域，在保障国民经济和社会发展等方面发挥着重要作用。

改革开放以来，我国有色金属工业持续快速发展，十种常用有色金属总产量已连续 7 年居世界第一，产业结构调整和技术进步加快，在国际同行业中的地位明显提高，市场竞争力显著增强。我国有色金属工业的发展已经站在一个新的历史起点上，成为拉动世界有色金属工业增长的主导因素，成为推进世界有色金属科技进步的重要力量，将对世界有色金属工业的发展发挥越来越重要的作用。

当前，我国有色金属工业正处在调整产业结构，转变发展方式，依靠科技进步推动行业发展的关键时期。随着我国城镇化、工业化、信息化进程加快，对有色金属的需求潜力巨大，产业发展具有良好的前景。今后一个时期，我国有色金属工业发展的指导思想是：以邓小平理论和"三个代表"重要思想为指导，深入落实科学发展观，按照保增长、扩内需、调结构的总体要求，以控制总量、淘汰落后、加快技术改造、推进企业重组为重点，推动产业结构调整和优化升级；充分利用境内外两种资源，提高资源保障能力，建设资源节约型、环境友好型和科技创新型产业，促进我国有色金属工业可持续发展。

为了实现我国有色金属工业强国的宏伟目标，关键在人才，需

　　要培养造就一大批高素质的职工队伍，既要有高级经营管理者、各类工程技术人才，更要有高素质、高技能、创新型的生产一线人才。因此，大力发展职业教育和职工培训是实施技能型人才培养的主要途径，是提高企业整体素质，增强企业核心竞争力的重要举措，是实现有色金属工业科学发展的迫切需要。

　　冶金工业出版社和洛阳有色金属工业学校为了适应有色金属工业中等职业学校教学和企业生产的实际需求，组织编写了这套培训教材。教材既有系统的理论知识，又有生产现场的实际经验，同时还吸纳了一些国内外的先进生产工艺技术，是一套行业教学和职工培训较为实用的中级教材。

　　加强中等职业教育和职工培训教材的建设，是增强职业教育和培训工作实效的重要途径。要坚持少而精、管用的原则，精心组织、精心编写，使教材做到理论与实际相结合，体现创新理念、时代特色，在建设高素质、高技能的有色金属工业职工队伍中发挥积极作用。

中国有色金属工业协会会长　康义

2009 年 6 月

前 言

本书是按照人力资源和社会保障部的规划，参照行业职业技能标准和职业技能鉴定规范，根据有色金属企业生产实际、岗位技能要求以及职业学校教学需要编写的。书稿经人力资源和社会保障部职业培训教材工作委员会办公室组织专家评审通过，由人力资源和社会保障部职业能力建设司推荐作为有色金属行业职业教育培训规划教材。

镁及镁合金由于具有密度小、比强度高、耐冲击、阻尼性及屏蔽性能好、易于回收等一系列优良性能和特点，其应用领域不断扩大，加之地球上镁资源蕴藏丰富，几乎可以说是"取之不尽，用之不竭"，因此，镁及镁合金被称为新世纪最有发展前途的绿色工程材料。我国是镁产业大国。我国的镁资源储藏量、原镁产量、镁及镁制品出口量稳居全球第一。2010 年我国原镁产量达65.38 万吨，占全球原镁产量80% 以上。但是，从总体上看，我国镁及镁合金成形加工技术比较落后，距美国、德国、日本等发达国家还有一定距离。加强基础科学的研究，不断提高镁产业从业人员的整体素质，不断提高我国镁产品的工艺技术水平和质量，将我国由镁产业大国变为镁产业强国，这正是我国镁产业所面临的艰巨任务。

材料成形加工是材料应用的基础。由镁合金的性能特点决定，现阶段在多种镁合金成形方式中，压铸镁合金仍占据主流地位。虽然压铸镁合金有着普通铸造成形金属的一系列几乎是难以克服的缺陷，但是镁合金压铸成形所具有的高效率、高密度、低消耗以及少、无机械加工等突出的优点，使得压铸镁合金近几年发展非常迅速，每年都是以 20% 以上的速度增长，不断地成为钢铁、铝和塑料等材料的替代品，在机械制造、电子、家电、通信、仪表、航空航天领域得到或正在得到广泛应用。尤其是在走向低碳大背景下，汽车以及手动工具、设备轻量化的过程中，压铸镁合金更是担任了主要角色。进一步提高我国镁合金压铸产业的整体水平，提高镁合金压铸产品的质量和效率，这正是我们编写本书的初衷。

在中国有色金属工业协会镁业分会及有关镁冶炼、加工企业的指导和帮助下，鹤壁职业技术学院材料工程系自 2004 年开始创办了冶金技术（镁业方向）、材料成形与控制技术（镁业方向）等涉镁专业，并成为镁业分会培训基地。根据产业、教学和培训需要，我们编写了镁合金压铸方面的教材，并且通过深入企业，不断吸收和总结镁合金压铸过程新工艺、技术和经验，对该教材不断进行修订和完善。本书系统地介绍了压铸镁合金及镁合金压铸工艺和技术，简要地介绍了 CAD/CAM/CAE 在压铸模设计上的应用，并对镁合金压铸生产质量控制和镁合金压铸安全生产与管理做了详细的介绍。全书共分 11 章，为了便于学习和掌握本书内容，我们在每章后面安排了复习思考题。在编写过程中，我们本着主要面向生产一线，重在应用的指导思想，强调工艺和技术，基本理论以简明够用为度。因此，本书适合作为职业院校、企业培训的教材，也可作为大、中专院校相关专业师生、企事业单位专业技术人员和领导干部等人员的参考读物。

在本书编写过程中，主编、副主编提出编写大纲，提供有关资料并统稿，具体编写分工为：高自省：前言、1.1～1.3 节、2.1～2.4 节；白坤举：4.1～4.5 节、11.1～11.10 节、参考文献；陈振兴：3.1～3.4 节；窦明：5.1～5.4 节、6.1～6.3 节；邓晶想：7.1～7.3 节；张新海：7.4 节和 7.5 节；李博：7.6 节和 7.7 节、8.1 节；杨霆（安阳职业技术学院）：8.2 节和 8.3 节、9.1～9.6 节、10.1～10.5 节。

在本书的编写过程中，我们借鉴了多位专家学者的成果，尤其参考了陈振华、潘宪曾、许并社、彭继慎、王振东、李清利等人的著作或文献资料。在此，向他们表示衷心的感谢。

在本书编写过程中，鹤壁地恩地新材料科技有限公司、鹤壁金山镁业有限公司、鹤壁物华镁加工有限公司、山东华胜荣镁业科技有限公司、山西闻喜银光镁业集团、山西启真镁业有限公司等镁业企业的专业技术人员和一线工人为我们提供了无可替代的帮助，使本书增色不少。在此，向他们表示衷心的感谢。

在本书编写过程中，我院材料成形与控制技术（镁业方向）专业应聘到全国各地镁合金压铸企事业单位的毕业生，心系母校专业建设，从产学结合的角度，为本书的编写提供了大量帮助。在此，向他们表示衷心的感谢。

鹤壁职业技术学院开拓了我国高职镁业教育和镁业在职培训的先河。在这个过程中，中国有色金属工业协会镁业分会的吴秀铭、孟树昆、徐晋湘先生及专家组的诸位专家们，鹤壁市镁工业协会的冯用全、王勇、延双鹤先生，他们多次莅临学院，关注我院的镁业教育和镁业在职培训的专业建设，倾注了大量心血，在多方面给予指导、支持和帮助。在此，向他们表示衷心的感谢。

作为一种新兴金属材料，镁合金压铸成形的历史还很短，且镁合金压铸成形工艺基本上是从铝合金压铸成形工艺照搬过来的，随着科技的发展和进步，镁合金压铸成形工艺和技术发展、提高的空间还非常之大；同时，由于我们各方面水平所限，本书难免存在不足之处，敬请各位专家和读者不吝赐教，以利今后修订和完善。

编　者
2011 年 7 月

目　　录

1 镁合金及压铸镁合金

1.1 纯镁的基本性能

1.1.1 力学性能

在 293K 下，纯度为 99.98% 时，镁的动态弹性模量为 44GPa，静态弹性模量为 40GPa；纯度为 99.80% 时，镁的动态弹性模量为 45GPa，静态弹性模量为 43GPa。随着温度的提高，镁的弹性模量下降，弹性模量与温度的关系如图 1-1 所示。纯镁的泊松比约为 0.35。纯镁的蠕变断裂数据如图 1-2 所示，阻尼性能如图 1-3 所示。

室温下镁的力学性质见表 1-1。温度和应变速率对镁拉伸性能的影响如图 1-4 和图 1-5 所示。可以看出，纯镁不论是铸态的还是变形态，其强度均较低，塑性较差。这是由于其晶体结构主滑移面为基面(0001)，滑移系数目较少造成的，且其临界切应力也只有 4.8 ~ 4.9MPa。当温度提高到 423 ~ 498K 时，由于棱柱面（10$\bar{1}$0）和棱锥面（10$\bar{1}$1）也开始参与滑移，因而高温塑性较好，在 373K、473K、523K 和 573K，其伸长率可分别达到 18%、28%、40% 和 58%，故可进行各种形式的热变形加工。

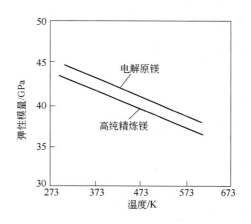

图 1-1　纯镁的弹性模量与温度的关系

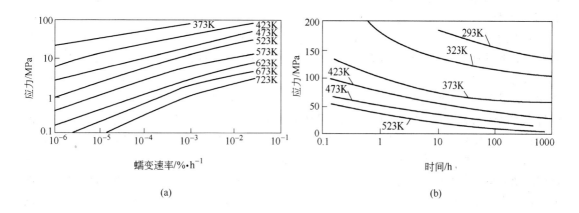

(a)

(b)

图 1-2　纯镁的蠕变断裂性能
（a）蠕变速率与应力和温度关系曲线；（b）应力与时间和温度关系曲线

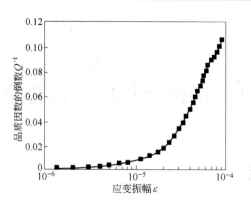

图 1-3　纯镁的阻尼性能

表 1-1　室温下镁的力学性质

加工状态及 试样的规格	抗拉强度 σ_b/MPa	屈服强度 σ_x/MPa	弹性模量 E/GPa	伸长率 δ/%	断面收缩率 ψ/%	硬　度	
铸　态	11.5	2.5	45	8	9	30（HBS）	
变形状态	20.0	9.0	45	11.5	12.5	36（HBS）	
砂型铸件 ϕ13mm	90	21		2~6		16（HRE）	30（HB）
挤压件 ϕ13mm	165~205	69~105		5~8		26（HRE）	35（HB）
冷轧薄板	180~220	115~140		2~10		48~54 （HRE）	45~47 （HB）
退火薄板	160~195	90~105		3~15		37~39 （HRE）	40~41 （HB）

　　镁属于密排六方晶体结构，虽然这种结构的体致密度和原子配位数与面心立方晶体相同，但由于两种晶体原子密排面的堆垛方式不同，晶体的塑性变形能力相差悬殊。面心立方晶体具有 12 个滑移系，而密排六方晶体在室温下只有 1 个滑移面（0001），也称基面，滑移面上的 3 个密排方向 $[\bar{1}\bar{1}20]$、$[\bar{2}110]$ 和 $[12\bar{1}0]$ 与滑移面组成了这类晶体的滑移系，即密排六方晶体在室温下只有 3 个滑移系，其塑性比面心和体心立方晶体都低，塑性变形需要更多地依赖于孪生来进行。因此，密排六方晶体金属的塑性变形依赖于滑移与孪生的协调动作，并最终受制于孪生；滑移与孪生的协调动作是此类金属和合金塑性变形的一个重要的特征。实际上，同为密排六方晶体的金属，但如果轴比不同，晶体的塑性变形能力也存在着很大差异，例如，锌的塑性就比镁的要高得多，拉伸时锌多晶体的伸长率大约为 40%，而镁多晶体的只有 10%，锌是镁的 4 倍。可见，要了解和掌握镁的塑性变形能力，必须对其晶体结构中孪晶的微观特征进行细致地分析。图 1-6 所示为镁孪生前后密排六方晶体中（0001）晶面上的原子的二维排列图形。在密排六方晶体中，孪生面是（10$\bar{1}$2）面，（10$\bar{1}$2）与（1$\bar{2}$10）晶面在晶胞中的位向如图 1-7（a）所示；在（1$\bar{2}$10）晶面上，沿孪生面（10$\bar{1}$2）两侧孪生过程中原子排列的变化情况如图 1-7（b）所示，孪生结束后，沿孪生面两侧的两部分晶体以（10$\bar{1}$2）为镜面对称，形成

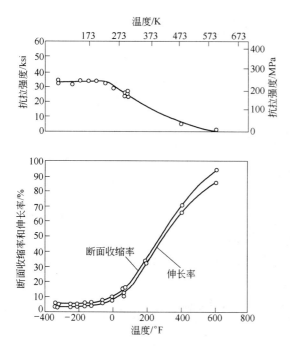

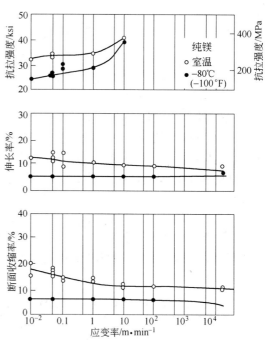

图 1-4 试验温度对镁拉伸性能的影响

（挤压态试棒直径为 15.875mm，应变速率为 1.27mm/min）

图 1-5 室温和 -79℃下拉伸速度（应变率）
对金属镁拉伸性能的影响

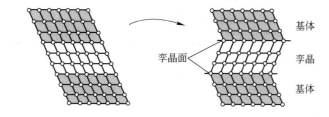

图 1-6 镁孪生前后密排六方晶体中（0001）晶面上的原子的二维排列图形

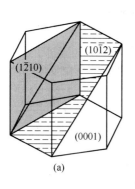

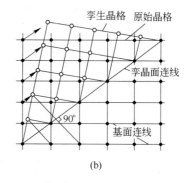

(a)   (b)

图 1-7 密排六方晶体中（1$\bar{2}$10）晶面上孪生的原子偏移情况

（a）密排六方晶胞中（1$\bar{2}$10）、（0001）晶面和（10$\bar{1}$2）孪晶面；

（b）（1$\bar{2}$10）晶面上孪生前后的原子排列情况（箭头表示孪生方向）

孪晶。

金属在外力作用下，首先发生的是弹性变形，在弹性范围内应力与应变符合胡克定律：

$$\sigma = E\varepsilon \quad \text{或} \quad \tau = G\gamma$$

式中　σ, τ——分别为拉应力和切应力；

　　　　ε, γ——分别为正应力和切应变；

　　　　E, G——分别为弹性模量和切变模量。

金属的弹性模量 E 的大小取决于原子间的结合力，而原子间结合力的大小又与原子的间距有关，所以单晶体的弹性模量是有方向性的。

镁的弹性模量比较低，约为铝的 60%，钢的 20%。但镁的单晶体的弹性模量的各向异性不像锌、镉那样大（见表1-2）。较低的弹性模量是镁作为结构材料的一个重要的特性。由于金属的弹性模量是一个对组织不敏感的指标，因此镁合金同镁一样弹性模量也很低。当受同样外力时，镁合金结构件能够产生较大的弹性变形，受到冲击载荷时能够吸收较大的冲击功。正是由于这个原因，镁合金被用于制造飞机起落架和赛车的轮毂，在民用工业中用于风动工具的零件。

表1-2　HCP 金属 Al、Mg、Zn、Cd 的单晶体与多晶体的弹性模量

金　属	单　晶　体								多　晶　体	
	E_{max}/GPa	方位[1]	E_{min}/GPa	方位[1]	G_{max}/GPa	方位[1]	G_{min}/GPa	方位[1]	E[2]/GPa	G[2]/GPa
Al	77	[100]	64	[111]	29	[100]	25	[111]	72	27
Mg	51.4	0°	43.7	53.3°	18.4		17.1		45	18
Zn	126.3	70.2°	35.6	0°	49.7		27.8		100	37
Cd	83	90°	28.8	0°	25.1		18.4		51	22

[1] 密排六方单晶体的方位是指外力与晶轴所成的角度。

[2] 多晶体的弹性模量和切变模量具有伪各向同性，表现为单晶体在各个方向上的平均值。

1.1.2　物理性能

镁的一般物理性能见表1-3。

表1-3　镁的一般物理性能

性　　能		量　值
原子序数		12
原子价		2
相对原子质量		24.305
原子体积/cm³ · mol⁻¹		13.99
原子直径/nm		0.320
密度 (20℃)/g · cm⁻³	变形的（纯度为99.9%）	1.7381
	铸造的（纯度为99.9%）	1.7370
多晶体镁的平均线膨胀系数		25.0×10^{-6}
单晶体镁的平均线膨胀系数/℃⁻¹	15~35℃（沿 a 轴）	27.1×10^{-6}
	15~35℃（沿 c 轴）	24.3×10^{-6}

性　能		量　值
热导率(400K 时)/W·(m·K)$^{-1}$		153
比导电率(与铜的导电率之比)/%		38.6
多晶体镁在20℃时的电阻率/Ω·m		4.46×10^{-8}
单晶体镁18℃时的电阻率/Ω·m	沿 a 轴	4.54×10^{-8}
	沿 c 轴	3.77×10^{-8}
电阻温度系数/℃$^{-1}$	在20℃时的多晶体镁	0.01784
	在18℃时的单晶体镁（沿 a 轴）	0.01889
	在18℃时的单晶体镁（沿 c 轴）	0.01610
熔点/℃		649
熔化潜热/J·g^{-1}		372.376
681℃时的表面张力/N·cm^{-1}		5.63×10^{-3}
沸点(101325Pa)/℃		1107
蒸发潜热/J·g^{-1}		5506.144
升华热(25℃时)/J·g^{-1}		6113~6238
燃烧热/J·g^{-1}		25083.08
液态镁在650℃时的热容量/J·(g·℃)$^{-1}$		1.2552
镁蒸气的比热容/J·(g·℃)$^{-1}$		0.8703
结晶时的体积收缩率/%		3.97~4.2
由649℃（固态）冷到20℃的收缩率/%		2
电化当量/mg·C^{-1}		126
磁导率（CGS制）		1.000012
声音在固态镁中的传播速度/m·s^{-1}		4800
对铂的温差电动势/μV	在 -190℃时	$+300 \times 10^{-6}$
	在 +100℃时	$+410 \times 10^{-6}$
与氧化合时产生的热量(MgO)/J·mol^{-1}		6.12×10^{5}
对光的反射率/%	当 $\lambda = 0.500$m 时	72
	当 $\lambda = 1.000$m 时	74
	当 $\lambda = 3.000$m 时	80
	当 $\lambda = 9.000$m 时	93
滑移面	在20~250℃时的一次滑移面	(1000)
	在250℃以上的二次滑移面	(10$\bar{1}$0)
对晶作用面		(10$\bar{1}$2)

1.1.3　耐蚀性能

镁的标准电位为 -2.37V，比铝的标准电位（-1.66V）低，是负电性很强的金属，其耐蚀性很差。

镁很容易与空气中的氧化合，生成一层很薄的氧化膜（MgO）。这种薄膜多孔疏松，远不如铝及铝合金的氧化膜坚实致密（见表 1-4），因此其保护作用很差。镁在各种介质中的腐蚀情况见表 1-5。

表 1-4　镁及某些常用金属的氧化膜的相对致密性

金　属	氧　化　物	氧化物的分子体积与金属的原子体积之比
不能生成致密氧化膜的金属		
钾	K_2O	0.41
锂	Li_2O	0.57
钠	Na_2O	0.57
钙	CaO	0.64
硅	SiO_2	0.73
镁	MgO	0.79
能生成致密氧化膜的金属		
镉	CdO	1.21
铝	Al_2O_3	1.24
铅	PbO	1.29
锡	SnO_2	1.34
锌	ZnO	1.57
镍	NiO	1.60
铍	BeO	1.71
铜	Cu_2O	1.71
铬	Cr_2O_3	2.03
铁	Fe_2O_3	2.16

表 1-5　镁在各种介质中的腐蚀情况

介质种类	腐蚀情况	介质种类	腐蚀情况
淡水、海水、潮湿大气	腐蚀破坏	甲醚、乙醚、丙酮	不腐蚀
有机酸及其盐	强烈腐蚀破坏	石油、汽油、煤油	不腐蚀
无机酸及其盐（不包括氟盐）	强烈腐蚀破坏	芳香族化合物（苯、甲苯、二甲苯、酚、甲酚、萘、蒽）	不腐蚀
氨溶液、氢氧化铵	强烈腐蚀破坏		
甲醛、乙醛、三氯乙醛	腐蚀破坏	氢氧化钠溶液	不腐蚀
无水乙醇	不腐蚀	干燥空气	不腐蚀

1.1.4　工艺性能

镁的工艺塑性比铝低，其原因是镁为密排六方晶格，在室温变形时只有单一的滑移系（基面），因此其各向异性也比铝显著。但当温度高于 225℃时，镁的滑移系增多，塑性显著提高，因此镁及镁合金的压力加工都在加热状态下进行。镁的主要工艺参数见表1-6。

表1-6 镁的主要工艺参数

铸造温度/℃	热加工温度范围/℃	开轧温度/℃	挤压温度/℃	两次退火间最大允许压下量/%
670~710	230~480	470~480	400~440	50~60

由于镁与氧的亲和力大，其氧化膜又无保护作用，在高温下极易氧化甚至燃烧，因此在熔炼镁及镁合金时必须在专用熔剂（氯盐和氟盐的混合物）覆盖保护下进行，否则熔体金属很容易被氧化烧损。铸造时，也需在模具中加入硫黄粉或通入 SO_2 气体进行保护，以防止氧化。

在镁及镁合金材料加热时，必须事先清除材料边角处的毛刺及碎屑，否则很容易由于激烈氧化而引起燃烧。不允许把镁材与铝材放在一起加热，更不允许将镁材在硝盐槽内进行热处理。

镁及镁合金材料发生燃烧时，可采用2号熔剂、干砂或石棉布进行灭火，严禁使用水，也不能采用普通的灭火剂。

镁可以进行氩弧焊和点焊，但焊接工艺要比铝复杂些。因为镁很容易形成氧化膜及熔渣（当气焊时），并且具有较大的热脆性。

镁的切削加工性能良好。

1.2 镁合金的成分、组织与性能

1.2.1 镁合金的特点

镁合金具有以下特点：

（1）镁合金质轻、比强度和比刚度高，是一种优良的轻质结构材料。镁合金的密度约 $1.74g/cm^3$，约为铝合金的2/3、钢铁的1/4、工程塑料的170%，是金属结构材料中最轻的金属。镁合金的屈服强度与铝合金大体相当，只稍低于碳钢，是塑料的4~5倍，其弹性模量更远远高于塑料，是它的20多倍，但比强度和比刚度均优于铝合金和钢，远远高于工程塑料。因此在相同的强度和刚度情况下，用镁合金作结构件可以大大减轻零件质量，这点对航空工业、汽车工业、手提电子器材均有很重要的意义。

（2）减震性能好。镁合金有较高的振动吸收性及可降低噪声，用作产品外壳可减少噪声传递；用于运动零部件，可吸收振动，延长零件使用寿命。与铝合金、钢、铁相比具有较低的弹性模量，在同样受力条件下，可消耗更大的变形功，具有降噪、减振功能，可承受较大的冲击振动负荷。

（3）无磁性，具有良好的电磁波屏蔽性能，因此适合于作发出电磁干扰的电子产品的壳、罩，尤其是紧靠人体的手机。

（4）尺寸稳定性高。稳定的收缩率因环境温度和时间变化造成尺寸变化小，铸件和加工件尺寸精度高，除镁-铝-锌合金外，大多数镁合金在热处理过程及长期使用中由于相变而引起的尺寸变化接近于零，适于作样板、夹具和电子产品外罩。

（5）良好的散热性，仅次于铝合金。

（6）压铸性好，铸件最小壁厚可达0.5mm。

（7）良好的切削性能，具有低切削力、高的切削效果，长的刀具寿命。

（8）可100%回收，是一种优良的可再生利用金属材料，对降低制品成本、节约资源、改善环境都是有益的。

（9）镁合金具有非火花性、非黏附性、耐磨性，分别适合作矿山设备和粉粒操作设备，作在冰、雪、沙尘中运动的产品和缠绕滑动设备。

（10）镁合金对缺口的敏感性比较大，易造成应力集中。在125℃以上的高温条件下，多数合金的抗蠕变性能较差。

（11）耐蚀性差。暴露在空气环境中，会发生氧化造成锈蚀。为提高耐蚀性，需对铸件进行表面处理。

1.2.2　镁合金的牌号

人们习惯于采用美国ASTM镁合金命名法来对镁合金编号，目前国际上还没有统一的镁合金编号体系。ASTM命名法规定镁合金名称由字母-数字-字母三部分组成。第一部分由两个代表主要合金元素的字母组成，按含量高低顺序排列，元素代码见表1-7。第二部分由这两种元素的质量分数组成，按元素代码顺序排列。第三部分由指定的字母如A、B、C和D等组成，表示合金发展的不同阶段，在大多数情况下，该字母表征合金的纯度，区分具有相同名称、不同化学组成的合金。"X"表示该合金仍是实验性的。例如：AZ91D是一种含铝约9%，锌约1%的镁合金，是第四种登记的具有这种标准组成的镁合金，ASTM规定该合金的化学组成（Ni≤0.002%；其他≤0.02%）。Fe、Cu和Ni降低镁合金的抗蚀性，因而需要严格控制其含量。ASTM镁合金命名法中还包括表示镁合金性质的代码系统，由字母外加一位或多位数字组成（见表1-8）。合金代码后为性质代码，以连字符分开，如AZ91C-F表示铸态Mg-9Al-Zn合金。

表1-7　镁合金牌号中的元素代码

英文字母	元素符号	中文名称	英文字母	元素符号	中文名称
A	Al	铝	M	Mn	锰
B	Bi	铋	N	Ni	镍
C	Cu	铜	P	Pb	铅
D	Cd	镉	Q	Ag	银
E	RE	混合稀土	R	Cr	铬
F	Fe	铁	S	Si	硅
G	Mg	镁	T	Sn	锡
H	Th	钍	W	Y	钇
K	Zr	锆	Y	Sb	锑
L	Li	锂	Z	Zn	锌

表1-8　镁合金牌号中的性质代码

代码		性质	代码	性质
一般分类	F	铸态	T1	冷却后自然时效
	O	退火、再结晶（对锻制产品而言）	T2	退火态（仅指铸件）
	H	应变硬化	T3	固溶处理后冷加工
	T	热处理获得不同于F、O和H的稳定性质	T4	固溶处理
			T5	冷却和人工时效
	W	固溶处理（性质不稳定）	T6	固溶处理和人工时效
			T61	热水中淬火和人工时效
H细分	H1	应变硬化	T7	固溶处理和稳定化处理
	H2	应变硬化和部分退火	T8	固溶处理、冷加工和人工时效
			T9	固溶处理、人工时效和冷加工
	H3	应变硬化后稳定化	T10	冷却、人工时效和冷加工

　　镁合金系是按合金中的主要合金元素来划分的，按美国 ASTM 标准，镁合金的牌号着重反映了镁合金中的主要化学成分，定量地给出了其中主要合金元素的质量分数。显然，同一个镁合金系包含着一系列的镁合金牌号，镁合金牌号是具体合金的名称。由镁合金牌号既可以确定其所属的镁合金系列，也可以大致确定其主要合金元素的含量和成分特点，这是用 ASTM 标准表示的优点。

　　我国的镁合金牌号由两个汉语拼音和阿拉伯数字组成，前面汉语拼音将镁合金分为变形镁合金（MB）、铸造镁合金（ZM）、压铸镁合金（YM）和航空镁合金（HM）。例如，1 号铸造镁合金为 ZM1，2 号变形镁合金为 MB2，5 号压铸镁合金为 YM5，5 号铸造镁合金为 ZM5。表1-9 和表 1-10 列出了国产铸造镁合金和变形镁合金的牌号和主要成分。表 1-11 列出了几个主要国家部分镁合金相近牌号的比较。

表 1-9　国产铸造镁合金（GB 1177—1991）的化学成分（质量分数,%）

合金代号 牌号	化学成分[①]										
	Al	Mn	Si	Zn	RE[②]	Zr	Ag	Fe	Cu	Ni	杂质总量
ZM1 ZMgZn5Zr				3.5 ~ 5.5	—	0.5 ~ 1.0	—		0.10	0.01	0.30
ZM2 ZMgZn4RE1Zr				3.5 ~ 5.0	0.75 ~ 1.75	0.5 ~ 1.0	—		0.10	0.01	0.30
ZM3 ZMgRE3ZnZr				0.2 ~ 0.7	2.5 ~ 4.0[②]	0.4 ~ 1.0			0.10	0.01	0.30
ZM4 ZMgRE3Zn2Zr				2.0 ~ 3.0	2.5 ~ 4.0[②]	0.5 ~ 1.0			0.10	0.01	0.30
ZM5 ZMgAl8Zn	7.5 ~ 9.0	0.15 ~ 0.5	0.30	0.2 ~ 0.8	—	—	—	0.05	0.20	0.01	0.50
ZM6 ZMgRE2ZnZr				0.2 ~ 0.7	2.0 ~ 2.8[③]	0.4 ~ 1.0			0.10	0.01	0.30
ZM7 ZMgZn8AgZr				7.5 ~ 9.0	—	0.5 ~ 1.0	0.6 ~ 1.2		0.10	0.01	0.30
ZM10 ZMgAl10Zn	9.0 ~ 10.2	0.1 ~ 0.5	0.30	0.6 ~ 1.2	—	—	—	0.05	0.20	0.01	0.50

①　可以加入不多于 0.002% 的铍。
②　RE 为含铈量 45% 的混合稀土。
③　含钕量不少于 85% 的混合稀土金属，其中钕加镨不少于 95%。

表 1-10　国产变形镁合金（YB 627—66）的化学成分

合金代号	主要成分（质量分数）/%						杂质（质量分数）/%							
	Al	Mn	Zn	Ce	Zr	Mg	Al	Cu	Ni	Zn	Si	Be	Fe	其他杂质
一号镁合金 MB1	—	1.3 ~ 2.5	—	—	—	余量	≤0.3	≤0.05	≤0.01	≤0.3	≤0.15	≤0.02	≤0.05	≤0.2
二号镁合金 MB2	3.0 ~ 4.0	0.15 ~ 0.5	0.2 ~ 0.8	—	—	余量	—	≤0.05	≤0.005	—	≤0.15	≤0.02	≤0.05	≤0.3
三号镁合金 MB3	3.5 ~ 4.5	0.3 ~ 0.6	0.8 ~ 1.4	—	—	余量	—	≤0.05	≤0.005	—	≤0.15	≤0.02	≤0.05	≤0.3

合金代号	主要成分(质量分数)/%						杂质(质量分数)/%							
	Al	Mn	Zn	Ce	Zr	Mg	Al	Cu	Ni	Zn	Si	Be	Fe	其他杂质
五号镁合金 MB5	5.5 ~ 7.0	0.15 ~ 0.5	0.5 ~ 1.5	—	—	余量	—	≤0.05	≤0.005	—	≤0.15	≤0.02	≤0.05	≤0.3
六号镁合金 MB6	5.0 ~ 7.0	0.2 ~ 0.5	2.0 ~ 3.0	—	—	余量	—	≤0.05	≤0.005	—	≤0.15	≤0.02	≤0.05	≤0.3
七号镁合金 MB7	7.8 ~ 9.2	0.15 ~ 0.5	0.2 ~ 0.8	—	—	余量	—	≤0.05	≤0.005	—	≤0.15	≤0.02	≤0.05	≤0.3
八号镁合金 MB8	—	1.5 ~ 2.5	—	0.15 ~ 0.35	—	余量	≤0.3	≤0.05	≤0.01	≤0.3	≤0.15	≤0.02	≤0.05	≤0.3
十五号镁合金 MB15	—	—	5.0 ~ 6.0	—	0.3 ~ 0.9	余量	≤0.05	≤0.05	≤0.005	≤0.1 (Mn)	≤0.05	≤0.02	≤0.05	≤0.3

表 1-11　几个主要国家部分镁合金相近牌号对照

中国(YB)	美国(ASTM)	英国(BS)	德国(DIN)	日本(JIS)	前苏联(ГОСТ)	法国(NF)
变形镁合金						
MB1	M1A	MAG101	MgMn2	—	MA1	GM-2
MB2	AZ31B	MAG111	MgAl3Zn	—	MA2	—
MB3	—	—	—	—	MA2-1	—
MB5	AZ61A	MAG121	MgAl6Zn	AZ61A	MA3	—
MB6	AZ63A	—	MgAl6Zn3	—	MA4	—
MB7	AZ80A	—	MgAl8Zn	—	MA5	—
MB8	—	—	—	—	MA8	—
MB14	—	—	—	—	BM17	—
MB15	ZK60A	MAG161	MgZn6Zr	—	BM65-1	—
铸造镁合金						
ZM5	AZ81A	MAG1	G-MgAl8Zn1	—	MJ15	GA8Z
	AZ91C	3L122	G-MgAl9Zn1	—		GA9Z
ZM10	AM100A	MAG3	G-MgAl9Zn1	—	MJ16	GA9Z
		3L125				

1.2.3　镁合金的分类

镁合金分类的依据是合金的化学成分、成形工艺和是否含锆。

1.2.3.1　化学成分

镁合金是以金属镁为基,通过添加一些合金元素形成的合金系,通常可分为二元、三元及多组元系合金。二元系如 Mg-Al、Mg-Zn、Mg-Mn、Mg-RE、Mg-Zr 等;三元系如 Mg-Al-Zn、

Mg-Al-Mn、Mg-Al-Si、Mg-Al-RE 等；多组元系如 Mg-Th-Zn-Zr、Mg-Ag-Th-RE-Zr 等。因为大多数镁合金含有不止一种合金元素，所以实际中为了分析问题的方便，也为了简化和突出合金中最主要的合金元素，习惯上依据镁与其中的一个主要合金元素，将其划分为二元合金系。

合金元素影响镁合金的力学、物理、化学和工艺性能。铝是镁合金中最重要的合金元素，通过形成 $Mg_{17}Al_{12}$ 相显著提高镁合金的抗拉强度，锌和锰具有类似的作用；银能提高镁合金的高温强度；硅能降低镁合金的铸造性能并导致脆性；锆与氧的亲和力较强，能形成氧化锆质点细化晶粒；稀土元素 Y、Nd 和 Ce 等的加入可大幅度提高镁合金的强度；铜、镍和铁等元素影响腐蚀性而很少采用。大多数情况下，合金元素的作用大小与添加量有关，在固溶度范围内作用大小与添加量呈近正比关系。特别值得注意的是，镁合金用作结构材料时，合金元素对加工性能的影响比对物理性能的影响重要得多。

1.2.3.2 成形工艺

按成形工艺，镁合金可分为铸造镁合金和变形镁合金，两者在成分、组织和性能上存在很大差异。铸造镁合金主要用于汽车零件、机件壳罩和电气构件等。镁合金的铸造方法有砂型铸造、金属型铸造、挤压铸造、低压铸造、压力铸造和熔模铸造等。由于密排六方的镁变形能力有限，易开裂，因此早期的变形镁合金要求其兼有良好的塑性变形能力和尽可能高的强度，对其组织的设计，大多要求不含金属间化合物，其强度的提高主要依赖合金元素对镁合金的固溶强化和塑性变形引起的加工硬化。变形镁合金主要用于薄板、挤压件和锻件等。虽然该合金的强度较低，但具有很好的耐蚀性能和焊接性能。铸造镁合金比变形镁合金的应用要广泛得多。

1.2.3.3 是否含锆

根据是否含锆，镁合金可划分为含锆和无锆两大类。最常见的含锆合金系是 Mg-Zn-Zr、Mg-RE-Zr、Mg-Th-Zr、Mg-Ag-Zr 系。不含锆的镁合金有 Mg-Al、Mg-Mn 和 Mg-Zn 系列。目前应用最多的是不含锆压铸镁合金 Mg-Al 系列。含锆镁合金与不含锆镁合金中均既包含着变形镁合金，又包含着铸造镁合金。锆在镁合金中的主要作用就是细化镁合金晶粒。关于锆细化晶粒作用是在第二次世界大战期间发现的，那时镁合金铸件容易产生不均匀的大晶粒，这常使其力学性能恶化，还导致其组织中含有较多的显微疏松，变形部件的性能具有过大的方向性，特别是屈服应力相对于抗拉强度总是偏低。在 1937 年，德国 IG 法本工业公司的索尔沃尔德（Sauer-wald）发现，锆对镁具有强烈的细化晶粒作用，但是又过了 10 年时间才找到一个 Zr 和 Mg 合金化的可靠方法。这导致发展了全新系列的含锆铸造镁合金和变形镁合金。这类镁合金具有优良的室温性能和高温性能。但锆不能用于所有的工业合金中，对于 Mg-Al 和 Mg-Mn 合金，熔炼时锆与铝及锰会形成稳定的金属间化合物，并沉入坩埚底部，无法起到细化晶粒的作用。

1.2.4 镁合金的合金元素的作用

合金元素对镁合金组织和性能有着重要影响。加入不同合金元素，可以改变镁合金共晶化合物或第二相的组成、结构以及形态和分布，可得到性能完全不同的镁合金。镁合金的主要合金元素有 Al、Zn 和 Mn 等，有害元素有 Fe、Ni 和 Cu 等（见图 1-8）。

各种合金元素的作用介绍如下：

（1）钙。添加钙的目的主要有两点：其一是在铸造合金浇注前加入来减轻金属熔体和铸件热处理过程中的氧化；其二是细化合金晶粒，提高合金蠕变抗力，提高薄板的可轧制性。钙的添加量应控制在 0.3%（质量分数）以下，否则薄板在焊接过程中容易开裂。钙还可以降低镁合金的微电池效应。快速凝固 AZ91 合金中添加 2% 的钙后腐蚀速率由 0.8mm/a 下降至 0.2mm/a。然而钙在水溶液中不稳定，在 pH 值较高时能形成 Ca(OH)$_2$；此外，添加钙将导致铸造镁合金产生粘模缺陷和热裂。

（2）锌。在镁合金中的固溶度约为 6.2%，其固溶度随温度的降低而显著减少。锌可以提高铸件的抗蠕变性能。锌含量大于 2.5% 时对防腐性能有负面影响。原则上锌含量一般控制在 2% 以下。锌能提高应力腐蚀的敏感性，明显地提高了镁合金的疲劳极限。

（3）锰。在镁中的极限溶解度为 3.4%。在镁中加入锰对合金的力学性能影响不大，但降低塑性，在镁合金中加入 1% ~ 2.5% 锰的主

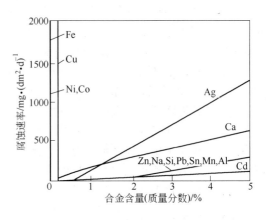

图 1-8　合金元素和有害金属对镁的
腐蚀速率的影响（3% NaCl 溶液）

要目的是提高合金的抗应力腐蚀倾向，从而提高耐腐蚀性能和改善合金的焊接性能。锰略微提高合金的熔点，在含铝的镁合金中可形成 MgFeMn 化合物，可提高镁合金的耐热性。由于冶炼过程中带入较多的元素 Fe，通常有意加入一定的合金元素 Mn 来去除 Fe。所以，Mn 在镁合金中存在有两类作用：一是作为合金元素，可以提高镁合金的韧性，如 AM60，此类合金中 Mn 含量较高；二是形成中间相 AlMn 和 AlMnFe，此类合金中 Mn 含量较低。迄今为止，镁合金中含 AlMn 相的结构还不很清楚。Mn 与 Al 结合可形成中间相：AlMn、Al$_8$Mn$_5$、Al$_3$Mn、Al$_4$Mn 或 Al$_6$Mn。有学者研究了压铸 Mg-Al 基镁合金，认为含 Mn 相根据形态分两类：一种为花瓣形，另一种为等轴或短棒状。AlMn 相在挤压镁合金 AM60 组织中的结构为具有规则外形的等轴状。

（4）硅。可改善压铸件的热稳定性能与抗蠕变性能，因为在晶界处可形成细小弥散的析出相 Mg$_2$Si，它具有 CaF$_2$ 型面心立方晶体结构，有较高的熔点和硬度。但在铝含量较低时，共晶 Mg$_2$Si 相易呈汉字型，大大降低合金的强度和塑性。硅对应力腐蚀无影响。

（5）锆。在镁中的极限溶解度为 3.8%。锆是高熔点金属，有较强的固溶强化作用。Zr 与 Mg 具有相同的晶体结构，Mg-Zr 合金在凝固时，会析出 α-Zr，可作为结晶时的非自发形核核心，因而可细化晶粒。在镁合金中加入 0.5% ~0.8% 的锆，其细化晶粒效果最好。锆可减少热裂倾向，提高力学性能和耐蚀性，降低应力腐蚀敏感性。

（6）稀土。稀土是一种重要的合金化元素，开发高温稀土镁合金是近年来的研究热点。稀土镁合金的固溶和时效强化效果随着稀土元素原子序数的增加而增加，因此稀土元素对镁的力学性能的影响基本是按镧、铈、富铈的混合稀土、镨、钕的顺序排列。镁合金中添加的稀土元素分两类，一类为含铈的混合稀土，另一类为不含铈的混合稀土。含铈的混合稀土是一种天然的稀土混合物，由镧、钕和铈组成，其中铈的质量分数为 50%；不含铈的混合稀土为 85%（质量分数）钕和 15%（质量分数）镨的混合物。稀土元素原子扩散能力差，既可以提高镁合金再结晶温度和减缓再结晶过程，又可以析出非常稳定的弥散相粒子，从而能大幅度提高镁合金的高温强度和蠕变抗力。近年来有关 Gd、Dy 等稀土元素对镁合金性能影响的研究很多。有研究表明，Gd、Dy 和 Y 等通过影响沉淀析出反应动力学和沉淀相的体积分数来影响镁合金的性能，Mg-Nd-Gd 合金时效后的抗拉强度高于相应的 Mg-Nd-Y 和 Mg-Nd-Dy 合金。镁合金中添加两种或两种以上稀土元素时，由于稀土元素间的相互作用，

能降低彼此在镁中的固溶度，并相互影响其过饱和固溶体的沉淀析出动力学，后者能产生附加的强化作用。此外，稀土元素能使合金凝固温度区间变窄，并且能减轻焊缝开裂和提高铸件的致密性。

（7）铝。铝在固态镁中具有较大的固溶度，其极限固溶度为 12.7%，且随温度的降低显著减少，在室温时的固溶度为 2.0% 左右。铝可改善压铸件的可铸造性，提高铸件强度。但是，$Mg_{17}Al_{12}$ 在晶界上析出会降低抗蠕变性能。特别是在 AZ91 合金中这一析出量会达到很高。在铸造镁合金中铝含量可达到 7%～9%，而在变形镁合金中铝含量一般控制在 3%～5%，铝含量越高，耐蚀性越好。但是，应力腐蚀敏感性随铝含量的增加而增加。

1.2.5 常用的镁合金组织

1.2.5.1 Mg-Mn 二元系相图

图 1-9 所示为 Mg-Mn 合金系的平衡相图。Mg-Mn 合金在 926K 时发生包晶反应，即：

$$L + \beta(Mn) \longrightarrow \alpha \ 固溶体$$

此时，锰在 α 固溶体的溶解度为 3.3%。随温度下降，固溶度急剧减小。由于镁和锰不形成化合物，因此从固溶体中析出的是纯锰。该相强化作用很小，合金体系无热处理强化效果，一般在退火状态下使用。

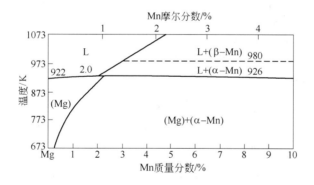

图 1-9 Mg-Mn 二元系相图

在铸造状态下，虽然 Mn 对镁合金的强化作用很弱，但合金经变形后，强度仍有一定的提高。Mg-Mn 系合金的铸造工艺性能差，凝固收缩大，热裂倾向较高，合金强度低，强度的提高主要是依靠形变强化，故 Mg-Mn 系合金都属于变形镁合金。Mg-Mn 系合金挤压效应大，挤压制品强度超过轧制制品。Mn 在加热时可以阻碍晶粒的长大，因此 Mg-Mn 系合金在热变形或退火后力学性能下降幅度不大。

Mg-Mn 系合金牌号主要有中国牌号 MB1 和 MB8，美国 ASTM 标准牌号 M1A 和前苏联牌号 MA8。MB1 合金具有中等强度，优良的抗腐蚀性能，可以采用氩弧焊甚至氧-乙炔焊进行焊接。MB8 则是在 MB1 基础上添加 0.15%～0.35% Ce 而发展起来的，保持了 MB1 合金的耐腐蚀性和焊接性能，因 Ce 的晶粒细化作用而强度有较大幅度的提高。

Mg-Mn 系合金最主要的优点是具有优良的耐蚀性和焊接性。Mn 易同有害杂质化合，从而消除了 Fe 对耐蚀性的影响，使得腐蚀速率特别是海水腐蚀速率大大降低。Mg-Mn 系合金在中性介质中没有应力腐蚀开裂倾向，也没有晶间腐蚀倾向。Mg-Mn 系合金可以加工成各种不同规格的管、棒、型材和锻件，其板件可用于飞机蒙皮、壁板及内部构件，其模锻件可制作外形复杂构件，管材多用于汽油、润滑油等要求抗腐蚀性的管路系统。Mg-Mn 系合金的加工塑性（冲压、挤压等性能）好，不产生应力腐蚀，一般在退火状态下使用。Mg-Mn 合金中容易出现锰偏析夹杂，它们对合金的抗拉强度、屈服强度、疲劳性能没有明显影响，对合金的伸长率、冲击韧性有一定的影响，并随锰偏析夹杂含量的增加而影响加剧。Mg-Mn 合金中含 1.5% Mn 时可获得最佳耐蚀性，过量的 Mn 反而造成耐蚀性和塑性下降。

1.2.5.2　Mg-Li 二元系相图

镁锂合金是最有代表性的超轻高比强度合金。图 1-10 所示为 Mg-Li 二元系相图，Mg-Li 合金属于共晶系，在 862K 发生共晶反应：

$$L \longrightarrow \alpha(Mg) + \beta(Li)$$

式中，α 和 β 相分别是以 Mg 和 Li 为基的固溶体，β 相为体心立方结构的固溶体，其塑性高于 α 相，具有较好的冷成形性。在共晶温度下，Li 在 α 相中的极限溶解度为 5.5%，温度降低时其溶解度基本不发生变化。Li 含量超过 5.5% 后，合金中出现强度很低的 β 相，导致合金强度下降而塑性提高，因此 Mg-Li 系合金不可以进行热处理强化，也不需要通过细化晶粒来提高塑性。

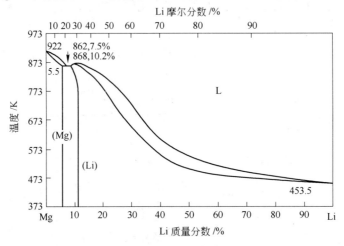

图 1-10　Mg-Li 二元系相图

根据 Li 含量和合金组织的不同，工业 Mg-Li 系合金可以分为三类：

（1）含 Li 5.5% 以下的合金，其组织为 Li 在密排六方晶格 Mg 中的 α 固溶体。

（2）含 Li 5.5% ~10.2% 的合金，其组织为 α 固溶体和不规则的片状 β 相。

（3）含 Li 10.2% 以上的合金，全部由 β 固溶体的晶粒组成。β 固溶体为体心立方晶格，有比密排六方晶格的 α 相更高的冷、热变形能力，变形量允许达到 50% ~60%。

Mg-Li 合金的缺点是化学活性很高，Li 易与空气中的氧、氢、氮结合生成稳定化合物，因此 Mg-Li 系合金的熔炼和铸造必须在惰性气体中进行。Mg-Li 合金的抗蚀性低于一般镁合金，应力腐蚀倾向严重。

Mg-Li 合金比强度高、振动衰减性好、切削加工性优异，是宇航工业理想的结构材料。20 世纪 60 年代以来，Mg-Li 合金以薄板态、挤压态和铸态形式应用于航空产品和民品，如计算机壳体材料、环形组件的外罩、加速箱箱体材料和导弹发射装置上部分瞄准装置材料等。

1.2.5.3　Mg-Al 二元系相图

铝是镁合金中最主要的合金元素。Mg-Al 系合金既包括铸造合金又包括变形合金，是目前牌号最多，应用最广的镁合金系列。图 1-11 所示为 Mg-Al 二元系相图，图 1-12 所示为 Mg-Al 二元系相图富镁部分的放大。

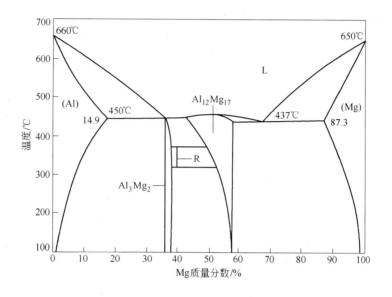

图 1-11　Mg-Al 二元系相图

由图 1-11 和图 1-12 可见，710K 时 Al 在 Mg 中的溶解度最大，为 12.7%，降至室温时 Al 的溶解度大约只有 2%。因此，当 Al 在 Mg 中的溶解度在 2%～12.7% 内慢速冷却至相图中的液相线时，合金首先应当发生的是匀晶反应：

$$L \longrightarrow \alpha$$

当合金冷至固相线时，匀晶反应结束，伴随着缓慢冷却过程，Al 原子通过扩散使 α-Mg 固溶体的合金成分不断地趋于均匀化。随着 α-Mg 单相固溶体继续冷却到固溶度曲线以下时，Mg-Al 化合物 β-$Al_{12}Mg_{17}$ 将开始从 α 固溶体中沉淀析出，这一过程一直持续至室温。因此，合金成分在这一范围

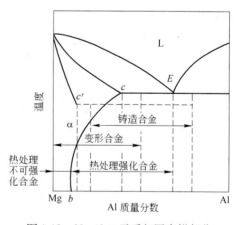

图 1-12　Mg-Al 二元系相图富镁部分

的镁合金平衡结晶的室温组织应当是 α 固溶体与 β-$Al_{12}Mg_{17}$ 沉淀相的混合物，没有共晶组织。但在实际的凝固条件下，大多数 Mg-Al 系合金，特别是含 Al 较多的镁合金（如 AZ91、AM100），尽管合金中 Al 的含量小于其溶解度极限（12.7%），其铸态组织中仍存在一些分布在 α-Mg 晶界上的 β-$Al_{12}Mg_{17}$ 共晶组织。这一事实说明，Mg-Al 二元合金的实际结晶过程大多是在非平衡条件下进行的，其冷却过程中相的平衡关系如图 1-12 中的虚线所示。在 c 点以左 b 点以右，特别是成分接近 c 点的合金，当以较大的冷却速度结晶时，在 L → α 的转变过程中，由液相生成的初生 α-Mg 中的溶质 Al 来不及扩散均匀，致使溶质 Al 在尚未凝固的液相中富集，

并超过溶解度极限（12.7%），使凝固组织中产生共晶组织。虚线的位置依赖于具体的凝固条件。铸件的冷却速度越大，非平衡态就越远离平衡态，Mg-Al 二元合金相图中的虚线对实线的偏离就越大。在这种情况下，在 c 点以左 b 点以右的合金，特别是成分接近 c 点的合金在足够大的冷却速度下，有可能得到一些非平衡的共晶组织。冷却速度越大，先共晶 α-Mg 固溶体中铝的偏析倾向也越大，先共晶 α-Mg 晶粒与 β-Al$_{12}$Mg$_{17}$ 相的组织的尺寸越小，铸态显微组织更加细密。图 1-13 所示为 Mg-Al 系合金性能与铝含量的关系。

1.2.5.4 Mg-Zn 二元系相图

图 1-14 所示为 Mg-Zn 合金体系的平衡相图。在 613K 时发生共晶反应：

$$L \longrightarrow \alpha(Mg) + \beta(Mg_7Zn_3)$$

温度下降到 585K 时发生共析反应：

$$\beta(Mg_7Zn_3) \longrightarrow \alpha(Mg) + \gamma'(MgZn)$$

合金在常温下的平衡组织为以镁为基的 α 固溶体和 MgZn 化合物。Zn 在镁中固溶度高达 6.2%，并且固溶度随温度降低而下降。因此 Mg-Zn 合金可以进行热处理强化，其强化相为 MgZn 化合物。纯粹的 Mg-Zn 二元合金在实际中几乎没有得到应用，因为该合金的组织粗大，对显微缩孔非常敏感。但这一合金有一个明显的优点，就是可通过时效硬化来显著地改善合金的强度。因此，Mg-Zn 系合金的进一步发展，需要寻找第三种合金元素，以细化晶粒并减少显微缩孔的倾向。一些研究表明，在

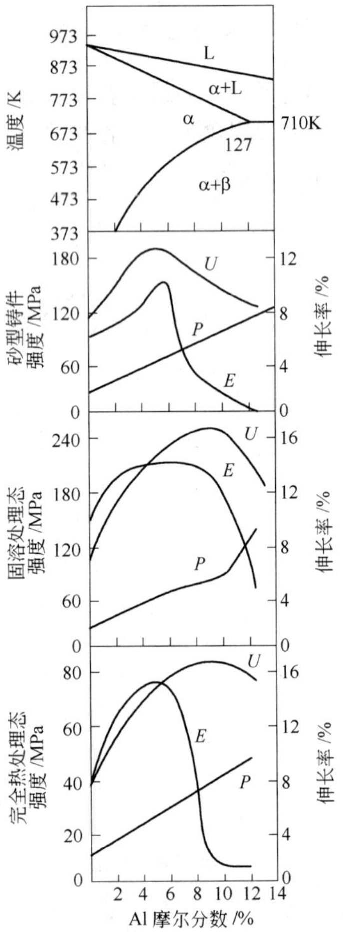

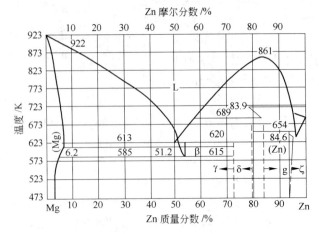

图 1-13 Mg-Al 系合金性能与铝含量的关系
P—屈服强度；U—抗拉强度；E—伸长率

Mg-Zn 二元合金中加入第三种组元铜，将会导致其韧性和时效硬化明显增加。在 Mg-Zn 合金中

图 1-14 Mg-Zn 二元系相图

的铜被认为可以提高其共晶温度，因而可在较高的温度固溶，使更多的 Zn 和 Cu 溶入合金中，增加了随后的时效强化效果。在 Mg-Zn 合金中铜的存在，使铸态共晶组织随之改变，α-Mg 晶界及枝晶臂之间的 MgZn 相的形态由完全离异的不规则块状转变为片状。Mg-Zn-Cu 合金的缺点是由于 Cu 的加入导致合金的耐蚀性能降低。图 1-15 所示为铜对 Mg-Zn 合金共晶温度的影响。

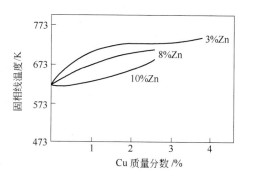

图 1-15 铜对 Mg-Zn 合金
共晶温度的影响

Mg-Zn 系合金的晶粒容易长大，Zr 被认为在镁合金中具有细化作用，是铸态 MgZn 合金最有效的晶粒细化的元素，故工业 Mg-Zn 系合金中均添加一定量的 Zr。这类合金都属于时效强化合金，一般都在直接时效或固溶再接着时效的状态下使用，具有较高的抗拉和屈服强度。这类合金的缺点是对显微缩松比较敏感，焊接性能差。然而，只要适当加入稀土元素后，合金的晶粒被细化，形成显微缩松的倾向明显降低，铸态性能得到改善。

1.2.5.5 Mg-RE 系合金

稀土是镁合金中的重要元素，对镁合金的性能具有极大的影响。稀土元素可降低镁在液态和固态下的氧化倾向。由于大部分 Mg-RE 系，例如 Mg-Ce、Mg-Nd 和 Mg-La 二元相图的富镁区都是相似的，即它们都具有简单的共晶反应，因此一般在晶界存在着熔点较低的共晶。Mg-Nd、Mg-Pr、Mg-La、Mg-Ce 和 Mg-Y 二元合金相图分别如图 1-16 ~ 图 1-20 所示。这些以网络形式存在于晶界上的共晶体，据认为能够起到抑制显微缩松的作用，只是由于合金中部分 Zn 在晶界上形成了 Mg-Zn-RE 相，减轻了一些合金原有的固溶强化效果，导致合金的室温力学性能（强度和塑性）有所降低，但高温蠕变性能得到明显的改善，例如在 Mg-Zn 合金中添加一些稀土元素可以显著改善其性能。

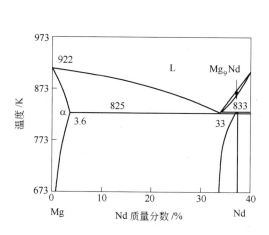

图 1-16 Mg-Nd 二元合金相图

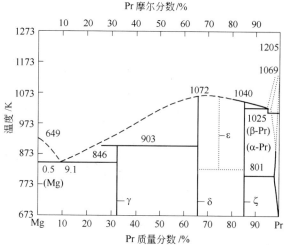

图 1-17 Mg-Pr 二元合金相图

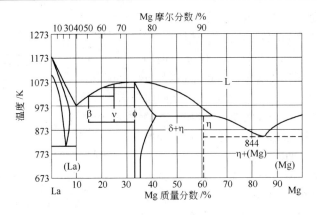

图 1-18 Mg-La 二元合金相图

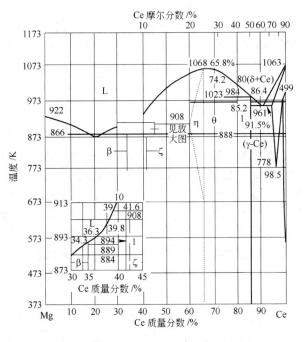

图 1-19 Mg-Ce 二元合金相图

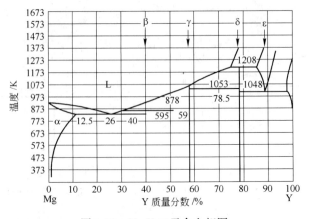

图 1-20 Mg-Y 二元合金相图

在铸造镁合金中，稀土是改善耐热性最有效和最具实用价值的金属，在稀土金属中，Nd 的作用最佳。Nd 在镁合金中可导致在高温和常温下同时获得强化。Ce 或 Ce 的混合稀土虽然对改善耐热性效果较好，但常温强化作用差。La 的作用则在这两个方面均不如 Ce。含稀土的镁合金之所以具有较好的耐热性是因为 Mg-RE 系中 α 固溶体及化合物相热稳定性较高。Mg-RE 系的共晶温度比 Mg-Al 及 Mg-Zn 高得多，三价稀土元素被认为提高了电子浓度，可以增强镁合金原子间的结合力，减小了镁在 473~573K 的原子扩散速度，特别是稀土金属与镁形成的化合物比 $Al_{12}Mg_{17}$ 和 MgZn 的热稳定性高。

与在 Mg-Zn 合金中常常要加入稀土金属一样，在 Mg-RE 合金中往往也要通过加入 Zn 来增加合金的强度，加入 Zr 以细化合金的晶粒组织，并在熔炼过程中起到净化作用，以此改善镁合金的耐蚀性。在 Mg-RE 合金中有时还要加入 Mn，因为 Mn 具有一定的固溶强化效果，同时降低原子的扩散能力，提高耐热性，并也可提高合金的耐蚀性。

镁合金中的另一个重要的稀土元素是 Y。Mg-Y 二元合金相图如图 1-20 所示，Y 在 Mg 中的溶解度是 12.5%，并且其溶解度曲线随温度的改变而变化，表明其具有很高的时效硬化倾向。在 Mg-Y 合金中往往还要加入 Nd 和 Zr。Mg-Y-Nd-Zr 合金系列具有比其他合金高得多的室温强度和高温蠕变性能，使用温度可高达 573K。此外，Mg-Y-Nd-Zr 热处理后的耐蚀性能优于所有其他的镁合金。纯的稀土金属 Y 在使用中具有一定的困难：一是价格昂贵；二是熔点高（1773K），与氧的亲和力大。

1.2.5.6　其他合金相图

A　Mg-Th 系合金

钍（Th）能提高镁合金的抗蠕变性。Mg-Th 合金的工作温度高于 623K，并且 Th 同其他稀土元素一起能改善铸造性能和焊接性能。Mg-Th 合金中添加 Zn 后沿晶界形成针状组织，进一步提高了蠕变强度。图 1-21 所示为 Mg-Th 二元系合金相图。在 582℃ 发生共晶反应，形成简单的二元共晶组织 α(Mg) + Mg₄Th。Mg₄Th 是 Mg-Th 合金的强化相，有很高的热稳定性，在高温下不易软化，因而显著地提高了合金的耐热性。

B　Mg-Si 系合金

图 1-22 所示为 Mg-Si 二元系合金相图，Mg-Si 系中，有应用价值的是以化合物 Mg_2Si 为基的合金。Mg_2Si 是一种难熔而轻的化合物。成分在 Mg_2Si 和 Mg 间的 Mg-Si 合金 918K 时开始熔化，而在 Mg_2Si 和 Si 间的 Mg-Si 合金 1193K 时开始熔化。Mg_2Si 为萤石型复杂的面心立方点阵。

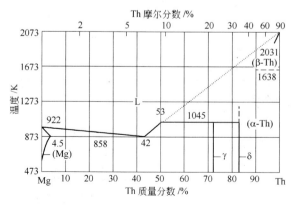

图 1-21　Mg-Th 二元合金相图

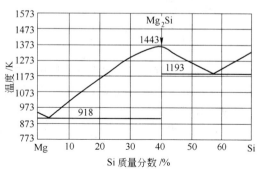

图 1-22　Mg-Si 二元合金相图

1.2.6 镁合金的性能

1.2.6.1 铸造镁合金的性能及特点

A 铸造镁合金的分类

铸造镁合金通常可分为三大类：

（1）标准类铸造镁合金。此类合金绝大多数为 Mg-Al 系合金，由于它们性能优良，不含稀贵元素，熔炼工艺较易掌握，生产成本较低，故应用较普遍。其缺点是屈服强度较低，力学性能的壁厚效应较大，缩松较严重。

（2）高强度类铸造镁合金。其中主要是 Mg-Zn-Zr 系合金，它们的优点是有较标准类合金高的屈服强度，以及铸件各处有较为均匀的力学性能。还可加入稀土、银、钍等元素以进一步改善它的性能。

（3）耐热类铸造镁合金。主要是 Mg-RE-Zr 系合金，可用于 473～533K 温度下工作；Mg-Th-Zr 系合金可用于 533～588K 温度下工作，但钍是放射性元素，且成本较高，其应用受到限制。

B 铸造镁合金的性能

镁合金密度小（1.74～1.90g/cm³），熔点比铝合金低，压铸成形性能好；镁合金相对比强度（强度与质量之比）最高；比刚度（刚度与质量之比）接近铝合金和钢，远高于工程塑料；在弹性范围内，镁合金铸件受到冲击载荷时，吸收的能量比铝合金件多 50%，所以镁合金具有良好的抗震减噪性能；镁合金铸件抗拉强度与铝合金铸件相当；屈服强度、伸长率与铝合金也相差不大；镁合金还具有良好的导电导热性能、电磁屏蔽性能、防辐射性能，做到 100% 回收再利用；镁合金铸件稳定性较高，可进行高精度机械加工；镁合金具有良好的压铸成形性能，压铸件壁厚最小可达 0.5mm，适应制造各类压铸件。

a 力学性能

镁合金、铝合金、钢和塑料的物理和力学性能比较见表 1-12。

表 1-12 镁合金、铝合金、钢和塑料的物理和力学性能比较

材料名称		密度 /g·cm⁻³	熔点 /K	热导率 /W·(m·K)⁻¹	抗拉强度 /MPa	屈服强度 /MPa	伸长率 /%	比强度 (σ/ρ)	弹性模量 /GPa
镁合金	AZ91D	1.81	871	54	250	160	7	138	45
	AM60B	1.8	888	61	240	130	13	133	45
铝合金	A380	2.70	868	100	315	160	3	116	71
钢	碳素钢	7.86	1793	42	517	400	22	80	200
塑料	ABS	1.03	—	0.9	96	—	60	93	—
	PC	1.23	—	—	118	—	2.7	95	—

铸造镁合金有很高的比强度，仅次于铸钛合金和合金结构钢，比铸铝合金高，但大部分铸造镁合金的屈服极限均远低于铸铝，因而降低了它承受载荷的能力。

镁的弹性系数比较低，约为铝的 60%，钢的 20%。当铸件尺寸相同时，镁合金铸件具有较低的刚性。当受同样外力时，镁合金铸件能产生较大的弹性变形，因而在受冲击载荷时能吸收较大的冲击功。正是由于这个原因，它常被用来作飞机的轮毂，民用工业中常被用作风动工具的零件等。在某些场合下，用镁合金作高刚性的航空零件十分有利，例如，原来为铝制的蒙皮铆接结构的导弹弹翼改为 4.5～6mm 壁厚的整体镁合金铸件后，因为镁的密度比铝小，所以在零件质量相同的情况下，镁合金铸件由于增加了壁厚，其刚性比原来的铝蒙皮铆接结构件要大得多。

由于铸镁在弹性系数、屈服极限、抗剪强度等方面均较铸钢、铸铝为低，故在铸件设计中常用加强筋、波纹形结构等以增强其刚度和承受载荷的能力。铸镁的缺口敏感性较高，铸造性能较低（易产生缩松、热裂），故铸件的壁厚变化应较平缓，并应避免出现尖角。

耐热铸造镁合金在高温力学性能的绝对值方面要比耐热铸造铝合金略低些，但在单位质量的高温性能方面却较铸铝为高，故航空上耐热铸造镁合金的应用也日渐增多。大多数耐热铸造镁合金的工作温度在533K以下，少数铸造镁合金可达573K。高温下镁合金的刚性下降较多，而且其膨胀系数也比较大。

b 抗蚀性能

镁的标准电极电位较低，而且它的表面形成的氧化膜不致密，故抗蚀性较低。镁在潮气、海水、无机酸及其盐类、有机酸、甲醇等介质中均会引起剧烈的腐蚀，故镁合金铸件常需进行表面氧化处理和涂层保护。镁合金零件在装配中应避免与铝、铜、含镍钢等零件直接接触，否则会引起电化学腐蚀，可用塑料、橡胶或涂料作衬垫来隔离。

镁在干燥大气、碳酸盐、氟化物、铬酸盐、氢氧化钠溶液、苯、四氯化碳、汽油、煤油及润滑油（不含水和酸的）中很稳定，故镁合金常被用作齿轮箱和润滑油、燃油系统零件。利用镁在氢氟酸或氢氧化钠溶液中较玻璃及铝稳定的特点，镁合金铸件的细孔可用玻璃管或铝管镶铸，以后再用氢氟酸或氢氧化钠溶液把管子腐蚀掉，从而得到细孔铸件。

大多数镁合金的应力腐蚀敏感性均低于铝合金，这是它的一个明显的优点，以 Mg-Al 类合金而言，当铝量大于8%时，才有明显的应力腐蚀倾向。

c 熔铸工艺性能

镁与氧的化学亲和力很大，且表面生成的氧化镁膜是不致密的，镁在液态时氧化更为剧烈，很易燃烧。氧化膜致密与否是由氧化物与生成它所消耗的金属两者体积之比 α 所决定，此 α 称为致密系数。对镁来说：

$$\alpha = \frac{M_{MgO}/\gamma_{MgO}}{M_{Mg}/\gamma_{Mg}} = 0.79$$

式中　　　　M_{MgO}，M_{Mg}——氧化镁和镁的相对分子质量；

　　　　　　γ_{MgO}，γ_{Mg}——氧化镁和镁的相对密度；

　　M_{MgO}/γ_{MgO}，M_{Mg}/γ_{Mg}——氧化镁和镁的摩尔体积。

由于体积比 $\alpha < 1$，故镁氧化后生成氧化镁的体积缩小，因而氧化膜是疏松的。由于上述原因，镁及镁合金的熔铸工艺需采用专门的防护措施。在熔剂覆盖下进行熔炼，镁合金铸件中易产生氧化夹杂和熔剂夹杂的缺陷。在气体保护下进行熔炼，可以改善这种情况。

铸造镁合金结晶温度间隔一般都比较大，其组织中的共晶体量也较少，体收缩和线收缩均较大，镁的单位体积的比热容和凝固潜热都比铝小（分别为铝的75%和36%）。由于这些原因，铸造镁合金的铸造性能较铸造铝合金的差，其流动性约低1/5，热裂、缩松倾向也较一般铸造铝合金大得多，易产生缩松、热裂等缺陷。

铸造镁合金虽有良好的使用性能，但其熔铸工艺较为复杂，废品较多，生产成本较高，而且铸镁合金车间有害气体多，劳动条件较差。但随着铸镁合金工艺的日益发展，成本不断降低，应用越来越广泛。

1.2.6.2　变形镁合金的性能及特点

变形镁合金主要有 Mg-Al、Mg-Zn、Mg-Mn、Mg-Zr、Mg-RE、Mg-Li 等合金系。其中最常用的合金系是以 Mg-Zn 系和 Mg-Al 系为基的 Mg-Zn-Zr 和 Mg-Al-Zn 三元合金系。Mg-Al 系变形合金一般属于中等强度、塑性较高的变形镁材料，其具有良好的强度、塑性和耐腐蚀综合性能，而且价格较低。Mg-Zn-Zr 系合金一般属于高强度材料，变形能力不如 Mg-Al 系合金，常要用挤压工艺生产，典型合金为 ZK60 合金。

变形镁合金经过挤压、轧制和锻造等工艺后具有比相同成分的铸造镁合金更高的力学性能，如图 1-23 所示。变形镁合金制品有轧制薄板、挤压件（如棒材、型材和管材）和锻件等。这些产品具有更低成本、更高强度和延展性以及多样化的力学性能等优点，其工作温度不超过 423K。常用变形镁合金有 AZ31B、AZ81A、AZ80A 和 ZK80 等。

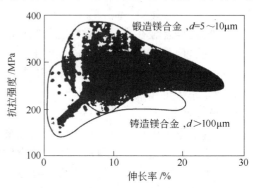

图 1-23　铸造镁合金和变形镁合金的性能比较

变形材料主要在 573～773K 温度范围内通过挤压、轧制和压力锻造等方法进行生产。变形镁合金的力学性能与加工工艺、热处理状态等有很大关系，尤其是加工温度不同，材料的力学性能可能会在很宽的范围内变动。在 673K 以下挤压，挤压合金已发生再结晶。在 573K 进行冷挤压，材料内部保留了许多冷加工的显微组织特征，如高密度位错或孪生组织。在再结晶温度以下挤压可使挤压制品获得更好的力学性能。

变形镁合金产品中需注意的是：变形时镁的弹性模量择优取向不敏感，因此在不同的变形方向上，弹性模量的变化不明显；变形镁合金产品压缩屈服强度低于其拉伸屈服强度，因此在涉及如弯曲等不均匀变形的塑性变形时需特别注意。根据镁的这些变形特点，在以后的变形镁合金的发展过程中要注意把塑性变形与热处理结合起来，充分利用细晶强化等新工艺方法，通过添加适当的合金元素（特别是稀土元素）来改进合金性能，制得先进的变形镁合金材料。

1.3　压铸镁合金

1.3.1　压铸镁合金的特点

压铸镁合金的特点见表 1-13。

表 1-13　压铸镁合金的特点

优　点	缺　点
（1）密度小（1.8g/cm³）； （2）比强度大（$\gamma = 14 \sim 16$）； （3）好的刚度和减震性； （4）压铸件的尺寸稳定； （5）热容量小，不粘模； （6）切割性能优良	（1）易氧化燃烧，要求熔化、保温设备结构复杂，工艺也复杂； （2）高温脆性，热裂倾向大； （3）耐蚀性差

1.3.2　我国压铸镁合金的化学成分及性能

压铸镁合金的化学成分和力学性能分别见表 1-14 和表 1-15。

表 1-14　压铸镁合金的化学成分

序号	合金牌号	合金代号	元素的质量分数/%									
			Al	Zn	Mn	Si	Cu	Ni	Fe	RE	其他元素	Mg
1	YZMgAl2Si	YM102	1.8 ~ 2.5	≤0.20	0.18 ~ 0.70	0.70 ~ 1.20	≤0.01	≤0.001	≤0.005	—	≤0.01	余量
2	YZMgAl2Si(B)	YM103	1.8 ~ 2.5	≤0.25	0.05 ~ 0.15	0.70 ~ 1.20	≤0.008	≤0.001	≤0.0035	0.06 ~ 0.25	≤0.01	余量
3	YZMgAl4Si(A)	YM104	3.5 ~ 5.0	≤0.12	0.20 ~ 0.50	0.50 ~ 1.50	≤0.06	≤0.030	—	—	—	余量
4	YZMgAl4Si(B)	YM105	3.5 ~ 5.0	≤0.12	0.35 ~ 0.70	0.50 ~ 1.50	≤0.02	≤0.002	≤0.0035	—	≤0.02	余量
5	YZMgAl4Si(S)	YM106	3.5 ~ 5.0	≤0.20	0.18 ~ 0.70	0.50 ~ 1.50	≤0.01	≤0.002	≤0.004	—	≤0.02	余量
6	YZMgAl2Mn	YM202	1.6 ~ 2.5	≤0.20	0.33 ~ 0.70	≤0.08	≤0.008	≤0.001	≤0.004	—	≤0.01	余量
7	YZMgAl5Mn	YM203	4.4 ~ 5.4	≤0.22	0.26 ~ 0.60	≤0.10	≤0.01	≤0.002	≤0.004	—	≤0.02	余量
8	YZMgAl6Mn(A)	YM204	5.5 ~ 6.5	≤0.22	0.13 ~ 0.60	≤0.50	≤0.35	≤0.030	—	—	—	余量
9	YZMgAl6Mn	YM205	5.5 ~ 6.5	≤0.22	0.24 ~ 0.60	≤0.10	≤0.01	≤0.002	≤0.005	—	≤0.02	余量
10	YZMgAl8Zn1	YM302	7.0 ~ 8.1	0.4 ~ 1.0	0.13 ~ 0.35	≤0.30	≤0.01	≤0.010	—	—	≤0.30	余量
11	YZMgAl9Zn1(A)	YM303	8.3 ~ 9.7	0.35 ~ 1.00	0.13 ~ 0.50	≤0.50	≤0.10	≤0.030	—	—	—	余量
12	YZMgAl9Zn1(B)	YM304	8.3 ~ 9.7	0.35 ~ 1.00	0.13 ~ 0.50	≤0.50	≤0.35	≤0.030	—	—	—	余量
13	YZMgAl9Zn1(D)	YM305	8.3 ~ 9.7	0.35 ~ 1.00	0.15 ~ 0.05	≤0.10	≤0.03	≤0.002	≤0.005	—	≤0.02	余量

注：除有范围的元素和铁为必检元素外，其余元素有要求时抽检。

表 1-15　压铸镁合金的力学性能

序　号	合金牌号	合金代号	拉　伸　性　能			布氏硬度 HBW
			抗拉强度 R_m/MPa	屈服强度 $R_{p0.2}$/MPa	伸长率 A ($L_0 = 50$)/%	
1	YZMgAl2Si	YM102	230	120	12	55
2	YZMgAl2Si(B)	YM103	231	122	13	55
3	YZMgAl4Si(A)	YM104	210	140	6	55
4	YZMgAl4Si(B)	YM105	210	140	6	55
5	YZMgAl4Si(S)	YM106	210	140	6	55
6	YZMgAl2Mn	YM202	200	110	10	58
7	YZMgAl5Mn	YM203	220	130	8	62
8	YZMgAl6Mn(A)	YM204	220	130	8	62
9	YZMgAl6Mn	YM205	220	130	8	62
10	YZMgAl8Zn1	YM302	230	160	3	63
11	YZMgAl9Zn1(A)	YM303	230	160	3	63
12	YZMgAl9Zn1(B)	YM304	230	160	3	63
13	YZMgAl9Zn1(D)	YM305	230	160	3	63

注：表中未特别说明的数值均为最小值。

1.3.3　国外压铸镁合金化学成分与性能

1.3.3.1　美国标准 ASTM B94—2007 镁合金压铸件

美国压铸镁合金的编号及化学成分见表 1-16。

表 1-16　美国压铸镁合金的编号及化学成分　　　　　　　　　（%）

元素	UNS M10600 (AM60A)	UNS M10410 (AS41A)	UNS M10412 (AS41B)	UNS M11910 (AZ91A)	UNS M11912 (AZ91B)	UNS M11916 (AZ91D)	UNS M10602 (AM60B)	UNS M10500 (AM50A)
Mg	其余	其余	其余	其余	其余	其余	其余	其余
Al	5.5~6.5	3.5~5.0	3.5~5.0	8.3~9.7	8.3~9.7	8.3~9.7	5.5~6.5	4.4~5.5
Mn	0.13~0.6	0.20~0.50	0.35~1.7[①]	0.13~0.50	0.13~0.50	0.13~0.50[①]	0.24~0.6[①]	0.26~0.6[①]
Zn	0.22	0.12	0.12	0.35~1.0	0.35~1.0	0.35~1.0	0.22	0.22
Si	0.50	0.50~1.5	0.50~1.5	0.50	0.50	0.10	0.10	0.10
Cu	0.35	0.06	0.02	0.10	0.35	0.030	0.010	0.010
Ni	0.03	0.03	0.002	0.03	0.03	0.002	0.002	0.002
Fe			0.0035[①]			0.005[①]	0.005[①]	0.004[①]
其他杂质, 每种			0.02			0.02	0.02	0.02

① 表示牌号为 AS41B、AM50A、AM60B 和 AZ91D 的 4 种合金，如 Mn 含量低于下限或 Fe 含量高于上限，则 Fe/Mn 的比分别不得超过 0.010、0.015、0.021 和 0.032。

美国各种压铸镁合金具体介绍如下：

（1）AZ91。具有优良的铸造性能和良好的强度，用于形状复杂薄壁件，如汽车、计算机零件、壳、盖、链、锯、手动工具、运动器具、家用器具等。

（2）AM50、AM60。具有突出的韧性和吸能性，并有良好的强度和力学性能，用于汽车座椅、方向盘、仪表板、轮毂等。

（3）AM20。具有高的韧性和冲击强度，用于需要高韧性的汽车安全件。

（4）AS41。具有好的抗蠕变性能，用于承受高载荷零件，如汽缸体、曲轴箱、制动件等。

表 1-17 介绍了美国牌号压铸镁合金的力学和物理性能。

表 1-17　美国牌号压铸镁合金的力学和物理性能

牌　号	AZ91D	AZ81	AM60B	AM50A	AM20	AE42	AS41B
力学性能							
抗拉强度 σ_b/MPa	230	220	220	220	185	225	215
屈服强度 $\sigma_{0.2}$/MPa	160	150	130	120	105	140	140
伸长率/%	3	3	6~8	6~10	8~12	8~10	6
硬度 BHN	75	72	62	57	47	57	75
剪切强度/MPa	140	140					
冲击强度/J	2.2		6.1	9.5		5.8	4.1
疲劳强度/MPa	70	70	70	70	70		
熔化潜热/kJ·kg⁻¹	373	373	373	373	373	373	373
杨氏模量/GPa	45	45	45	45	45	45	45
物理性能							
密度/g·cm⁻³	1.81	1.80	1.79	1.78	1.76	1.79	1.77
熔化范围/℃	470~595	490~610	540~615	543~620	618~643	565~620	620~656
比热容/J·(kg·℃)⁻¹	1050	1050	1050	1050	1000	1000	1020
线膨胀系数/K⁻¹	25.0×10^{-6}	25.0×10^{-6}	25.6×10^{-6}	26.0×10^{-6}	26.0×10^{-6}	26.1×10^{-6}	26.1×10^{-6}
热导率/W·(m·K)⁻¹	72	51	62	62	60	68	68
电阻/μΩ·cm	14.1	13.0	12.5	12.5			
泊松比	0.35	0.35	0.35	0.35	0.35	0.35	0.35

1.3.3.2　欧洲标准 EN 1753：1997 镁合金锭及铸件

欧洲铸造镁合金的牌号和化学成分见表 1-18。

表 1-18　欧洲铸造镁合金的牌号和化学成分

合金类别	牌　号	合金号	铸造方法	化学成分/%								
				范围	Al	Zn	Mn	Si	Fe	Cu	Ni	其他单个
MgAlZn	EN-MCMgAl8Zn1	EN-MC21110	D	≥	7.0	0.35	0.1	—	—	—	—	
				≤	8.7	1.0		0.10	0.005	0.030	0.002	0.01
			S,K,L	≥	7.0	0.40	0.1	—	—	—	—	
				≤	8.7	1.0		0.20	0.005	0.030	0.001	0.01
	EN-MCMgAl9Zn1(A)	EN-MC21120	D	≥	8.3	0.35	0.1	—	—	—	—	
				≤	9.7	1.0		0.10	0.005	0.030	0.002	0.01
			S,K,L	≥	8.3	0.40	0.1	—	—	—	—	
				≤	9.7	1.0		0.20	0.005	0.030	0.001	0.01
	EN-MCMgAl9Zn1(B)	EN-MC21121	D,S,K,L	≥	8.0	0.3						
				≤	10.0	1.0		0.3	0.03	0.20	0.01	0.05
MgAlMn	EN-MCMgAl2Mn	EN-MC21210	D	≥	1.6		0.1					
				≤	2.6	0.2		0.10	0.005	0.010	0.002	0.01
	EN-MCMgAl5Mn	EN-MC21220	D	≥	4.4		0.1					
				≤	5.5	0.2		0.10	0.005	0.010	0.002	0.01
	EN-MCMgAl6Zn	EN-MC21230	D	≥	5.5		0.1					
				≤	6.5	0.2		0.10	0.005	0.010	0.002	0.01
MgAlSi	EN-MCMgAl2Si	EN-MC21310	D	≥	1.8		0.1	0.7				
				≤	2.6	0.2		1.2	0.005	0.010	0.002	0.01
	EN-MCMgAl4Si	EN-MC21320	D	≥	3.5		0.50					
				≤	5.0	0.2		1.5	0.005	0.010	0.002	0.01

注：D—压铸。

欧洲压铸镁合金的力学性能见表 1-19。

表 1-19　欧洲压铸镁合金的力学性能

合金类别	牌　号	合金号	铸件状态	抗拉强度 σ_b/MPa	屈服强度 $\sigma_{0.2}$/MPa	伸长率 δ/%	硬度 HBS
MgAlZn	EN-MCMgAl8Zn1	EN-MC21110	铸　态	200~250	140~160	1~7	60~85
	EN-MCMgAl9Zn1(A)	EN-MC21120		200~260	140~170	1~6	65~85
	EN-MCMgAl2Zn	EN-MC21210		150~220	80~100	8~18	40~55
MgAlMn	EN-MCMgAl5Mn	EN-MC21220		180~230	110~130	5~15	50~65
	EN-MCMgAl6Mn	EN-MC21230		190~250	120~150	4~14	55~70
	EN-MCMgAl7Mn	EN-MC21240		200~260	130~160	3~10	60~75
MgAlSi	EN-MCMgAl2Si	EN-MC21310		170~230	110~130	4~14	50~70
	EN-MCMgAl4Si	EN-MC21320		200~250	120~150	3~12	55~80

1.3.3.3 法国标准 MFA57-705—84 镁合金压铸件

法国压铸镁合金的牌号和化学成分见表 1-20。

表 1-20 法国压铸镁合金的牌号和化学成分

牌 号	化学成分/%							
	Al	Zn	Mn	Si	Cu	Ni	Fe	其他总量
G-A4S1Y4	3.5 ~ 5	0.10	0.2 ~ 0.5	0.5 ~ 1.5	0.06	0.01	0.05	0.15
G-A6Y4	5.5 ~ 6.5	0.20	0.1 ~ 0.4	0.20	0.20	0.01	0.05	0.15
G-A6Z1Y4	5.5 ~ 6.5	0.2 ~ 1.0	0.1 ~ 0.4	0.20	0.20	0.01	0.05	0.15
G-A8Z1Y4	7.0 ~ 9.0	0.2 ~ 1.0	0.15 ~ 0.3	0.20	0.20	0.01	0.05	0.15
G-A9Z1Y4	8.0 ~ 10.0	0.2 ~ 1.0	0.15 ~ 0.3	0.20	0.20	0.01	0.05	0.15

注：各牌号合金中均可加入少量的 Be，不算作杂质。

法国压铸镁合金的力学性能见表 1-21。

表 1-21 法国压铸镁合金的力学性能

合金牌号	抗拉强度 σ_b/MPa	伸长率 δ/%	合金牌号	抗拉强度 σ_b/MPa	伸长率 δ/%
G-A4S1	200 ~ 250	3 ~ 6	G-A8Z1	200 ~ 240	1 ~ 3
G-A6	190 ~ 230	4 ~ 8	G-A9Z1	200 ~ 250	0.5 ~ 3
G-A6Z1	200 ~ 240	3 ~ 6			

1.3.3.4 日本标准 JIS H 5303：2000 镁合金压铸件

日本标准规定了 5 种合金，又直接采用 ISO 121：1980（E）中的 4 个牌号，将其用作压铸合金。自行规定牌号的 5 种合金又都是自美国 ASTM B94—1996 中引用的。

日本压铸镁合金的化学成分，见表 1-22。

表 1-22 日本压铸镁合金的化学成分

JIS H5303 牌号	相当于 ASTM B94—1996 中的牌号	化学成分（未给出范围者为最大值）/%								
		Al	Zn	Mn	Si	Cu	Ni	Fe	其他杂质	Mg
MDC1B	AZ91B	8.3 ~ 9.7	0.35 ~ 1.0	0.13 ~ 0.50	≤0.50	≤0.35	≤0.03			其余
MDC1D	AZ91D	8.3 ~ 9.7	0.35 ~ 1.0	0.15 ~ 0.50	≤0.10	≤0.030	≤0.002	≤0.005	≤0.02	其余
MDC2B	AM60B	5.5 ~ 6.5	≤0.22	0.24 ~ 0.6	≤0.10	≤0.010	≤0.002	≤0.005	≤0.002	其余
MDC3B	AS41A	3.5 ~ 5.0	≤0.12	0.35 ~ 0.7	0.50 ~ 1.5	≤0.02	≤0.002	≤0.0035	≤0.02	余量
MDCA	AM50A	4.4 ~ 5.4	≤0.22	0.26 ~ 0.6	≤0.10	≤0.010	≤0.002	≤0.04	≤0.02	其余

表 1-23 列出引自 ASTM B94—1996 中的日本压铸镁合金的力学性能参考值。

表 1-23　日本压铸镁合金的力学性能

JIS 牌号	ASTM 牌号	抗拉强度 σ_b/MPa	屈服强度 $\sigma_{0.2}$/MPa	伸长率 δ/%
MDC1B	AZ91B	230	160	3
MDC1D	AZ91D	230	160	3
MDCA	AM50A	200	110	10
MDC2B	AM60B	220	130	8
MDC3B	AS41B	210	140	6

1.3.4　压铸镁合金的压铸性能及其特性

压铸镁合金主要元素的作用见表 1-24。

表 1-24　压铸镁合金主要元素的作用

元　素	含量变化	对铸造性能的影响	对力学性能的影响	对抗蚀性能的影响
Al	约达 10%，＞7%	改善流动性	提高强度和硬度，伸长率下降	降低耐蚀性
Zn	≥1%	改善流动性	含量超过 2% 时形成热脆性，但可提高力学性能	可减少 Fe、Ni 等的腐蚀作用
Mn	≤0.5%	改善流动性	改善力学性能	能降低铁的有害作用
Fe	—	—	降低力学性能	降低抗蚀性能

压铸镁合金的压铸性能及其特性见表 1-25。

表 1-25　压铸镁合金的压铸性能及其特性

牌　号	AZ91D	AZ81	ZM608	AM50A	AM20	AE42	AS41B
抗冷隔缺陷	2	2	3	3	5	4	4
气密性	2	2	1	1	1	1	1
抗热裂性	2	2	2	2	1	2	1
加工性和质量	1	1	1	1	1	1	1
电镀性能和质量	2	2	2	2	2	—	2
表面处理	2	2	1	1	1	1	1
压铸充型能力	1	1	2	2	4	2	2
不粘型性	1	1	1	1	1	2	1
耐蚀性	1	1	1	1	2	1	2
抛光性	2	2	2	2	4	3	3
化学氧化物保护层	2	2	1	1	1	1	1
高温强度	4	4	3	3	5	1	2

注：1—最佳，5—最差；资料来源于国际镁合金协会。

复习思考题

1-1 纯镁具有哪些基本性能，各自有哪些特点？

1-2 说明镁合金具有良好抗震性的原因。

1-3 纯镁和镁合金与其他材料相比耐腐蚀性能的特点是什么？

1-4 说明镁合金的特点。

1-5 美国镁合金牌号中的元素代码有哪些？

1-6 镁合金常见的分类方法有哪些？

1-7 分析常见 Mg-Mn 二元系合金的组织特点。

1-8 分析常见 Mg-Zn 二元系合金的组织特点。

1-9 绘制 Mg-Li 二元系相图，并进行简要说明。

1-10 简述铸造镁合金的分类与性能。

1-11 简述变形镁合金的分类及特点。

1-12 请对铸造镁合金、铝合金、钢和塑料的物理与力学性能进行比较，说明铸造镁合金的特点。

1-13 简述压铸镁合金的特点。

1-14 国内外压铸镁合金有哪些？

1-15 举例说明压铸镁合金压铸性能及其特性。

2 镁合金压铸前的熔化与熔炼

2.1 镁合金熔化与熔炼的特点

镁合金熔化与熔炼的特点有：

（1）镁的化学活性很强，在熔融状态下，极易和氧、氮及水汽发生化学作用。在熔体表面如不严加保护，接近1073K时就很快氧化燃烧。为减少烧损，保证生产安全及合金质量，在整个熔炼过程中，熔体始终需用熔剂或气体等加以保护，避免与炉气和空气中的氧、氮及水汽接触。

（2）［H］对镁合金也有一定影响。除了能影响含锆镁合金中锆的溶解度外，当氢含量超过某一限额时（16cm³/100g 金属），将在铸锭上出现不同程度的显微气孔。因此，对氢含量也不应忽视。

（3）在有些镁合金铸锭中，易于发生局部晶粒大小悬殊现象。同时晶粒尺寸较大，晶粒形状易于出现柱状晶和扇形晶，严重影响压力加工性能和制品的力学性能。因此，对不同合金要采取相应的变质处理方法来细化晶粒，并适当改变晶粒形状。

（4）镁合金的氧化夹杂、熔剂夹渣和气体溶解度远比铝合金多，因此，需要进行净化处理。目前，在我国多采用熔剂精炼法。

镁合金的净化剂都是沉降型的，这点不同于铝合金和其他有色金属，这就直接影响生产和产品质量。因此，在净化后需要有充分的静置时间。在炉底还需另设排渣口，扒底渣的工序也不容忽视。

用熔剂保护时，在整个熔铸过程中，需要使用大量的熔剂，同时外加大量的辅助材料（加入合金元素和变质处理用），它们的质量好坏直接影响合金质量，为此，对熔剂应有严格要求。

（5）除几个元素外，其他元素在镁中的溶解度都非常小。此外，在难熔元素间又易形成高熔点化合物而沉析，因此在工艺上加入很困难。由于铁难溶于镁中，故在镁合金的熔铸过程中，可使用不加任何涂层的铁制工具。

（6）由于镁合金的比热容较低，当加入高熔点元素或批量较大的辅助材料时，将使熔体温度降低较大。所以，镁合金的熔炼温度应比铝合金高。

熔体过热对镁合金粗晶有一定影响，如果说镁合金晶粒粗化倾向性较大，它掩盖了金属过热的影响，这是可能的。当MB3合金熔炼温度不超过1033K时，不进行任何变质处理其晶粒也是细晶和等轴晶，只在边部有不超过30mm的粒状晶。而在1033K以上时，晶粒明显粗化，可见过热的影响也是明显的。

实际上过热的危害远非如此。如氧化、氮化及热裂纹倾向性等，都随着过热温度的提高趋于严重。因此，在工艺中应尽力避免熔体过热。

在 Mg-Al 系合金中有金属过热细化晶粒的效应。但用这种方法细化晶粒将引起其他缺陷。同时细化效应时间也是短暂的，熔体停留时间稍长则晶粒又复粗化。

（7）镁合金远比铝合金熔炼工艺复杂，但在研究方面却比铝合金差。因此，许多机理问题还有待确证。

（8）镁合金的安全技术问题是很重要的。在工艺过程中，液态金属直接见水就产生飞溅性爆炸，务必严加注意。此外，有害气体和粉尘都应妥善处理。

（9）合金元素和金属镁本身以及加入合金元素所用的辅助材料，多数是昂贵稀缺的。在工艺过程中烧损较大，实收率较低，严重地影响产品的经济效益。

影响实收率的因素很多，工艺因素如加入方法及操作、批量、熔体温度以及熔剂的数量和质量等，这些都要严加注意。

2.2 镁合金熔化与熔炼设备

镁合金熔炼的主要设备包括预热炉、熔炼炉和保护气体混合装置等，如图 2-1 所示。

2.2.1 坩埚炉

在镁合金的熔炼压铸中，广泛使用坩埚炉。坩埚炉的烧损较低，工作环境好，按其加热方式可分为电阻坩埚炉和煤气坩埚炉。电阻坩埚炉的结构如图 2-2 所示。把电阻材料装于坩埚四周的炉壁上，电阻材料为丝状或带状。

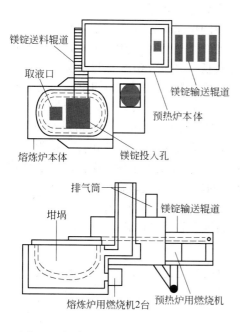

图 2-1 镁合金熔化与熔炼装置示意图

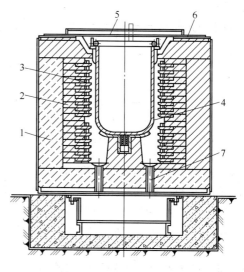

图 2-2 电阻坩埚炉的结构

1—保温砖；2—耐火异型砖；3—电阻丝；4—铁制坩埚；5—炉盖；6—炉壳；7—电源接线端

煤气坩埚炉的燃料主要是发生炉煤气。煤气借喷嘴喷入炉膛，喷射沿着切线的方向，以保证燃烧位置适当。否则，喷嘴直接喷射到坩埚壁上，易引起金属局部过热，甚至使坩埚烧坏。

2.2.2 工频感应电炉

在熔炼镁合金时，工频感应电炉已开始使用，尤其是无铁芯工频感应电炉。熔炼镁合金的感应电炉不能采用熔沟式的，因为密度大的熔剂及熔渣沉积炉底使熔沟堵塞。感应电炉所用的坩埚可用 10～25mm 厚的钢板焊成，也可直接铸成壁厚为 40～60mm 的厚壁坩埚。由于铸造坩埚易产生缺陷，同时体积较大，故一般多采用焊接坩埚。

无铁芯工频感应电炉由炉架、炉体、密封炉盖、通风系统、液压系统、冷却系统、电磁输送或低压转注系统所组成。由多台感应电炉组成的坩埚群，不仅生产能力高，而且由于在熔化过程中炉料和火焰不直接接触，可减少熔剂用量，改善劳动条件，提高金属质量。用这种熔炼设备，采取可靠的净化措施，可获得质量较好的铸锭。

2.2.3　双室和三室熔化炉

　　双室和三室熔化炉主要是与压铸机配套使用的设备。双室炉坩埚内有一隔板，把坩埚内的空间隔成两部分，隔板下部有孔，使两熔池连通。也可采用两个坩埚，一个熔池用于熔化镁锭，向另一熔池提供镁合金熔体，同时起集渣作用；另一个熔池保温，并直接向压铸机提供镁合金熔体。双室炉系统是最佳方案，因为一个用作熔化，一个用作保温，彼此独立。双室炉有利于使氧化渣集中于熔化室，使提供给压铸机的镁合金熔体纯净，温度恒定。双室熔炼炉的熔化炉、保温炉各自独立工作，通过能加热的U形输液管使两者连通，镁合金熔体在被转运到保温炉之前温度已经被补偿，U形管是从熔化炉的中部吸取金属液，因此几乎没有杂质进入到保温炉中，保证了保温炉中合金熔体的纯净度。这一系统的另一优点在于一台熔化炉可供应几台保温铸造炉，但前提条件是它们需在同一高度水平和使用同种合金。

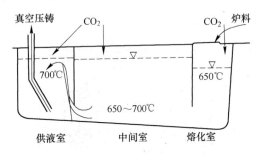

图 2-3　某公司的三室镁熔化炉示意图

　　三室熔炼炉包括熔化炉、中间保温炉和供液炉。中间保温炉起到平衡压力和二次集渣的作用，使镁合金熔体更加纯净，并且由于供液炉温度较低（约 923K），有利于实现 CO_2 气体保护。三室由隔板分开，中间室与供液室为全封闭，充有 CO_2 气体或氩气。原料熔化前必须预热到 423K 以上，少量的原料可放在炉盖上预热，大量的则需要用预热炉预热。据报道，某公司的三室镁熔化炉如图 2-3 所示。这种炉子的熔化室保持较低的温度（923K），向压铸机提供镁液的供液室温度较高，是适合于压铸的镁合金熔体温度。中间的保温室温度由熔化室一侧到供液室一侧逐渐升高。熔化室温度低，有利于实现 CO_2 气体保护。中间室是密闭的，平衡熔化室和供液室之间的压差，同时也起到第二次集渣的作用。供液室与真空压铸机相接。

2.2.4　熔炼炉用坩埚的结构与检验

　　镁熔体不会像铝熔体一样与铁发生反应，因此可以用铁坩埚熔化镁合金并盛装熔体。通常采用低碳钢坩埚来熔炼镁合金和浇注铸件，特别是在制备大型镁合金铸件时，大多采用低碳钢坩埚。用于熔炼镁的坩埚容量一般在 35 ~ 350kg 范围内。小型坩埚通常采用含碳量低于 0.12% 的低碳钢焊接件制作。镍和铜严重影响镁合金的耐蚀性，因此钢坩埚中这两种元素的含量应分别控制在 0.10% 以下。熔炼镁合金之前，按表 2-1 的要求准备坩埚，旧坩埚可继续使用的最小壁厚要求见表 2-2，熔炼镁合金用带挡板和不带挡板的焊接钢坩埚结构如图 2-4 所示，其主要尺寸见表 2-3。

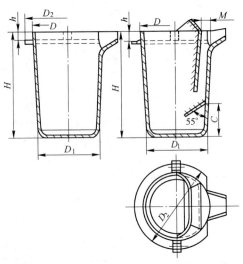

图 2-4　熔炼镁合金用带挡板和不带挡板的焊接钢坩埚

表2-1 坩埚的准备

工序名称	工 作 内 容
新坩埚的检验	（1）坩埚焊缝须经射线探伤检验，观察其是否有裂缝和未焊透等缺陷； （2）坩埚内盛煤油进行渗漏测验，检验是否渗漏； （3）用熔剂洗涤，清理后使用
旧坩埚的检验	（1）认真清理检查，如坩埚体严重变形、法兰边翘起应报废； （2）检查焊缝，如有渗漏现象应报废； （3）用专门检查厚度的量具测量坩埚体壁厚，可用的局部最小壁厚见表2-2

表2-2 旧坩埚可继续使用的最小壁厚要求

坩埚容量 /kg	使用温度低于1073K 时的最小壁厚/mm	使用温度高于1073K 时的最小壁厚/mm	坩埚容量 /kg	使用温度低于1073K 时的最小壁厚/mm	使用温度高于1073K 时的最小壁厚/mm
150	5	6	300	6	7
200	5	6	350	7	8
250	6	7			

表2-3 坩埚的主要尺寸

坩埚容量/kg	D/mm	D_1/mm	D_2/mm	H/mm	C/mm	M/mm	h/mm
35	292	255	420	450	150	40	70
50	325	268	450	550	215	45	70
75	380	331	510	600	225	50	70
100	425	353	550	650	240	55	70
150	475	413	660	700	250	70	100
200	520	438	700	760	270	80	100
250	550	467	730	840	285	85	100
300	590	494	740	870	300	90	100

注：表中字母的意义见图2-4。

在镁合金的熔炼过程中，特别是采用熔剂熔炼工艺时，通常会在坩埚底部形成热导率较低的残渣。如果不定期清除这些残渣，则会导致坩埚局部过热，并且坩埚表面会生成过量的氧化皮，坩埚壁上沉积过量的氧化物也会导致坩埚局部过热。因此，记录每个坩埚熔化炉料的次数应当作为一项日常安全措施。坩埚必须定期用水浸泡，除去所有的结垢。通常无熔剂熔炼方法的结垢比较少。

2.2.5 典型的供气装置

镁合金的化学性质比较活泼，熔化时容易氧化和燃烧，需要采取保护措施防止熔融金属表面氧化。熔炼时镁合金熔体表面会形成疏松的氧化膜，氧气可以穿透表面氧化膜而导致氧化膜下面的金属氧化甚至燃烧。此外，熔融的镁合金极易和水发生剧烈反应生成氢气，并有可能导致爆炸。因此对镁合金熔体采用熔剂或保护气氛隔绝氧气或水汽是十分必要的。

　　在实际生产中，SF_6 常和其他气体混合在一起通入熔炼炉，常用的混合方式有空气/SF_6、SF_6/N_2、空气/CO_2/SF_6，混气装置的作用就是将这些气体按一定比例精确地混合后送入熔炉。试验表明，0.01% 的 SF_6 浓度即可有效保护镁液，但实际采用的浓度要大些，这主要是因为 SF_6 会与镁液反应和泄漏损失，虽然，随着输入浓度的增加，液面上方 SF_6 浓度也增加，但与输入浓度相比，消耗量呈增大趋势。所以镁合金熔炉装置必须要有效密封，这样 SF_6 控制到一定浓度才成为可能。一般 SF_6 浓度不宜超过 1%，否则不仅抗氧化效果下降，而且气氛对设备具有严重腐蚀作用。因此保护气体的供应优化是系统设计和操作时的重要任务。图 2-5 所示为某公司镁合金熔炉保护气混气、供气装置。在图 2-5 所示装置中，SF_6 和 N_2 可以通过减压阀和一个流量控制阀混合在一起，混合气体通过一个流量计分别独立供应泵室和熔室，泵室和熔室的气体流量可以分别独立调节，还可以通过 PLC 对泵室的流量在各个阶段进行控制，如在注料阶段可加大气体流量，从而更经济、更安全地保证气体供应。保护气体在进入熔炉时采用多管道多出口分配，尽量接近液面且分配均匀。某公司几种镁合金熔炼的保护气消耗量参见表 2-4。

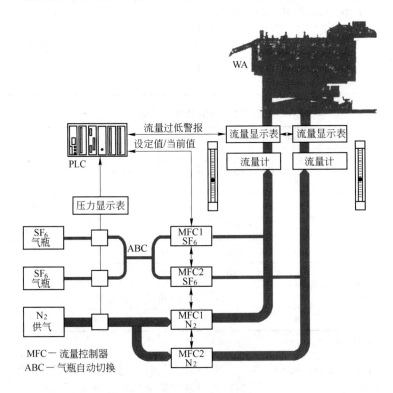

图 2-5　某公司镁合金熔炉保护气混气、供气装置

表 2-4　某公司几种镁合金熔炼的保护气消耗量

定量炉	N_2 耗量(标准状态)/$L \cdot h^{-1}$	SF_6 耗量(体积分数)/%	镁液耗量/$g \cdot t^{-1}$
MDO70	400	0.16 ~ 0.25	22
MDO250	700	0.16 ~ 0.25	18
MDO500	800	0.16 ~ 0.25	12
MDO700	1000	0.16 ~ 0.25	9

2.2.6　电与气的控制系统

2.2.6.1　熔化及保温控制系统

镁合金熔化保温系统对镁合金熔体的温度控制和混合气体的流量及配比均有较高的要求。为了达到控制要求，开发出基于 PLC（可编程控制器）和工控机的工业检测控制系统，其系统总体结构如图 2-6 所示。中央控制单元选用工控机和带有 PROFIBUS 接口的 SIEMENS PLC，可实现主从站连接和网络接入功能，从而实现车间级和企业级的生产信息综合管理；信号采集和 I/O 单元采用高精度的检测变送器件和 I/O 模块，稳定可靠。

选用 Ni-Cr/Ni-Si 型热电偶多点检测坩埚内熔体温度，取其平均值作为控制变量，有效地减少了变量检测的误差，提高了控制的可靠性。在普通 PID 算法的基础上，借鉴模糊控制的思想改进控制算法，采用 Fuzzy-PID 的控制算法。在升温和保温过程中采用不同的控制

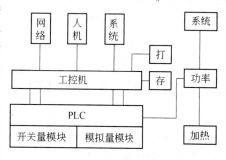

图 2-6　熔化及保温控制系统示意图

方式。升温过程中采用较大功率输出；当熔体温度达到设定温度的 70% ~ 80% 之后，开始采用 Fuzzy 控制方式，对输出变量（及输出功率）进行模糊控制，改善了控制系统的动态品质和稳定品质。这种温度控制方法保证了系统快速地完成升温过程，然后平稳精确地进入保温阶段，最后再设定温度保持较高的稳定性和精确性。

2.2.6.2　保护气体控制系统

气体混合保护系统通过等压阀和高精度质量流量控制器实现精确控制。等压阀平衡 SF_6 和 CO_2 的压力，使它们均匀混合；质量流量控制器精确地控制 SF_6 和 CO_2 气体的流量，保证气体混合的配比。另外，根据实际工况还可以动态调整通入坩埚内的混合气体流量，保证气体保护的效果。两种保护气体在储能罐内混合并维持在一定的压力范围内，保证保护气体能够平稳地输入到熔室内。

气路和气源的切换控制流程图如图 2-7 所示。当 SF_6 气源气体压力不足时，控制系统会自

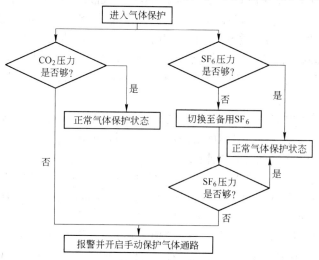

图 2-7　保护气体控制系统流程图

动切换到另外一个 SF_6 气源通路；当 CO_2 气源压力和 SF_6 气源压力均不足时，控制系统会给出更换气源警报，并提醒操作者迅速手工切换到手动紧急备用保护气体通路，确保熔化过程安全。

人机界面采用工业可触摸式液晶显示屏显示，人机界面程序采用工业自动化组态软件编写。操作界面以 Windows 风格的页面作为基本单元，可通过按钮在不同页面间切换来检控和设定各种工艺参数、人机界面简单直观，功能完善，能够显示 CO_2、SF_6 气体流量等多种实时工艺参数曲线，并能将坩埚内熔体温度等历史工艺参数通过历史工艺曲线储存在计算机硬盘上，有利于工艺数据的统计和改进。另外，系统具有完备的报警系统，在报警工况出现时能够自动弹出报警画面，提醒工作者排除故障，适应安全生产的需要。

2.3　镁合金熔体的净化处理

镁合金在熔炼过程中容易受周围环境介质的影响，进而影响合金熔体质量，导致合金中出现气孔、夹杂物等缺陷，因此，需要对镁合金熔体进行净化处理。通常可以从正确使用熔剂、加强熔体表面的保护和对熔体进行充分的净化处理等三个方面来进行控制。

2.3.1　除气

溶入镁熔液中的气体主要是氢气。镁合金中的氢主要来源于熔剂中的水分、金属表面吸附的潮气以及金属腐蚀带入的水分。氢在镁熔液中的溶解度比在铝熔液中大 2 个数量级，凝固时的析出倾向也不如铝那么严重（镁熔液中氢的溶解度为固态时的 1.5 倍），用快冷的方法可以使氢过饱和固溶于镁中，因而除气问题往往不大引起重视。但镁合金中的含气量与铸件中的缩松程度密切相关，这是由于镁合金结晶间隔大，尤其在不平衡状态下，结晶间隔更大，因此在凝固过程中如果没有建立顺序凝固的温度梯度，熔液几乎同时凝固，形成分散细小的孔洞，不易得到外部金属的补充，引起局部真空，在真空的抽吸作用下，气体很容易在该处析出，而析出的气体又进一步阻碍熔液对孔洞的补缩，最终缩松更加严重。试验表明，在生产条件下，当每 1g 镁含氢量超过 0.145cm³ 时，镁合金中就会出现缩松。

传统除气工艺方法类似于铝熔炼所采用的通氯气方法。氯经石墨管引入镁熔液中，处理温度为 725～750℃，时间为 5～15min。温度高于 750℃生成液态的 $MgCl_2$ 有利于氯化物及其他悬浮夹杂物的清除，如温度过高，形成的 $MgCl_2$ 过多，产生熔剂夹杂物的可能性增加。氯气除气会消除镁-铝合金加"碳"的变质效果，因此用氯气除气应安排在"碳"变质工艺之前进行。生产中常用 C_2Cl_6 和六氯代苯等有机氯化物对镁熔液进行除气，这些氯化物以片状压入熔液中，与氯气除气相比具有使用方便、不需专用通气装置等优点，但 C_2Cl_6 的除气效果不如氯气好。

现在生产中多采用边加精炼剂边通入氮气或氩气的方法精炼，既可以有效地去除熔液中的非金属夹杂物，同时又除气，不但精炼效果好，而且可以缩短作业时间。

工业中常用的除气方法有以下几种：

（1）通入惰性气体（如 Ar、Ne）法。一般在 750～760℃下往熔体中通入占熔体质量 0.5% 的 Ar，可以将熔体中的氢含量由 150～190cm³/kg 降至 100cm³/kg。通气速度应适当，以避免熔体飞溅，通气时间为 30min，通气时间过长将导致晶粒粗化。

（2）通入活性气体（Cl_2）法。一般在 740～760℃下往熔体中通入 Cl_2。熔体温度低于 740℃时，反应生成的 $MgCl_2$ 将悬浮于合金液面，使表面无法生成致密的覆盖层，不能阻止镁的燃烧。熔体温度高于 760℃时，则熔体与氯气的反应加剧，生成大量的 $MgCl_2$，形成夹杂物。

氯气通入量应合适，一般控制在使熔体的含氯量低于3%，以 $2.5 \sim 3L/min$ 为佳。含碳的物质，如 CCl_4、C_2Cl_6 和 SiC 等对 Mg-Al 系合金具有明显的晶粒细化作用，如果采用占熔体质量1% ~ 1.5% Cl_2 + 0.25% CCl_4 的混合气体在 $690 \sim 710℃$ 下除气，则可以达到除气和细化的双重效果，而且除气效果更佳，但是容易造成污染。

2.3.2　夹杂物的去除

镁合金中主要的夹杂物是 MgO，同时还有 MgF_2 和 $MgCl_2$ 等。MgO 和 MgF_2 的熔点分别为 $2642℃$ 和 $1263℃$，均高于镁合金的熔炼温度，在镁合金液中以固态形式出现；MgO 的密度为 $3.58g/cm^3$，高于镁的密度，因此，MgO 会沉于熔液底部作为氧化渣排出。由于镁易氧化，高温下产生的大量 MgO 不可能被全部排出，因此在镁合金中会残存一部分 MgO 夹杂物。$MgCl_2$ 的熔点为 $718℃$，在镁合金的熔炼温度范围内，因此，$MgCl_2$ 在镁合金液中以液态形式出现；而且 $MgCl_2$ 在液态时的密度与镁的密度接近，所以 $MgCl_2$ 残留在镁合金液中的概率较大。另外，$MgCl_2$ 还具有很强的吸湿性，会加速镁合金的腐蚀。这些问题的存在使得在镁合金熔炼时必须要对其进行精炼处理。镁合金的精炼处理一般采用加入 C_2Cl_6、$MgCO_3$ 和 $CaCO_3$ 等精炼剂，这主要是由于 $MgCO_3$ 和 $CaCO_3$ 容易分解产生大量的 CO_2 气体，从而起到除气和排渣的作用。

由于在精炼过程中，不断有熔剂撒到金属表面，熔剂熔化后进入金属，精炼结束后，为防止表面金属氧化燃烧，要向金属表面撒覆盖剂，覆盖剂是 20% 的硫粉和 80% 的精炼剂的混合物，表面精炼剂熔化后，逐渐向金属中渗透；即使在浇注过程中，倾斜浇包中的金属表面保护膜破裂后，也要向正待浇注的金属表面撒覆盖剂；这些精炼后的工作，无疑给金属增加了外来杂质。有的制造厂采用氩气保护方法，防止气体杂质的进入，但要在较密闭的氩气环境中进行精炼和浇注才有效，在敞开容器表面喷氩气阻止表面燃烧效果不大。在精炼及浇注温度不太高的情况下，采用喷硫粉的方法制止熔体金属的表面氧化和燃烧效果较好。将出口管朝向熔融金属的装有硫粉的盒中通入一定的风量，喷出的硫粉冲向金属表面燃烧，减轻了金属的表面氧化，防止了外来精炼剂的进入。

镁合金所采用的变质剂，易与其他高熔点杂质形成高熔点金属中间化合物而沉降于炉底。这些难熔杂质和变质剂在镁合金中的溶解度小，熔点高，且密度比镁大。当它们相互作用时，可将合金中的可熔杂质去掉，这对镁合金是有利的，但降低了变质剂的效果，甚至失效。

镁合金中常见的几种相互排除的组元（实际上互为沉降剂）见表2-5。

表 2-5　几种相互排除的组元

沉降剂	Mn	Zr	Be	Ti	Co
去掉的元素	Fe	Fe、Al、Si、P、Be、Mn、Ni（去掉量小）	Fe、Zr	Fe、Si	Ni

减少镁合金中铁、镍、硅杂质的含量可提高其耐蚀性能。由于钛在 $800 \sim 850℃$ 时，在镁中的溶解度较大，当低于 $700℃$ 时溶解度急剧降低，并和铁、硅形成高熔点金属间化合物而沉降，因此，近年来在工业上已开始采用钛废料和低质量的氯化钛来去掉熔体中的铁、硅和部分镍，以提高合金的耐蚀性能。如 MB_3 合金用低质量的氯化钛（$TiCl_3$ + $TiCl_2$）和镁-钛中间合金（含钛24%）处理后，可将合金中的铁、硅含量由 0.01% Fe、0.01% Si 降低到 0.002% Fe、0.001% Si。含锆的镁合金，应严格限制硅、铝、锰杂质的含量，当铝、硅、锰含量各超过 0.1% 时，合金中的锆含量将大为降低。

2.3.3　提高镁铸件性能的重要途径

晶粒细化是提高镁合金铸件性能的重要途径。一般来说，镁合金晶粒越细小，其力学性能和塑性加工性能越好。在熔炼镁合金过程中晶粒细化操作处理得当，则可以降低铸件凝固过程中的热裂倾向。此外，镁合金经晶粒细化处理后，铸件中的金属间化合物相更细小且分布更均匀，从而缩短均匀化处理时间或者至少可以提高均匀化处理效率。因此，镁合金的晶粒细化尤为重要。

镁合金在熔炼过程中细化晶粒的方法有两种，即变质处理和强外场作用。前者的机理是在合金液中加入高熔点物质，形成大量的形核质点，以促进熔体的形核结晶，获得晶粒微细的组织。后者的基本原理是对合金熔体施以外场（如电场、磁场、超声波、机械振动和搅拌等）以促进熔体的形核，并破坏已形成的枝晶，成为游离晶体，使晶核数量增加，还可以强化熔体中的传导过程，消除成分偏析。此外，快速凝固技术、半固态成形技术、铸锭变形，也能提高镁合金的形核率，抑制晶核的长大而细化晶粒。

2.3.3.1　变质处理

A　变质剂

变质处理在镁合金铸造生产实际中的应用非常广泛。早期人们试验采用了一种过热变质处理法，即将经过精炼处理的镁合金熔体过热到850℃以上温度，保温一段时间后快速冷却到浇注温度，再进行浇注，具有细化晶粒的作用。研究表明，过热变质处理能显著细化ZM5合金中的$Mg_{17}Al_{12}$相。但是这种工艺存在很大缺点：在过热变质处理过程中，镁合金熔体的过热温度很高，从而明显增加了镁的烧损，降低了坩埚的使用寿命和生产效率，增加了熔体中的铁含量和能源消耗。因此，过热变质处理在生产实际中应用并不普遍。目前，熔炼镁合金时常用的变质剂有含碳物质、C_2Cl_6和高熔点添加剂如Zr、Ti、B、V等。以下简单介绍几种常用变质剂的晶粒细化机理及效果：

（1）含碳变质剂。含碳变质剂中的碳不能固溶于镁中，但可与镁反应生成Mg_2C_3和MgC_2化合物。碳对Mg-Al系或Mg-Zn系合金具有显著的晶粒细化作用，而对Mg-Mn系合金的细化效果非常有限。

工业上常用的含碳变质剂有菱镁矿（$MgCO_3$）、大理石（$CaCO_3$）、白垩、石煤、焦炭、CO_2、炭黑、天然气等。其中$MgCO_3$、$CaCO_3$最为常见。

（2）变质剂C_2Cl_6。C_2Cl_6是镁合金熔炼中最常用的变质剂之一，可以同时达到除气和细化晶粒的双重效果。有学者开展了C_2Cl_6对AZ31合金晶粒细化效果的研究，研究表明，铸件中形成了Al_3C_4化合物质点来充当晶核的核心。AZ31经过C_2Cl_6变质处理后晶粒尺寸由280μm下降到120μm，抗拉强度明显提高。对ZM5合金而言，C_2Cl_6的变质处理效果比$MgCO_3$好得多。此外，也可以采用C_2Cl_6和其他变质剂进行复合变质处理，其效果更好。在Mg-Al合金熔体底部放置C_2Cl_6或环氯苯片也可以达到细化晶粒和除气的双重目的。

（3）其他变质剂。锆对Mg-Zn系、Mg-RE系和Mg-Ca系等合金具有明显的晶粒细化作用，是目前镁合金熔炼中较常用的晶粒细化剂。

在添加等量锆的情况下，锆合金化条件不同，其晶粒细化效果存在显著差异。通常，Mg-Zr合金熔体中的加锆量稍高于理论值。只有熔体中可溶于酸的锆过饱和时，Mg-Zr合金才能取得最佳的晶粒细化效果。由于熔体中还可能存在各种污染物，导致生成不溶于酸的锆化物，因此熔体中尽可能不要含铝和硅。此外，有必要保留坩埚底部含锆的残余物质（包括不溶于酸的锆化物）。为了防止液态残渣浇注到铸件中，浇注后坩埚中要预留足量的熔融合金（大约为炉料质量的15%）。浇注时要尽量避免熔体过分湍流和溢出，并且熔炼工艺中要保证足够的静置时间。

B 典型镁合金的变质处理

铸锭及铸件易产生局部晶粒大小悬殊现象，所以要对镁合金进行变质处理，以细化晶粒。变质处理能显著提高镁合金的力学性能，改善铸造性能，减少热裂、疏松等铸造缺陷。

a Mg-Al 系合金的变质处理

Mg-Al 系合金常用的变质方法有两种，一种是早期使用的"过热变质法"，即把镁合金过热到 850～900℃，设法快冷至浇注温度进行浇注，可获得良好的细化效果。如将熔液过热至 800℃，进行变质处理同时加以搅拌，将显著增加细化效果。在 740～780℃加强搅拌并静置，也能使晶粒细化。

另一种，也是目前常用的晶粒细化方法是用"碳"变质处理。即在熔液中加入一定量的 $MgCO_3$、$CaCO_3$、C_2Cl_6 等含碳的化合物，在高温下碳化物分解还原出碳，碳又与铝生成大量弥散分布的 Al_4C_3 难熔质点。由于 Al_4C_3 与镁同属密排六方晶格，晶格常数与 δ-Mg 仅差4%，故可作为外来晶核，使基体晶粒细化。C_2Cl_6 比 $MgCO_3$ 变质处理的效果要好，前者比后者变质处理的镁合金力学性能会提高 10%～20%，且在变质后 2h 进行浇注，合金仍保持良好的细化效果。

影响"碳"变质效果的因素有：

（1）变质处理后，随着熔液静置时间的增加，晶粒将逐渐粗化（工艺上规定变质处理后 45min 之内必须浇注完毕）；

（2）"碳"变质、剧烈搅拌与短期升温至800℃，随后快冷至浇注温度相结合，将会进一步增强细化晶粒的作用；

（3）合金中含有一定量的锰有利于细化晶粒，且 Al-Mn 中间合金中锰的质点越细小、分布越均匀，对合金的细化效果越好；铍加入量过大，或锆混入熔液中，均能引起晶粒粗化；钛、稀土等元素有可能导致变质失效。

b Mg-Zn、Mg-RE 系合金的变质处理

碳变质只适用于 Mg-Al 系合金，对于 Mg-Zn、Mg-RE 系合金，只有加锆才能显著细化晶粒，锆对 Mg-Zn 系合金晶粒细化的影响如图 2-8 所示。

由图 2-8 可见，当锆的质量分数大于 0.6% 时，Mg-Zn 合金晶粒明显细化。在包晶温度下，镁仅能溶解 0.597% 锆。当锆的质量分数大于 0.6% 时，镁熔液中出现大量难熔的 α-Zr 质点，它与 δ-Mg 同属密排六方晶格，两者的晶格常数为：δ-Mg：$a = 0.320nm$；$c = 0.512nm$；α-Zr：$a = 0.323nm$，$c = 0.514nm$。可见，两者具有良好的共格关系，故 α-Zr 质点起外来晶核的作用，使 Mg-Zn 合金晶粒细化。锆还与镁合金中的氢形成 ZrH_2 固态化合物，从而大大降低镁熔液中的含氢量，对减轻疏松有利。锆的熔点高（1855℃）、密度大（6.45g/cm³），在镁熔液中难以溶解，无法以纯锆的形式加入；锆在镁中的溶解度很低，难以用纯锆制成含锆量高、成分均匀的 Mg-Zr 中间合金。锆的化

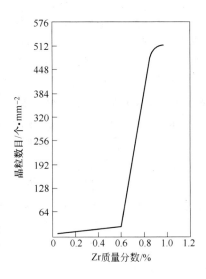

图 2-8 含锆量对 Mg-4.5Zn 合金晶粒细化的影响

学活性很强，与炉气中的氧、氮、氢、CO、CO_2 及合金中的铁、铝、硅、锰、钴、镍、锑、磷等均能生成不溶于镁的化合物，沉积于坩埚淤渣中，从而使合金中的含锆量下降。生产中锆的实际加入量一般为合金成分需用量的 3～5 倍，并多以 Mg-Zr 中间合金形式加入。

2.3.3.2　强外场作用细化晶粒

A　半固态成形细化晶粒

半固态成形是一种新型的热加工工艺，它是将原料加热到固液相线之间的温度，然后将其压入型腔成形，半固态成形工艺能产生细小的微观结构，减小微观收缩，使材料获得较高的力学性能。通过对 Mg-Zn-Al-Ca 合金的研究发现，试样半固态成形时，由于对试样的压缩变形，使得 α-Mg 发生再结晶，且 α-Mg 与共晶化合物的界面发生溶解，导致再结晶晶粒边界的 α-Mg 破碎成近球形的微小颗粒，随着 Zn 和 Al 含量的增加，共晶化合物 $Mg_{12}(Al,Zn)_{49}$ 和 MgZn 的数量增加，固态颗粒平均尺寸减小，最小可达 37μm，从而使性能得到较大提高。

B　铸锭变形细化晶粒

通过对镁合金铸锭进行后续的变形处理也可以细化晶粒组织，其主要包括等通道角挤压（ECAE）和大比率挤压。

等通道角挤压（ECAE）是一种可以使铸锭等冶金材料均质化、细晶化的新技术。该技术采用一种 L 形的圆角挤压器（见图 2-9），其优点在于处理的材料是铸锭而不是粉末，从而降低了生产成本，由于在挤压过程中，锭料转动 90°产生很大的切变，使晶粒转变为大角度晶界，从而获得微细的晶粒组织。Nakashima 等人的研究结果表明，在 160～220℃条件下，应用等通道角挤压方法对 AZ31 镁合金锭挤压 4 次后，可获得尺寸为 0.5～3μm 的微细晶粒组织。目前，等通道角挤压（ECAE）还处于实验室研究阶段，并未获得广泛应用。

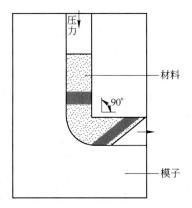

图 2-9　等通道角挤压
（ECAE）简图

大比率挤压与传统的挤压不同，它大大提高了挤压比（通常为 100∶1）。由于挤压比较大，晶粒被拉长以致断裂成微小的颗粒，晶粒之间的相互摩擦加剧了破碎过程；而且弥散分布的第二相质点也会阻碍晶粒长大，获得细小的晶粒组织。如在 310℃条件下按 100∶1 的挤压比挤压 ZK60 镁合金铸锭，可获得晶粒尺寸为 2.8μm 的细小组织。大比率挤压工艺的晶粒细化效果相当明显，但这种工艺对设备的要求很高，实现大规模生产有不小的困难。

C　快速凝固细化晶粒

由于快速凝固时的冷却速度较大，因而可获得细小的粉末晶粒。将粉末晶粒除气和热压固结后，再经轧制、挤压和锻造等成形工艺便可以得到细晶材料。利用快速凝固技术，英国研制出了抗拉强度大于 500MPa 的高强度镁合金 EA55RS（Mg-5Al-5Zn-5Nd），较未经快速凝固的镁合金（抗拉强度为 250～300MPa），强度得到大大提高。这主要是由于晶粒尺寸可控制在 0.3～5μm 之间，且组织中含有 $Mg_{17}Al_{12}$、Al_2Ca、Mg_3Nd、$Mg_{17}Ce$ 等弥散化合物。此外，日本的井上明久等也采用急速凝固法，成功开发出了具有高强度和高延展性的镁合金，其具有晶粒尺寸为 100～200nm 的微细结构，这种镁合金的强度大约是超级铝合金的 3 倍，据称是目前世界上强度最高的镁合金,此外其还具有超塑性、高耐热性和高耐蚀性。

2.4 镁合金熔剂熔炼与无熔剂熔炼

2.4.1 熔剂熔炼法

将坩埚预热至暗红色（673～773K），在坩埚内壁及底部均匀地撒上一层粉状底熔剂。炉料预热至423K以上，底熔剂全部熔化后依次加入回炉料、镁锭，并在炉料上撒一层熔剂，底熔剂的用量约占炉料质量的1%～1.5%。升温熔炼，在加热的条件下使其熔化，由固态变为液态，当熔体温度达973～993K时，根据产品成分要求准确计算后，加入适量的铝、锌及中间合金使其达到产品要求的成分；然后加入精炼熔剂进行精炼，其作用是使镁合金熔体中的有害元素等杂质与镁合金熔体分离，从而净化镁合金熔体。一般合金化和精炼的温度在1003K左右，精炼熔剂的加入量视熔体中氧化夹杂物含量的多少而定，一般约为炉料质量的1.5%～2%。将精炼好的镁合金熔体静置一定的时间，使其中密度较镁合金大的杂质成分沉淀到坩埚底部，从而得到纯净的镁合金熔体。一般静置时间为30min左右。同时将温度降到973K左右，通过吹氩进行除气。完成除气工作后，将镁合金熔体再静置一定的时间，使其内部成分均匀而不产生偏析；同时将温度降至933～953K取样进行分析，成分合格后准备浇注。一般吹氩的时间为10～20min（根据其内气体含量而定），静置时间为20min左右。在整个静置过程中，采用气体保护，以防止镁合金熔体表面氧化和燃烧。

2.4.2 无熔剂熔炼法

无熔剂法的原材料及熔炼工具准备基本上与熔剂熔炼时相同，不同之处如下：

（1）使用 SF_6、CO_2 等保护性气体，C_2Cl_6 变质精炼，氩气补充吹洗；

（2）对熔炼工具清理干净，预热至473～573K喷涂料；

（3）配料时二、三级回炉料总质量不大于炉料总质量的40%，其中三级回炉料不得大于20%。

首先将熔炼坩埚预热至暗红色，约773～873K，装满经预热的炉料，装料的顺序为合金锭、镁锭、铝锭、回炉料、中间合金和锌等，盖上防护罩，通入防护气体；升温熔化。当熔体温度升至973～993K时，搅拌2～5min，使成分均匀，之后清除炉渣，浇注光谱试样。当成分不合格时进行调整，直至合格。升温至1003～1023K并保温，用质量分数为0.1%的 C_2Cl_6 变质剂进行变质处理，然后除渣。在973～993K用氩气补充精炼（吹洗）10～15min（吹头应插入熔体下部），通氩气量至液面有平缓的沸腾为宜。吹氩结束后，扒除液面熔渣，升温至1033～1053K，保温静置10～20min，浇注断口试样，如不合格，可重新精炼变质（用量取下限），但不得超过3次。熔体调至浇注温度进行浇注，并应在静置结束后2h内浇完。否则，应重新检查试样断口，不合格时需重新进行精炼变质处理。

将炉内的镁合金熔体采用倾倒的方式或者通过镁液泵将镁合金熔体注入连续铸锭机模具中，铸成镁合金锭。浇注前应先将模具清理干净，预热至393～423K，喷涂料（成分（质量分数）为：10%滑石粉、5%硼酸、2.4%水玻璃，余量为水）再预热至423～473K。在浇注过程中，使用 SO_2 气体或其他气体保护以防止镁锭表面氧化或燃烧。

复习思考题

2-1　简述镁合金熔化与熔炼的特点。

2-2　简述镁合金电阻炉的特点。

2-3　简述镁合金工频感应炉的特点。

2-4　简述双室和三室熔化炉的结构特点。

2-5　简述熔炼炉用坩埚检验方法。

2-6　简述熔炼时电与气的控制系统的特点。

2-7　简述镁合金熔体的净化处理的方法。

2-8　提高镁铸件性能的重要途径有哪些?

2-9　简述镁合金熔剂熔炼工艺。

2-10　简述无熔剂镁合金熔炼工艺。

3　镁合金压铸工艺

3.1　压铸流程原理及其特点

压铸即压力铸造的简称，它是在高压作用下，将液态或半液态合金液以高的速度压入铸型型腔，并在压力下凝固成形而获得轮廓清晰、尺寸精确铸件的方法。高压高速是压铸的两大特点，也是区别其他铸造方法的基本特征。压铸的压力通常在几兆帕至几十兆帕，充填速度通常在 $0.5 \sim 70 \mathrm{m/s}$，充填时间很短，一般为 $0.01 \sim 0.03 \mathrm{s}$。

3.1.1　压铸工艺流程

压铸工艺流程如图 3-1 所示。

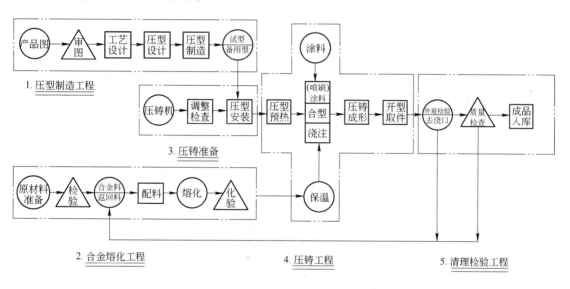

图 3-1　压铸工艺流程

3.1.2　金属充填理论

压铸过程中金属液充填压铸模型腔的形态与铸件的质量（致密度、气孔、力学性能、表面粗糙度等）有着很大的关系，长期以来，人们对此进行了广泛的研究。

在压铸过程中，金属液充填压铸模型腔的时间极短，一般为百分之几秒或千分之几秒。在这一瞬间内，金属液的充填形态是极其复杂的，它与铸件结构、压射速度、压力、压铸模温度、金属液温度、金属液黏度、浇注系统的形状和尺寸大小等都有着密切的关系。因而金属液充填形态对铸件质量起着决定性的作用，为此，必须掌握金属液充填形态的规律，了解充填特性，以便正确地设计浇注系统，获得优质铸件。

金属液充填压铸模型腔的过程是一个非常复杂的过程，它涉及流体力学和热力学的一些理论问题。研究充填理论的目的在于运用这些理论以更好地指导我们选择合理的工艺方案和工艺参数,从而消除压铸生产中出现的各种缺陷,以获得优质的压铸件。充填过程主要有以下三种现象:

(1) 压入。压射系统有必需的能量,对注入压室内的金属液施加高压力和高速度使熔液经压铸模的浇口流向型腔。

(2) 金属液流动。熔液从内浇口注入型腔,而后熔液流动并充填型腔的各个角落,以获得形状完整、轮廓清晰的铸件。

(3) 冷却凝固。熔液充填型腔后,冷却凝固,此现象在充填过程中自始至终地进行着,必须在完全凝固前充满型腔各个角落。

为了探明压铸时液态金属充填型腔的真实情况,许多压铸工作者进行了一系列的试验研究工作,提出了各种充填理论。国内外压铸工作者对金属液充填形态提出的各种不同观点归纳起来有三种:喷射充填理论、全壁厚充填理论和三阶段充填理论。

3.1.2.1　喷射充填理论

喷射充填理论是最早提出的一种金属充填理论,它是由弗洛梅尔(L. Frommer)于1932年根据锌合金压铸的实际经验并通过大量实验而得出的。实验铸型是一个在一端开设浇口的矩形截面型腔。通过研究,认为金属液的充填过程可以分为两个阶段,即冲击阶段和涡流阶段。在速度、压力均保持不变的条件下,金属液进入内浇口后仍保持内浇口截面的形状冲击到对面的型壁(冲击阶段)。随后,由于对面型壁的阻碍,金属液呈涡流状态,向着内浇口一端反向充填(涡流阶段),这时由于铸型侧壁对此回流金属流的摩擦阻力以及此金属流动过程中温度降低所形成的黏度迅速增高,因而使此回流金属流的流速减慢。与此同时,一部分金属液积聚在型腔中部,导致液流中心部分的速度大于靠近型壁处的速度。图3-2所示为金属液在型腔内的充填形态。

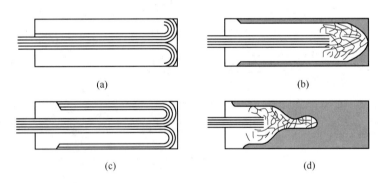

(a)   (b)

(c)   (d)

图 3-2　金属液在型腔内的充填形态
(a) 冲击型壁;(b) 回流;(c) 积聚在型腔远端;(d) 积聚在型腔中部

大量的实验证实,这一充填理论适用于具有缝形浇口的长方形铸件或具有大的充填速度以及薄的内浇口的铸件。

根据这一理论,金属液充填铸型的特性与内浇口截面积 A_g 和型腔截面积 A_1 的比值有关,压铸过程中应采用 $A_g/A_1 > (1/4 \sim 1/3)$,以控制金属液的进入速度,从而保持平稳充填。在此情况下,应在内浇口附近开设排气槽,使型腔内的气体能顺利排除。

3.1.2.2　全壁厚充填理论

全壁厚充填理论是由布兰特(W. G. Brandt)于1937年用铝合金压入试验性的压铸型中得

出的。实验铸型具有不同厚度的内浇口和不同厚度的矩形截面型腔。内浇口截面积与型腔截面积之比 A_g/A_1 在 $0.1 \sim 0.6$ 的范围内,用短路接触器测定金属液在型腔内的充填轨迹。

该理论的结论如下:

(1)金属液通过内浇口进入型腔后,即扩展至型壁,然后沿整个型腔截面向前充填,直到整个型腔充满金属液为止。其充填形态如图3-3所示。

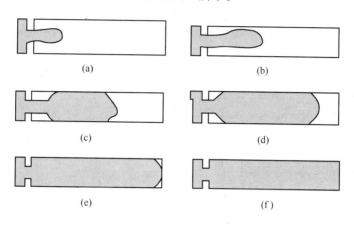

图3-3 全壁厚充填理论的充填形态

(a)进入型腔;(b)开始扩展;(c)扩展至型壁;(d)向前充填;(e)充至型壁;(f)充满型腔

(2)在整个充填过程中不出现涡流状态,在实验中没有发现金属堆积在型腔远端的任一实例,凡是远端有欠铸的铸件,在浇口附近反而完全填实。因此,认为喷射充填理论是不符合实际情况的,并且推翻了喷射充填理论所提出的将复杂铸件看成若干个连续矩形型腔的说法。同时认为,无论 A_g/A_1 的值大于或小于 $1/4 \sim 1/3$,其结果并无区别。

按这种理论,金属的充填是由后向前的,流动中不产生涡流,型腔中的空气可以得到充分的排除。至于充填到最后,在进口处所形成的"死区",完全符合液体由孔流经导管的水力学现象。

3.1.2.3 三阶段充填理论

三阶段充填理论是巴顿(H. K. Barton)于 $1944 \sim 1952$ 年提出的。按三阶段充填理论所做的局部充填试验表明,其充填过程具有三个阶段,如图3-4所示。

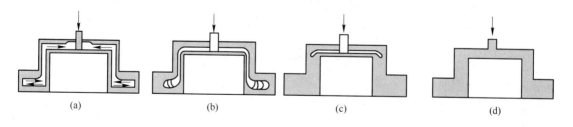

图3-4 三阶段充填理论的充填形态

(a)形成薄壳层;(b)继续充填;(c)即将充满;(d)充满型腔后形成封闭水力学系统

三阶段具体介绍如下:

(1)第一阶段。金属液射入型腔与型壁相撞后,就相反于内浇口或沿着型腔表面散开,在型腔转角处,由于金属液积聚而产生涡流,在正常均匀热传导下,与型腔接触部分形成一层凝固壳,即为铸件的表层,又称为薄壳层。

（2）第二阶段。在铸件表层形成壳后，金属液继续充填铸型，当第二阶段结束时，型腔完全充满，此时，在型腔的截面上，金属液具有不同的黏度，其最外层已接近于固相线温度，而中间部分黏度很小，还处于液态。

（3）第三阶段。金属液完全充满型腔后，型腔、浇注系统和压室是一个封闭的水力学系统，在这一系统中各处压力是相等的，压射力通过铸件中心还处于液态的金属继续作用。

在实际生产中，大多数铸件（型腔）的形状比充填理论试验的型腔要复杂得多。通过对各种不同类型压铸件的缺陷分析和对铸件表面流痕的观察可知，金属在型腔中的充填形态并不是由单一因素所能决定的。例如，在同一铸件上，由于工艺参数的变动，也会引起充填形态的改变；在同一铸件上，由于其各部位结构形式的差异，也可能产生不同的充填形态。至于采取哪种形态，则是由金属流经型腔部位的当时条件而定。

上述三种充填理论，在不同的工艺条件下都有其实际存在的可能性，其中全壁厚充填理论所提出的充填形态是最理想的。

3.1.2.4　理想充填形态在三级压射中的获得

压铸件的气孔、冷隔、流痕等缺陷都是由于金属充填型腔时产生的涡流和裹气所引起的。涡流和裹气现象的产生又是金属液高速射向型壁或两股金属流相对碰撞的结果。因此，理想充填形态的获得，应保证在金属液充满型腔的条件下，以最低的充填速度及浇注温度，使金属流形成与型腔基本一致的金属液柱，从一端顺利地充满型腔，排出气体。但这一形态的获得，即使在适宜的浇注系统中使金属液起到较完善的整流和定向作用，若没有其他工艺条件的配合，也难达到充填过程中各阶段的要求。三级压射速度的定点压射是改善充填形态的有效方法。所谓三级压射速度定点压射是指压射缸在压射过程中，按充填各阶段的要求，分为三级压射速度，每一级压射的始终位置均有严格的控制。

在第一级压射时，压射冲头以较慢的速度推进，以利于将压室中的气体挤出，直至金属液即将充满压室为止。

第二级压射则是按铸件的结构、壁厚选择适当的流速，以在充满型腔过程中金属液不凝固为原则，将糊状金属把型腔基本充满。

第三级压射是在金属液充满型腔的瞬间以高速高压施加于金属液上，增压后使铸件在压力的作用下凝固，以获得轮廓清晰、表面质量高、内部组织致密的优质铸件。

由上述充填过程可知，三级压射可避免一般充填中所发生的裹气和涡流现象。在第二级压射中，金属液流进内浇口后，温度有所下降，黏度相应提高；同时，金属液在流入型腔后因容积突然增大，向外扩张，当金属液接触到型壁后，金属液流随型壁而改变形状，此时由于金属液对型壁有黏附性，更使它的流动性降低。这样，在型腔表面形成一层极薄的表皮，随后按金属流向逐步充填铸型。因此，在适当的铸型温度及金属液温度下，第二级压射形成了金属流端部的金属柱后，即使再增加压射速度，也不致有产生涡流的危害。所以，第二种充填形态的获得有利于避免气孔，特别对厚壁铸件功效更大。

3.1.2.5　金属液在型腔中的几种充填形态

图 3-5 所示为在某一压力下金属的充填形态。当改变内浇口截面积与铸件截面积之比时，充填所需的时间也不同，当 $A_g/A_1 = 1/3$ 时，充填所需时间最短。图 3-6 所示为在一般压力下，内浇口在型腔一侧时的充填形态。

图 3-7 所示为型腔特别薄时（锌合金可以做到）的充填形态。金属流厚度接近于型腔，故

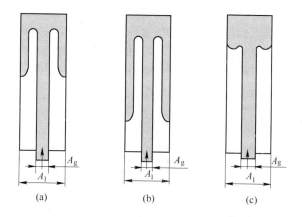

图 3-5　不同内浇口截面积厚度时的充填形态
（a）$A_g/A_1 \approx 1/4 \sim 1/3$；（b）$A_g/A_1 = 1/3$；（c）$A_g/A_1 > 1/3$

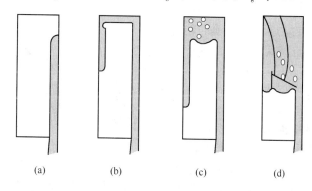

图 3-6　内浇口在型腔一侧时的充填形态
（a）进入型腔；（b）回流；（c）继续充填；（d）全壁厚充填

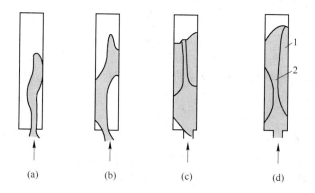

图 3-7　薄壁型腔的充填形态
（a）一侧接触；（b）两侧接触；（c）从冷凝金属层上滑过；（d）新金属从冷凝金属层中通过
1—冷凝金属层；2—新的金属液

金属流入型腔后，即与型腔的一侧或两侧接触（见图 3-7（a）和（b））。与型腔接触的金属因冷却而温度降低，中间的金属从冷凝金属层 1 上面滑过去，又与前方的型腔壁接触，而新的金属液 2 从两侧逐渐冷却凝固的金属层中通过（见图 3-7（c）和（d））。

图 3-8 所示为金属流在型腔转角处的充填形态。金属液流入型腔转角处会产生涡流（见图 3-8（b）），基本上没有向前流动的速度，在型腔垂直部分充满以前向左移动很慢（见图 3-8（c）），在垂直部分充满以后，后面的金属推动前面的金属向左流动（见图 3-8（d））。

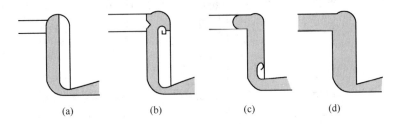

图 3-8　金属流在型腔转角处的充填形态

（a）进入型腔；（b）在转角处产生涡流；（c）充填垂直部分；（d）向左充填

图 3-9 所示为型腔表面是一圆弧面时的金属充填形态。金属液有靠近外壁流动的趋势，因此，靠近内壁处的空气无法排出，易产生缺陷。

3.1.3　压铸工艺过程

压铸的填充过程受许多因素影响，如压力、速度、温度、熔融金属的性质以及填充特性等。在填充的全过程中，熔融金属总是被压力所推动，而填充结束时，熔融金属仍然是在压力的作用下凝固的。压力的存在是这种铸造过程区别于其他铸造方法的主要特征。也正因

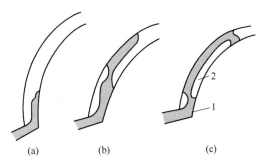

图 3-9　金属液在圆弧面处的充填形态

（a）进入型腔；（b）流向外型壁；（c）靠近外型壁流动
1—金属液；2—无法逸出的空气

为压力的缘故，产生了对速度、温度、型腔中气体以及一系列的填充特性的影响。所以，在压铸填充过程中，对压力的变化应有一个总体的概念。

在压铸填充过程中，压射冲头移动的情况和压力的变化如图 3-10 所示（以卧式冷压室压铸为例）。图中每一阶段的左图表示压射的过程，右下图为对应的压射冲头位移曲线，右上图为每一位移阶段时相应的压力升值。图中 P 为压射压力，S 为压射冲头移动距离，t 为时间。图 3-10（a）为初始阶段，熔融金属浇入压室内，准备压射。

图 3-10（b）为阶段Ⅰ，压射冲头缓慢地移过浇料口，使熔融金属受到推动，因冲头的移动速度低且冲力小，故金属不会从浇料口处溅出。这时推动金属的压力为 P，其作用为克服压射缸内活塞移动时的总摩擦力、冲头与压室之间的摩擦力。冲头越过浇料口的这段距离为 S_1。此阶段为慢速封口阶段。

图 3-10（c）为阶段Ⅱ，压射冲头以一定的速度（比阶段Ⅰ的速度略快）移动，与这一速度相应的压力值增到 P_1，熔融金属充满压室的前端和浇道并堆聚于内浇口前沿，但因速度不大，故金属在流动时，浇道中的包卷气体只在一个较小的限度内。冲头在这一阶段所移动的距离为 S_2。此阶段称为金属堆聚阶段。在这一阶段的最后瞬间，即当金属到达内浇口时，由于内浇口的截面在浇口系统各部分的截面中总是最小的，故该处阻力最大，压射压力便因此而增大，其增大值应达到足以突破内浇口处的阻力。

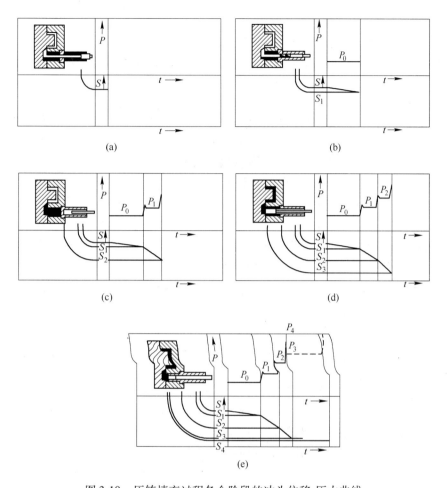

图 3-10　压铸填充过程各个阶段的冲头位移-压力曲线

（a）初始阶段；（b）慢速封口阶段；（c）金属堆聚阶段；（d）填充阶段；（e）压实凝固阶段

图 3-10（d）为阶段 III，这一阶段的开始，压射压力便因内浇口处的阻力而升至 P_2，冲头的速度按设定的最大速度移动，推动熔融金属突破内浇口而以高的速度填充入封闭的模腔，这一阶段冲头移动的距离为 S_3。此阶段称为填充阶段。在短促的填充瞬间，金属虽已充满型腔，但还存在疏松组织。

图 3-10（e）为阶段 IV，压射冲头按设定的压力作用于型腔中正在凝固的金属上，疏松组织便成为密实组织。此时作用在金属上的压力，通常称为最终压力，其大小与压铸机的压射系统的性能有关。当压射系统没有增压机构时，最终压力能达到的最大值为 P_3，当压射系统带有增压机构时，最终压力又从 P_3 升至 P_4。这一阶段冲头移动的距离为 S_4，其实际的距离是很小的。

上述过程称为四级压射。根据工艺要求，压铸机均应实现四级压射。目前使用的大中型压铸机为四级压射，中小型压铸机多为三级压射，这种机构是把四级压射中的第二和第三阶段合为一个阶段。在压铸周期中，其中 P_3 越高所得的充填速度越高，而 P_4 越大，则越易获得外廓清晰、组织致密和表面粗糙度要求高的铸件。在整个过程中 P_3 和 P_4 是最重要的。所以，在压铸过程中压力的主要作用在一定程度上是为了获得速度，保证液态金属的流动性。但要达到这一目的，必须具备以下条件：

（1）铸件和内浇口应具有适当的厚度；

（2）具有相当厚度的余料和足够的压射力，否则效果不好。

上述压力和速度的变化曲线只是理论性的，实际上液态金属充填型腔时，因铸件复杂程度不同、金属充填特性及操作不同等因素，压射曲线也会出现不同的形式。从压铸工艺上的特性来看，上述的过程为四阶段压射过程。近年来，先进的压铸机即根据这一工艺要求，从而备有四阶段压射的压射机构。在 20 世纪 50 年代末期至 60 年代末期，一般是阶段Ⅱ和阶段Ⅲ合成为一个阶段，便是通常的三阶段压射过程，机器的压射机构也是三阶段压射机构。在目前的生产现场中，仍然有大量的机器是三阶段压射机构。至于较早期的压射过程，则从压射开始至填充即将结束，机器提供的冲头移动速度是不变的（如有变化也只是因填充过程引起的），这样，熔融金属在压室和浇道内流动时便先卷入大量的空气，使铸件内形成大量的气孔，影响了质量。所以，从速度不变的压射过程，至三阶段、四阶段的压射过程，都是随着工艺水平日益提高，填充理论逐步被掌握，从而促使机器压射机构不断地被改进，以满足工艺要求的变化过程。近年来出现的抛物线形压射系统和伺服系统的压射机构，都是根据这些要求发展起来的。

3.1.4　压铸的特点与应用

3.1.4.1　压铸的特点

压铸具有高压、高速、快凝的显著特点，与其他铸造成形方法相比，有如下优点：

（1）产品质量好：

1）尺寸精度高。对铝、镁合金压铸件尺寸公差可达 GB/T 6414—1999 CT5 ~ CT7，对锌合金可达 CT4 ~ CT6，对铜合金可达 CT6 ~ CT8，表面粗糙度值小，能达 R_a 为 0.8 ~ 3.2μm。因此，压铸件可以不进行机加工，确需加工时加工量也很小。

2）力学性能好。压铸件晶粒细小，组织致密，强度好，硬度高。

3）尺寸稳定，互换性好。

4）清晰度高。能铸出形状复杂、薄壁、深腔、文字、花纹和图案等零件。

（2）生产率高。由于压铸机生产效率高，适合大批量生产，可实现机械化、自动化操作，一般冷室压铸机平均每小时压铸 6 ~ 80 次，热室压铸机平均每小时可压铸 400 ~ 1000 次，利用一型多腔，产量会更大。

（3）经济效益好：

1）材料利用率高。材料的工艺出品率可达 60% ~ 80%，甚至可达 90%。

2）压铸件中可镶嵌其他金属或非金属材料零件，节省贵金属，可代替装配，节省工时。经济指标见表 3-1。

表 3-1　不同铸造方法生产 1t 合格铸件经济指标比较

铸造方法	合金种类	节省量		减少劳动量/h	减少机械加工余量/%
		费用金额/元	金属质量/kg		
熔模铸造	灰铸铁、钢	275	250	300①	90
	非铁合金	350	250	300	90
壳型铸造	铸　铁	15	200	60	50
	铸　钢	20	150	80	50
	非铁合金	20	150	100	60

铸造方法	合金种类	节省量		减少劳动量/h	减少机械加工余量/%
		费用金额/元	金属质量/kg		
金属型铸造	灰铸铁、铸钢	30	150	50	50
	非铁合金	30	200	150	65
砂型铸造②	灰铸铁	5	100	20	50
	非铁合金	5	7	40	60
压力铸造	非铁合金	400	350	360	95

① 包括机械加工减少的劳动量。

② 指流态砂型、高压造型和快干砂型铸造。

3）成本低廉。一般压铸法生产都是大批量生产，成本低，如图 3-11 所示。

虽然压铸优点突出，但仍存在不足之处，因为压铸机与压铸型制造费用高，不适宜小批量生产；由于压铸机锁型力的限制，压铸件的尺寸与质量也受到限制；压铸法最大的缺点是铸件易产生气孔、缩孔，不能进行热处理，对高熔点合金压铸比较困难。

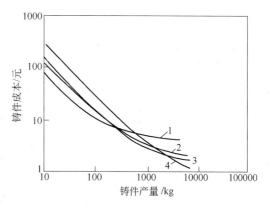

图 3-11　不同铸造方法生产
铸件费用比较
1—熔模铸件；2—壳型铸件；
3—金属型铸件；4—压铸件

3.1.4.2　压铸的应用

压铸是最先进的金属成形方法之一，是实现少切屑、无切屑的有效途径，应用很广，发展很快。目前，压铸合金不再仅局限于非铁合金的锌、铝、镁和铜，而且也逐渐扩大用来压铸铸铁和铸钢件。在非铁合金的压铸中，铝合金占比例最高（约 30% ~ 60%），锌合金次之（在国外，锌合金铸件绝大部分为压铸件），铜合金比例仅占压铸件总量的 1% ~ 2%，镁合金是近几年国际上比较关注的合金材料，对镁合金的研究开发，特别是镁合金的压铸、挤压铸造、半固态加工等技术的研究更是呈现遍地开花的局面。

压铸件的尺寸和质量，取决于压铸机的功率。由于压铸机的功率不断增大，压铸件外形尺寸可以从几毫米到 1 ~ 2m；质量可以从几克到数十千克。国外可压铸直径为 2m、质量为 60kg 的铸件。压铸已广泛地应用在国民经济的各行各业中，如兵器、汽车与摩托车、航空航天产品的零部件以及电器仪表、无线电通信、电视机、计算机、农业机具、医疗器械、洗衣机、电冰箱、钟表、照相机、建筑装饰以及日用五金等各种产品的零部件的生产方面。

3.1.5　压铸的发展方向

压铸的发展方向见表 3-2。

表 3-2　压铸的发展方向

压铸的发展方向	说　明
深入开展理论研究	利用计算机模拟技术，展开金属在充填型腔的流动形态、金属在型腔中的凝固过程、型腔内金属液体的流动压力、模具的温度场分布、模具的温度梯度、模具的变形、压铸机拉杠杆系受力分析等方面的理论研究
研发新式压铸设备	进行解决高温金属液腐蚀零部件问题及有柔性单元配备装置、智能化机械手、分立的自动浇料、取件、喷涂装置等新式压铸机的研发
研发压铸新材料	进行金属基复合材料的压铸及压铸镁合金的开发研究
发展新型检测技术	研发压铸产品的检测，特别是内部缺陷的无损检测新技术
发展压铸新技术	进一步研究真空压铸、充氧压铸、半固态压铸、挤压压铸等无气孔压铸新技术
广泛应用最新技术	在压铸生产中，广泛应用并行工程（CE）和快速原型制造技术（RPM）等最新技术
研发压铸模新材料	不断研发提高压铸模寿命的压铸模新材料及压铸模表面处理新技术

3.2　压铸成形类型

压铸的分类方法很多，常见的压铸分类方法见表 3-3。

表 3-3　常见的压铸分类方法

压铸的分类方法			说　明	压铸的分类方法		说　明
按压铸材料分	单金属压铸		目前主要是非铁合金压铸	按压铸机分	热压室压铸	压室浸在保温坩埚内
	合金压铸	铁合金压铸			冷压室压铸	压室与保温炉分开
		非铁合金压铸		按合金状态分	全液态压铸	常规压铸
		复合材料压铸			半固态压铸	一种压铸新技术

3.3　压铸工艺参数

压铸工艺是把压铸合金、压铸模和压铸机这三大生产要素有机组合和运用的过程。压铸时，影响金属液充填成形的因素很多，其中主要有压射压力、压射速度、充填时间和压铸模温度等。这些因素是相互影响和相互制约的，调整一个因素会引起相应的工艺因素变化，因此，正确选择与控制工艺参数至关重要。

3.3.1　压力

压铸压力是压铸工艺中的主要参数之一。压铸过程中的压力是由压铸机的压射机构产生的，压射机构通过工作液体将压力传递给压射活塞，然后由压射活塞经压射冲头施加于压室内的金属液上。作用于金属液上的压力是获得组织致密和轮廓清晰的铸件的主要因素，所以，必须了解并掌握压铸过程中作用在金属液上的压力的变化情况，以便正确利用压铸过程中各阶段的压力，并合理选择压力的数值。压力的表示形式在生产中有压射力和比压两种。

3.3.1.1　压射力

压铸机压射缸内的工作液作用于压射冲头，使其推动金属液充填模具型腔的力称为压射力。其大小随压铸机的规格而不同，它反映了压铸机功率的大小。

压射力的大小由压射缸的截面积和工作液的压射压力所决定：

$$P_y = p_g \times \pi D^2/4$$

式中　P_y——压射力，N；

　　　p_g——压射缸内工作液的压力，Pa；

　　　D——压射缸直径，m。

3.3.1.2　比压

压射过程中，压室内单位面积上金属液所受到的静压力称为比压，即压射力与压室截面面积的比值：

$$p_b = P_y/F_s$$
$$A_s = \pi d^2/4$$

式中　p_b——比压，Pa；

　　　A_s——压室截面积，m²；

　　　d——压室直径，m。

比压用来表示熔融金属在填充过程中实际得到的作用力的大小及金属流流经各个不同截面积的部位时所受的力。一般情况下，将填充阶段的比压称为填充比压 p_{bc}；增压阶段的比压称为增压比压 p_{bz}。这两个比压的大小同样都是根据压射力来确定的。

对于旧机器上的压射系统没有增压机构时，两个阶段的压力是相同的。当机器的压射系统带有增压机构时，两个阶段的压射力不同，因而两个阶段的比压也不同。这时，填充比压用来克服浇注系统和型腔中的流动阻力，特别是内浇口处的阻力，保证金属流达到所需的内浇口速度。而增压比压则决定了正在凝固的金属所受到的压力以及这时所形成的胀型力的大小。

3.3.1.3　比压的选择

从压铸工艺出发，如何合理地确定和选择压射比压和充填速度是一个重要的问题。为了提高铸件的致密性，增大压射比压无疑是有效的。但是，过高比压会使压铸模受熔融合金流的强烈冲刷和增加合金粘模的可能性，降低压铸模的使用寿命。在当前压铸生产条件下，压射比压的选择应根据压铸件的形状、尺寸、复杂程度、壁厚、合金的特性、温度及排溢系统等确定，一般在保证压铸件成形和使用要求的前提下选用较低的比压。选择比压要考虑的主要因素见表3-4。各种压铸合金的计算压射比压见表3-5。在压铸过程中，压铸机性能、浇注系统尺寸等因素对比压都有一定影响，所以实际选用的比压应等于计算比压乘以压力损失折算系数。压力损失折算系数 K 值见表3-6。

表3-4　选择比压要考虑的主要因素

因　素		选择条件及分析
压铸件结构特性	壁　厚	薄壁件压射比压可选高些，厚壁件增压比压可选高些
	形状复杂程度	复杂铸件压射比压可选高些
	工艺合理性	工艺合理性好，压射比压可选低些
压铸合金特性	结晶温度范围	结晶温度范围大，增压比压可选高些
	流动性	流动性好，压射比压可选低些
	密　度	密度大，压射比压和增压比压均可选高些
	比强度	比强度大，增压比压可选高些

因　素		选择条件及分析
浇道系统	浇道阻力	浇道阻力大，压射比压和增压比压均可选高些
	浇道散热速度	散热速度快，压射比压可选高些
排溢系统	排气道布局	排气道合理，压射比压可选高些
	排气道截面积	截面积足够大，压射比压和增压比压均可选低些
内浇道速度	要求内浇道速度	内浇道速度大，压射比压可选高些
温　度	合金与压铸模温差	温差大，压射比压可选高些

表 3-5　各种压铸合金的计算压射比压　　　　　　　（MPa）

合　金	壁厚不大于 3mm		壁厚大于 3mm	
	结构简单	结构复杂	结构简单	结构复杂
锌合金	30	40	50	60
铝合金	25	35	45	60
镁合金	30	40	50	60
铜合金	50	70	80	90

表 3-6　压力损失折算系数 K 值

项　目	直浇道导入口截面积 A_1 与内浇口截面积 A_2 之比（A_1/A_2）		
	>1	=1	<1
立式冷压室压铸机	0.66 ~ 0.70	0.72 ~ 0.74	0.76 ~ 0.78
卧式冷压室压铸机	0.88		

3.3.2　胀型力

压铸过程中，填充结束并转为增压阶段时，作用在凝固的金属上的比压（增压比压）通过金属（铸件浇注系统、排溢系统）传递到型腔壁面，此压力称为胀型力（又名反压力），当胀型力作用在分型面上时，称为分型面胀型力；而作用在型腔各个侧壁方向时，则称为侧壁胀型力。胀型力可表示为：

$$F_z = p_{bz}A$$

式中　F_z——胀型力，N；

　　　p_{bz}——增压比压，Pa；

　　　A——承受胀型力的投影面积，m^2。

分型面胀型力是选定压铸机锁模力大小的主要参数之一，也是模具支撑板强度计算的主要参数。分型面胀型力可由下式得到：

$$F_{zf} = F_{zf1} + F_{zf2}$$

式中　F_{zf}——分型面胀型力，N；

F_{zf1}——与分型面上金属的投影面积有关的胀型力，N；

F_{zf2}——由侧向胀型力分解到沿锁模力（合模力）方向的分力，N。

其中

$$F_{zf1} = p_{bz}\Sigma S$$

$$\Sigma S = S_z + S_j + S_y + S_c$$

式中　ΣS——铸件总的投影面积，m^2；

S_z——铸件在分型面上的投影面积，m^2；

S_j——浇注系统在分型面上的投影面积，m^2；

S_y——余料在分型面上的投影面积，m^2；

S_c——溢流槽在分型面上的投影面积，m^2。

$$F_{zf2} = F_{zc}\tan\alpha$$

式中　F_{zc}——形成型腔侧壁的成形滑块活动块上所受的总压力，N；

α——抽芯机构中楔块的斜面与分型面之间的夹角。

在计算 F_{zf} 时，还应考虑胀型力的作用中心与机器锁模力作用中心的偏移程度，这就是通常说的模具偏心问题。当存在偏心问题时，机器每根拉力柱受力不均衡，从而要对单个拉力柱的受力大小另外计算。这时，锁模力的实际效能便有所降低。

通过计算得到的 F_{zf}，必须小于机器的锁模力 F_s，否则，模具分型面被胀开，处于分离状态，不但产生金属飞溅，而且使型腔中的压力无法建立，铸件难以成形。在生产中，为了安全起见，F_s 与 F_{zf} 的关系常常采用经验公式加以核算，即：

$$F_s \geq F_{zf}/k$$

式中　k——安全系数，是考虑压射的冲头惯性力和金属流填充终了时所产生的冲击来确定的，按铸件大小不同，可确定如下：大铸件 $k = 0.90 \sim 0.95$；中铸件 $k = 0.88 \sim 0.93$；小铸件 $k = 0.85 \sim 0.90$。

侧壁胀型力是模具的模框强度计算的主要参数，也是作用在模具侧面楔紧装置上的动力来源。

3.3.3　速度

在压铸过程中，速度受压力的直接影响又与压力共同对内部质量、表面要求和轮廓清晰程度起着重要作用。速度的表示形式有压射速度和内浇口速度两种。

3.3.3.1　压射速度

压室内的压射冲头推动熔融金属移动时的速度称为压射速度，又称为冲头速度。而压射速度又分为两级：Ⅰ级压射速度和Ⅱ级压射速度。Ⅰ级压射速度又称为慢压射速度，是指冲头起始动作直至冲头将室内的金属液送入内浇口之前的运动速度。在这一阶段中，要求将压室中的金属液充满压室，在既不过多降低合金液温度，又有利于排除压室中的气体的原则下，该阶段的速度应尽量地低，一般应低于 0.3mm/s。Ⅱ级压射速度又称为快压射速度，该速度由压铸机的特性决定。压铸机所给定的最高压射速度一般为 4 ~ 5m/s，旧式的压铸机快压射速度较低，而近代的压铸机则较高，可达到 9m/s 以上。

A　快压射速度的作用和影响

a　快压射速度对铸件力学性能的影响

　　提高压射速度，则动能转化为热能，可提高合金熔液的流动性，这有利于消除流痕、冷隔等缺陷，也可提高力学性能和表面质量。但速度过快时，合金熔液呈雾状与气体混合，产生严重涡流包气，使力学性能下降。图 3-12 所示为 AM60B 在浇注温度 680℃，模具 180℃下试验时，压射速度对力学性能的影响。

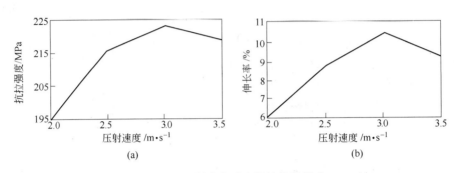

图 3-12　压射速度对力学性能的影响
（a）抗拉强度；（b）伸长率

　　b　压射速度对填充特性的影响

　　提高压射速度，使合金熔液在填充型腔时的温度上升，如图 3-13 所示。内浇道流速与填充流程长度的关系如图 3-14 所示。内浇道流速有利于改善填充条件，可压铸出质量优良的复杂薄壁铸件。但压射速度过高时，填充条件恶化，在厚壁铸件中尤为显著。

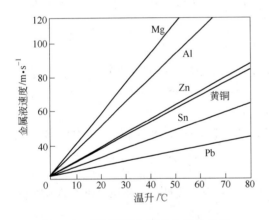

图 3-13　压射速度与温度上升的关系

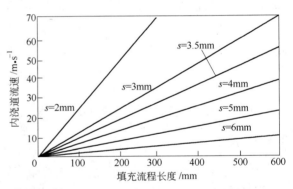

图 3-14　内浇道流速与填充流程长度的关系
s—铸件厚度

　　B　快压射速度的选择和考虑的因素

　　快压射速度的选择和考虑的因素有：

　　（1）压铸合金的特性。熔化潜热、合金的比热容和导热性、凝固温度范围。

　　（2）模具温度高时，压射速度可适当降低；考虑到模具的热传导状况、模具设计结构制造质量，为提高模具寿命，也可适当限制压射速度。

　　（3）铸件质量要求。当铸件薄壁复杂且对表面质量有较高要求时，应采用较高的压射速度。

　　C　压射过程中速度的变化

　　压射过程中速度的变化情况如图 3-15 所示。

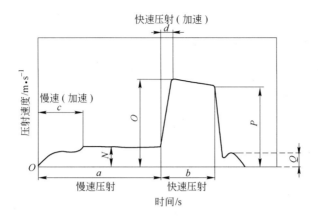

图 3-15 压射过程中速度的变化曲线

N—慢压射速度；O—快压射速度；P—压射平均速度；Q—凝固过程加压速度

3.3.3.2 内浇口速度

熔融金属在压力的作用下，以一定速度经过浇注系统到达内浇口，然后填充入型腔。在机器的压射系统性能优良的条件下，熔融金属通过内浇口处的速度可以认为不变，这个速度便称为内浇口速度。熔融金属在通过内浇口后，进入型腔各部分流动（填充时），由于型腔的形状和厚度（铸件壁厚）、模具热状态（温度场的分布）等各种因素的影响，流动的速度随时在发生变化，这种变化的速度称为填充速度。

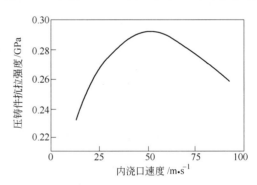

图 3-16 内浇口速度与力学性能的关系

在工艺参数上，通常只选不变的速度来衡量，所以内浇口速度是重要的工艺参数之一。内浇口速度的高低对铸件力学性能的影响极大，内浇口速度太低，铸件强度就会下降；内浇口速度提高，强度就会上升；而速度过高，又会导致强度下降，如图 3-16 所示。

为便于生产中选定内浇口速度，将铸件的平均壁厚与内浇口速度的关系列于表 3-7 中。

表 3-7 铸件的平均壁厚与内浇口速度的关系

铸件平均壁厚/mm	1	1.5	2	2.5	3	3.5	4	5	6	7	8	9	10
内浇口速度 /m·s^{-1}	46~55	44~53	42~50	40~48	38~46	36~44	34~42	32~40	30~37	28~34	26~32	24~29	22~27

在选用内浇口速度时，应考虑下列情况：

（1）当铸件形状复杂时，内浇口速度应高些。

（2）当合金浇入温度低时，内浇口速度可高些。

（3）当合金和模具材料的导热性能好时，内浇口速度应高些。

（4）当内浇口厚度较大时，内浇口速度应高些。

3.3.3.3 冲头速度与内浇口速度的关系

根据连续性原理，金属流以速度 v_c 流过压室截面为 A_S 的体积应等于以速度 v_n 流过内浇口截面积为 A_n 的体积。于是：

$$A_S v_c = A_n v_n$$

即

$$v_c = A_n \frac{v_n}{A_S}$$

3.3.3.4 速度与压力的关系

由流体力学原理推导出的内浇口速度 v_n 与比压 p_b 的关系式为：

$$v_n = \sqrt{\frac{2p_b}{\rho}}$$

式中　v_n——内浇口速度，m/s；

p_b——压室内作用于金属上的压力，Pa；

ρ——熔融金属的密度，kg/m³。

因为金属是黏性液体，它在流经浇注系统时，会因摩擦而引起动能损失，故上式改写为：

$$v_n = \eta \sqrt{\frac{2p_b}{\rho}}$$

式中　η——阻力系数，$\eta = 0.358$。

当内浇口速度 v_n 已经选定时，则比压 p_b（实为填充比压 p_{bt}）可由下式求得：

$$p_b = 3.9 v_n^2 \rho$$

在生产中，考虑到各种损失的存在，实际的压力应按计算出的压力适当加大。

3.3.4 温度

在压铸过程中，温度作为热规范中的一种工艺因素，对填充过程、模具的热状态以及操作的效率等方面起着重要的作用。压铸热规范中所指的温度是合金温度和模具温度。

3.3.4.1 合金温度

合金温度包括浇入温度、压室内停留时的温度、通过内浇口时的温度和填充型腔时的温度。在生产中，为便于测量和能够直接判别，通常以合金浇入温度为代表。合金在压室内的温度，一般认为比浇入温度低 10~20℃。合金通过内浇口时的温度则与内浇口速度有关。而填充时的温度一般不易测量，认为在合金的固相线温度以上才合适。

合金的浇入温度应适当。考虑到气体在金属内的溶解度和金属氧化程度随着温度的升高而迅速增加，因此，温度高于合金液相线温度不宜过多。但过低的浇入温度也不适宜，将会造成填充尚未结束便产生凝固；有时会为了改善填充条件而采用过高的、与模具结构不适应的模具温度，从而带来生产上的其他困难，或使模具过早损坏。

合金浇入温度应根据合金的性质、铸件壁厚、铸件结构、模具结构、模具零件的配合松紧程度及生产的操作效率来确定。

表 3-8 列出了推荐的合金浇入温度，所列数据为合金在保温炉内的温度。热压室压铸时，可以再略低些。

表 3-8 推荐的合金浇入温度

合金类别	锌合金	铝合金	镁合金	铜合金
浇入温度/℃	410~450	620~710	640~730	910~960

3.3.4.2 内浇口速度对合金温度的影响

当合金液通过内浇口处时，因摩擦生热而使温度稍有升高，这是因为填充时消耗一定的机械能转化为热能。如果假设通过冲头传递给合金的机械能完全转化为热能，并均匀地分布于合金内，便可以用以下方程式表示因加热而升高的温度：

$$\frac{1}{2}mv_n^2 = mcT_s$$

$$T_s = \frac{v_n^2}{2c}$$

式中 m——运动中的合金质量，kg；
  v_n——内浇口速度，m/s；
  c——合金的比热容，J/(kg·℃)；
  T_s——因摩擦加热后升高的温度，℃。

上述公式计算得出内浇口速度与温升的关系如图 3-17 所示。当内浇口速度为 80m/s 时，镁合金液进入型腔时的温度将增加 25℃。而内浇口速度越大，则温度增加得越多，这对准确地控制浇注温度有一定的意义。

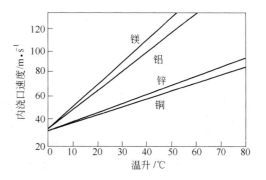

图 3-17 内浇口速度与合金温升的关系

3.3.4.3 模具温度

在压铸过程中，模具需要一定的温度。模具的温度是压铸工艺中又一重要的参数，它对提高生产效率和获得优质铸件有着重要的作用。

在压铸生产过程中，模具的温度应保持在一个适当的范围内，其作用是：（1）避免熔融金属激冷过剧，而使填充条件变坏；（2）改善型腔的排气条件；（3）避免铸件成形后产生大的线收缩，引起内应力和开裂；（4）避免模具因激热而胀裂；（5）缩小模具工作时冷热交变的温度差，延长模具寿命。

A 影响模具温度的主要因素
影响模具温度的主要因素有：
（1）合金浇注温度、浇注量、热容量和导热性。
（2）浇注系统和溢流槽的设计，用以调整平衡状态。
（3）压铸比压和压射速度。
（4）模具设计。模具体积大，则热容量大，模具温度波动较小。模具材料导热性越好，则温度分布就越均匀，有利于改善热平衡。

（5）模具合理预热提高初温，有利于改善热平衡，可提高模具寿命。

（6）生产频率快，模具温度升高，这在一定范围内对铸件和模具寿命都是有利的。

（7）模具润滑起到隔热和散热的作用。

B 模具温度对铸件力学性能的影响

模具温度提高，改善了填充条件，使其力学性能得到提高，模具温度过高，合金熔液冷却速度就会降低，细晶层厚度减薄，晶粒较粗大，故强度有所下降。图 3-18 和图 3-19 所示为模具温度和时间及力学性能的关系曲线。因此，为了获得质量稳定的优质铸件，必须将模具温度严格地控制在最佳的工艺范围内。这就必须应用模具冷却加热装置，以保证模具在恒定温度范围内工作。

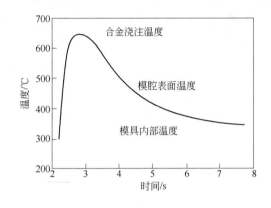
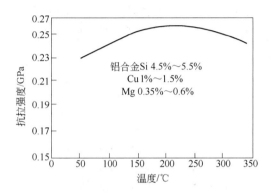

图 3-18　模具温度与时间变化曲线　　　　图 3-19　模具温度与抗拉强度的关系

模具温度也不宜过高，因过高时，粘模严重、铸件来不及完全凝固、顶出时温度过高而导致变形、模具各配合部位易被卡住、延长压铸循环时间等问题都将产生。

因此，应使模具温度控制在一定的范围内，这个稳定的温度应该是模具的最佳工作温度，而这一工作温度通常是通过使模具达到热平衡来控制的。推荐模具的工作温度范围见表 3-9。

表 3-9　推荐模具的工作温度范围

合金类别	锌合金	铝合金	镁合金	铜合金
模具工作温度/℃	150~200	200~300	220~300	300~380

在生产中，除了模具保持一定温度外，模具安装在机器后，在压入金属之前，还有一个预热温度。它主要是避免模具型腔因开始工作立即受到激热而引起热应力。生产中往往由于没有预热模具，致使模具成形零件过早热裂而损坏。模具的预热温度越接近工作温度越好。

3.3.4.4　模具的热平衡

在每一个压铸循环中，模具从金属液吸收热量，经过热传递向外界散发。如果在单位时间内吸热与散热相等，便达到一个平衡状态，称为模具的热平衡。而要使模具达到热平衡状态，则要从压铸工艺上采取一定的措施来控制。模具的热平衡必须符合这样的要求，即热平衡时的模具温度应为模具的最佳工作温度。

对于中、小型模具来说，模具吸收的热量总是来不及向外界散发，接着就进入下一个压铸循环，这就需要采用强制的办法才能达到热平衡的条件。通常采用的方法是在模具内设置冷却通道。冷却介质为油类或水，常用的以水较多。

至于大型模具，由于模具体积较大，具有较大的热容量，并且压铸大的铸件循环周期也较长，模具温度升高得很慢，这时，在型腔附近可以不设置冷却通道，而只在浇口套附近设置。有时，模具型腔温度场的分布情况比较复杂，不同的型腔部位温度相差很大，或者是不同的部位对模具工作温度有不同的要求。因此，模具内不但应设有冷却通道，同时也要设置加热管道，形成一个冷却-加热系统。这种冷却-加热系统的工作介质多为油类。

当采用冷却系统来控制模具的热平衡时，可按如下方法进行计算：

（1）模具热平衡的表达式为：

$$Q = Q_1 + Q_2 + Q_3$$

式中　Q——金属传给模具的热流，kJ/h；

Q_1——模具自然传走的热流，kJ/h；

Q_2——特定部位固定传走的热流，kJ/h；

Q_3——冷却通道传走的热流，kJ/h。

若合金类别、模具的大小和结构已定，则 Q、Q_1、Q_2 都可以预先求出，从而可计算 Q_3，即：

$$Q_3 = Q - Q_1 - Q_2$$

（2）计算金属传给模具的热流 Q：

$$Q = qNG$$

式中　q——凝固热量，即冷却 1kg 合金所释放的热量，kJ/kg；

N——压铸生产率，次/h；

G——每次压铸的合金质量，kg，包括浇注系统、铸件、排溢系统的金属。

不同合金的凝固热量 q 值列于表 3-10 中。

表 3-10　几种合金的凝固热量

合金类别		$q/kJ \cdot kg^{-1}$
锌合金		175.728
铝合金	铝-硅	887.008
	铝-镁	794.96
镁合金		711.28

（3）计算模具自然传走的热流 Q_1。Q_1 是通过周围辐射和传导而传走的。其表示式为：

$$Q_1 = \varphi_1 A_m$$

式中　φ_1——模具自然传热的热流密度，kJ/(h·m²)；

A_m——模具的总表面积，m²。

热流密度 φ_1 可取为：锌合金 4184kJ/(h·m²)，铝合金和镁合金 6276kJ/(h·m²)。φ_1 值是按模具温度在 100℃（锌合金）和 125℃（铝合金和镁合金）时得到的，生产时的实际工作温度虽有差值，但可通过调节冷却水的流量加以弥补。

（4）计算特定部位固定传走的热流 Q_2。特定部位是指模具和机器上原来常设冷却通道的部位，如分流锥、浇口套、喷嘴、压室、冲头以及定模安装板等。这些部位传走的热量计算如下：

1）分流锥、浇口套、喷嘴、压室等部位，可计算如下：

$$Q_2' = \varphi_2 A_L$$

式中　Q_2'——每一单个特定部位传走的热流，kJ/h；

　　　φ_2——特定部位冷却传热的热流密度，kJ/（h·m²）；对于分流锥为 251.04×10^4 kJ/（h·m²），对于浇口套、喷嘴、压室为 209.2×10^4 kJ/（h·m²）；

　　　A_L——单个特定部位冷却通道的表面积，m²。

2）对于冲头、定模安装板等部位，则是由机器预先设置的冷却通道所决定的，可在生产过程中，对每台压铸机进行测定。这些部位传走的热流设为 Q_2''，于是，Q_2 即为若干个 Q_2' 和 Q_2'' 的总和。

（5）当 Q、Q_1 和 Q_2 都分别计算出来后，便可求得另加设置的冷却通道所要传走的热流 Q_3，即：$Q_3 = Q - Q_1 - Q_2$。

求得 Q_3 后，另加的冷却通道与型腔壁面的距离、通道的直径和长度等数据，便可以计算如下：

1）冷却通道与型腔壁面的距离 S。距离 S 与温度在模具壁内的穿透程度有关，而穿透程度又取决于铸件的壁厚，铸件壁厚越大，S 应越小，以便传走更多的热量。最小距离应保持为通道直径 d 的 $1.5 \sim 2$ 倍，即：

$$S_{min} = (1.5 \sim 2)d$$

距离 S 的大小对传走的热流影响很大，当距离 S 减小一半时，传走热流也增加约 50%。

2）冷却通道的直径 d 和长度 L。冷却通道传走的热流与通道的表面积和热流密度的关系可用下式表示：

$$Q_3 = \Sigma A_L \varphi$$

式中　A_L——每个冷却通道的表面积，cm²；

　　　φ——热流密度，kJ/（h·cm²）。

热流密度 φ 与下述几个因素有关：冷却通道与型腔壁面的距离 S，通道的有效长度 l（按要冷却的型腔的投影段的长度计算），通道的总长度 L（按模具上从入水口起至出水口为止的长度计算）。

根据比值 l/L 以及 S 与 d 之间的关系，可以给出热流密度 φ 的数值，见表3-11。

表3-11　热流密度 φ 值

合金类别	φ/kJ·(h·cm²)$^{-1}$	
	$l < L/2$	$l > L/2$
$S < 2d$	125.52	146.44
$2d < S < 3d$	104.6	125.52
$S > 3d$	83.68	104.6

设计时，l 是由铸件的大小确定的，L 是由模具结构及其大小决定的，S 与 d 的关系可先做出一个大致的选定，便可查表3-11得到 φ 值。根据 Q_3，便可求出 ΣA_L 即：

$$\Sigma A_L = \frac{Q_3}{\varphi}$$

再根据模具的结构和型腔的分布，又可先确定要冷却的型腔投影段内能安排冷却通道的个

数 n，于是，通道直径 d 便可求得。

由于
$$n\pi dl = \Sigma A_L$$

所以
$$d = \frac{\Sigma A_L}{n\pi l}$$

最后核对预定的 S 与 d 的关系，从而最后确定距离 S。

如果通道直径 d 已经确定，也可以改为先求出总的有效长度 l_0，这时：

$$l_0 = \frac{\Sigma A_L}{\pi d}$$

最后再由单个有效长度 l 来确定通道个数，即：

$$n = \frac{l_0}{l}$$

3）当动、定模上分别设置冷却通道时，则应将 Q_3 进行适当地分配，一般是金属所在的半模分配的 Q_3 应多些。

3.3.5 时间

压铸机工艺上的"时间"指的是填充时间、增压建压时间、压力升高时间、保压时间和留模时间，这些"时间"都是压力、速度、温度这 3 个因素，再加上熔融金属的物理特性、铸件结构（特别是壁厚）、模具结构（尤其是浇注系统和溢流系统）等各方面综合的结果。时间是一个多元复合的因素，它与上述各因素有着密切的关系，因此，时间在工艺上是非常重要的。

3.3.5.1 填充时间

熔融金属自开始进入到充满型腔所需的时间称为填充时间。填充时间是压力、速度、温度、浇口、排气、金属性质以及铸件结构等多种因素造成的结果，因而也是填充过程中各种因素相互协调程度的综合反映。

填充结束时，型腔内不同部位金属的凝固不是同时完成的，但是，在决定填充时间时，仍然把填充结束前金属不应产生凝固这一理想情况作为条件。因此，最佳填充时间应是压铸的金属尚未凝固而允许的最长时间。

根据有关资料，填充时间 t 的计算式如下：

$$t = 0.034\frac{T_n - T_g + 64}{T_n - T_m} \times b$$

式中　t——填充时间，s；

　　T_n——内浇口处熔融金属的温度，℃；

　　T_g——熔融金属的液相线温度，℃；

　　T_m——模具温度，℃；

　　b——铸件的平均壁厚，mm。

计算时，平均壁厚 b 一般取铸件上同一壁厚最多的数值。必要时，平均壁厚可按下式计算：

$$b = \frac{b_1A_1 + b_2A_2 + b_3A_3 + \cdots}{A_1 + A_2 + A_3 + \cdots}$$

式中　b_1，b_2，b_3——铸件某个部位的壁厚，mm；

　　　A_1，A_2，A_3——壁厚为 b_1、b_2、b_3 部位的面积，mm。

计算时，铸件的平均壁厚一般取铸件同样壁厚最多的数。推荐的铸件平均壁厚与填充时间的关系见表 3-12。

表 3-12　铸件平均壁厚与填充时间的推荐值

平均壁厚 b/mm	填充时间 t/s	平均壁厚 b/mm	填充时间 t/s
1.0	0.010 ~ 0.014	5.0	0.048 ~ 0.072
1.5	0.014 ~ 0.020	6.0	0.056 ~ 0.084
2.0	0.018 ~ 0.026	7.0	0.066 ~ 0.100
2.5	0.022 ~ 0.032	8.0	0.076 ~ 0.116
3.0	0.028 ~ 0.040	9.0	0.088 ~ 0.138
3.5	0.034 ~ 0.050	10	0.100 ~ 0.160
4.0	0.040 ~ 0.060		

按表 3-12 选用填充时间时，还应考虑以下情况：

（1）合金浇注温度高时，填充时间可选长些。

（2）模具温度高时，填充时间可选长些。

（3）铸件厚壁离内浇口远时，填充时间可选长些。

（4）熔化潜热和比热容高的合金，填充时间可选长些。

表 3-12 所推荐的填充时间都是压铸生产前的预选工作，还应通过试模或试生产的过程，采取测定实际冲头速度的方法，对预选的填充时间 t 加以修正。

3.3.5.2　增压建压时间和压力升高时间

增压建压时间是指在增压阶段的起始点上能够把升高的压力建立起来的时间。在这个起始点上的压力即为填充比压 p_{bc}。从压铸工艺上来说，所需的增压建压时间越短越好。但是，机器压射系统的增压装置所能提供的增压建压时间是有限度的，性能较好的机器的最短建压时间也不少于 0.01s。

压力升高时间是指从增压压力建立起至压力升高到预定的数值所需的时间。压力升高时间的长短主要由型腔中金属的凝固时间所决定。在金属凝固的过程中，随着致密度的逐渐增加，所需的压力也逐渐变大。因此，在理想的条件下，压力升高时间的长短可与凝固时间同样看待，在这种情况下，增压作用也达到了理想效果。

实际上，应使压力升高时间比金属的凝固时间稍短才是合理的，因为时间的绝对值极其短促，若增压压力建成稍迟，就会失去作用。当然，如果压力升高时间过短，金属尚未完全凝固，增压压力早已建成并作用于其上，则将增大胀型力，从而引起胀型力超过允许值，发生机器锁模力不足的现象。因此，机器压射系统的增压装置上，压力升高时间的可调性十分重要。根据凝固时间来看，其调整范围在 0.015 ~ 0.3s 内比较适宜。在实际生产中，根据铸件的大小，再划分出小的范围。

3.3.5.3 保压时间

熔融金属充满型腔后，使其在增压比压作用下凝固的这段时间，称为保压时间。保压作用是使压射冲头将压力通过还未凝固的余料、浇口部分的金属传递到型腔，使正在凝固的金属在压力作用下结晶，从而获得致密的铸件。保压时间的选择按下列因素考虑：

（1）压铸合金的特性。压铸合金结晶范围大，保压时间应选得长些。

（2）铸件壁厚。铸件平均厚度大，保压时间可选长些。

（3）浇注系统。内浇口厚，保压时间可选长些。

通常，熔融金属填充终了至完全凝固的时间虽然很短，但保压时间最少仍需 1～3s，而厚壁的大铸件往往还需要更长的保压时间。

3.3.5.4 留模时间

留模时间是指压铸过程中，从保压终了至开模顶出铸件的这段时间。足够的留模时间，是使铸件在模具内充分凝固，且适度的冷却可使之具有一定的强度，在开模和顶出时，铸件不致产生变形或拉裂。

留模时间的选择，通常以顶出铸件不变形、不开裂的最短时间为宜。然而，过长的留模时间不仅使生产效率降低，而且会带来不良的后果，例如不易脱模、因合金的热脆性而引起裂纹、改变了预定的铸件收缩量等。

综上所述，压铸生产中的压力、速度、温度、时间等工艺参数的选择可按下列原则进行：

（1）铸件壁越厚，结构越复杂，则压射力应越大。

（2）铸件壁越薄，结构越复杂，压射速度应越快。

（3）铸件壁越厚，待续留模时间应越长。

（4）铸件壁越薄，结构越复杂，模具浇注温度应越高。

3.3.6 压射室的充满度

通过对各种工艺的分析，并根据机器提供的规格初步选定压射室的直径之后，还应考虑压室的容量，而浇入压射室的金属液量占压射室总容量的程度称为压射室的充满度，通常以百分数表示。

充满度对于卧式冷压室压铸机有着特殊的意义。因为卧式压铸机的压射室在浇入金属液后，并不是完全充满，而是在金属液面上方留有一定的空间。这个空间所占的体积越大，存有空气越多，对于填充型腔时的气体量的影响越大。另外，充满度小，合金液在压射室内的激冷度过多，对填充也不利。因此，压射室充满度不应过小，以免上部空间过大，一般充满度应在 40%～80% 范围内，而以 75% 左右最为适宜，如图 3-20 所示。

3.3.7 涂料

3.3.7.1 涂料的作用

涂料的作用为：

（1）避免金属液直接冲刷型腔、型芯表面，改善模具工作条件。

（2）防止粘模（特别是铝合金），提高铸件表面质量。

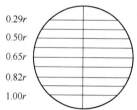

图 3-20 压射室充满度与
液面所处位置的关系
r—压射室半径

（3）减少模具的热导率，保持金属液的流动性能，改善合金的充填性能，防止铸件过度激冷。

（4）减少压铸件脱模时与模具成形部分，尤其是与型芯之间的摩擦，延长模具寿命，提高铸件表面质量。

（5）保证压室、冲头和模具活动部分在高温时仍能保持良好的工作性能。

鉴于涂料所起的作用，选用的涂料应满足以下性能要求：

（1）挥发点低，在 100~150℃时稀释剂能很快挥发。

（2）高温时润滑性能好。

（3）对模具和铸件材料没有腐蚀作用。

（4）性能稳定。高温时不分解出有害气体，也不会在型腔表面产生积垢。常温下，稀释剂不易挥发，保持涂料的使用黏度。

（5）涂敷性能好，配制工艺简单，来源丰富，价格便宜。

此外，希望涂敷一次涂料能压铸多次。一般要求能压铸 8~10 次，即使易粘模的铸件也能压铸 2~3 次。

3.3.7.2　涂料品种和使用

压铸涂料的品种很多，常用的涂料配方和使用范围见表 3-13，供使用时参考。使用涂料时应特别注意用量，不论是涂刷还是喷涂，要避免厚薄不均或太厚。因此，当采用喷涂时，涂料浓度要加以控制。用毛刷涂刷时，在刷后应用压缩空气吹匀。喷涂或涂刷后，应待涂料中稀释剂挥发后，才能合模浇料，否则，将在型腔或压室内产生大量气体，增加铸件产生气孔的可能性，甚至由于这些气体而形成很高的反压力，使成形困难。此外，喷涂涂料后，应特别注意模具排气道的清理，避免被涂料堵塞而排气不畅，对转折、凹角部位应避免涂料沉积，以免造成铸件轮廓不清晰。

表 3-13　常用压铸涂料

原材料名称	配比/%	配 制 方 法	使用范围和效果
聚乙烯 煤　油	3~5 95~97	将聚乙烯小块泡在煤油中，加热至 80℃左右，熔化而成	镁合金及铝合金成形部分效果显著
蜂　蜡 二硫化钼	70 30	将蜂蜡加热至熔化，放入二硫化钼，搅拌均匀，做成笔状体	铜合金成形部分效果良好
机　油	L-AN15		锌合金、铜合金成形部分效果良好
锭子油	市场有售	30 号，50 号	锌合金压铸，起润滑剂作用
石　油 机　油	5, 10, 50 95, 90, 50	将石墨研磨后，过 200~300 目筛，加入 40℃左右的机油中，搅拌均匀	用于成形部分，如压射冲头、压室及铝、铜合金压铸效果较好
石　油 松　香	84 16	将石油隔水加热至 80~90℃，然后将研成粉状的松香加入，搅拌均匀	有机物挥发后，形成一层很均匀的薄膜，最宜锌合金成形部分

原材料名称	配比/%	配 制 方 法	使用范围和效果
胶体石墨 （油剂）	市场有售		锌、铝合金压铸及易咬合部分，如压室、压射冲头
氟化钠 水	3～10 90～97	将水加热到 70～80℃，再加入氟化钠，搅拌均匀	压铸模成形部分、分流锥等，对防铝合金粘模有特效
机 油 蜂蜡（或地蜡）	40 60	加热致使蜡与机油混合均匀，浇入到的硬纸卷的笔状圆筒内，使成笔状或熔融状态	预防铝合金粘模或其他摩擦部分
石 油 沥 青	85 5	将沥青加热至 80℃熔化后，加入石油搅拌均匀	预防铝合金粘模，对斜度小或不易脱模之处有良好效果
二硫化钼 凡士林	5 95	将二硫化钼加入熔融的凡士林中，搅拌均匀	对带螺纹的铝合金铸件有特效
水剂石墨	市场有售	要用 10～15 倍水稀释	用于深型腔的压铸件，防粘模性好，润滑性好，但易堆积，使用 1～2 班次要用煤油清洗一次

目前，国内外普遍采用水基涂料。水基涂料激冷效果好，而且清洁、安全、便宜。据文献报道，西欧各国普遍采用物化特性类似石墨的二氧化硅水基涂料，涂前用 20～30 倍的水进行稀释。俄罗斯采用含有乳化液、胶体石墨、羧甲基纤维素、磺烷油及一定浓度的氨水等多种配方的水基涂料。美国采用苯基甲基硅酮类乳化液，涂前用 20～30 倍的水进行稀释。国内使用水基涂料的主要成分是乳化型酯类化合物、白炭黑、乳化油、高分子化合物、甲基硅油、乙醇等，加水稀释成所需浓度。

3.4 压铸件清理

清理的目的：去除毛刺、去除表面流痕、去除表面附着涂料、获得表面均匀的光滑度。

3.4.1 去除浇口、飞边的方法

去除浇口、飞边的方法有：

（1）手工作业。利用木槌、锉刀、钳子等简单工具敲打去除铸件浇注系统等多余部分。优点是方便、简单、快捷；缺点是切口不整齐，易损伤铸件及变形，对浇口厚的件、复杂件、大的铸件不适用。

（2）机械作业。采用切边机、冲床和冲模、带锯机等机械设备。优点是切口整齐，对于大、中型铸件清理效率高。图 3-21 所示为用下落式冲模去除浇口。

（3）抛光。根据铸件要求选择钢砂轮、尼龙轮、布轮、飞翼轮、研磨轮等进行打磨

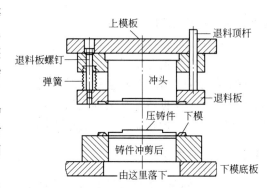

图 3-21 下落式冲模去除浇口示意

处理。

（4）清理过程自动化。采用机器人进行铸件清理，完成去除飞边、打磨、修整等工作，从而实现清洁、高效率的生产。

3.4.2　抛丸清理

3.4.2.1　作用

抛丸清理的作用为：

（1）去除铸件表面氧化皮及杂质，去除毛刺，去除表面涂层。

（2）表面毛化，表面清理，表面精整，表面强化。

3.4.2.2　原理

弹丸在抛丸轮的作用下，以很高的速度射向铸件，如图3-22所示。撞击铸件表面，使其吸收高速运动弹丸的动能后产生塑性变形，呈现残余压应力，从而提高铸件表面强度、抗疲劳强度和抗腐蚀能力，达到清理和强化的目的。

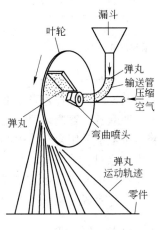

图3-22　抛丸原理

3.4.2.3　获得良好清理效果的条件

获得良好清理效果的条件有：

（1）选择合适的弹丸。包括弹丸的材质、性能（硬度）、尺寸。当抛射速度一定时，大的弹丸动能大，有利于撞击去除大的杂质，清理效果好，但铸件表面质量不够好；小的弹丸动能小，可用于去除小的杂质，铸件表面质量好，但清理效率低。镁合金件的喷砂磨料选铝丸、玻璃丸、陶瓷砂及氧化铝丸。弹丸尺寸恰当选择，抛出产品表面光亮、纹理细致，不变色、抗腐蚀能力强、涂装附着力好。

（2）抛射速度。弹丸具有足够的能量，才能清理铸件。由公式 $E = mv^2$ 可知，弹丸动能 E 的大小取决于弹丸的质量 m 和抛射速度 v：

$$v = \frac{n\pi D}{60}$$

式中　v——弹丸速度，m/s；

　　　n——抛丸轮转速，r/min；

　　　D——抛丸轮直径，m。

（3）抛射量控制。过抛会影响清理的效率和铸件表面性能；抛不足则铸件表面质量达不到设计要求。应根据铸件复杂程度选择合适的抛丸工艺。抛丸时保证一定的抛射速度和抛丸量，才能对铸件表面覆盖率高，使铸件全部表面都能清洁、平滑、光亮。

3.4.2.4　设备选择

可根据铸件的大小及质量要求，选择滚筒式、履带式、悬挂式、转盘式、转台式、吊钩式、环轨式、步进式等某一类型的抛丸机进行清理。

3.4.3 喷砂清理

用净化的压缩空气，将石英砂流强烈地喷到铸件表面，利用冲击力和摩擦力，从而去掉铸件的毛刺、氧化皮、脏物等杂质，对铸件表面进行清理，并使表面粗化，提高涂层与基体结合力。

图 3-23　某公司的研磨处理机

3.4.4 研磨及抛光

采用振动研磨机（某公司的振动研磨见图 3-23）、离心抛光机等设备，利用研磨石（见图 3-24）、研磨剂、水等，在高速振动（转动）的过程中，与压铸件摩擦而达到去毛刺、磨光表面的效果。根据铸件表面要求和加工的程度，选择磨料、抛光剂，确定转速、频率、振幅等工艺参数，注意不要研磨过度。因为压铸件在凝固过程中，表面因冷却快而有一层致密冷硬层，而内部组织可能有气孔、缩孔等缺陷，研磨时不要磨去这个良好的表层，否则电镀时会出现麻点、气泡等。

图 3-24　研磨石

3.4.5 校形

当铸件因凝固收缩产生变形、顶出变形或切边时产生变形，需对变了形的铸件进行校形，校形需通过测定仪器和夹具，用木槌手工校正或用液压机校正。

复习思考题

3-1　什么是压铸？
3-2　简述压铸工艺流程。
3-3　简述全壁厚理论。
3-4　简述压铸工艺过程。

3-5　简述压铸的特点及应用。

3-6　简述压铸发展方向。

3-7　压力铸造工艺参数有哪些?

3-8　简述压射比压的选择。

3-9　简述模具温度的选择。

3-10　解释压室充满度和增压建压时间。

3-11　简述压铸件的清理方法。

3-12　简述压铸涂料的配置与使用。

3-13　如何抛丸清理?

3-14　怎样喷砂清理?

3-15　如何研磨及抛光?

3-16　怎样校形?

4 压铸机技术

4.1 压铸机基础

4.1.1 压铸机应具备的基本功能

压铸机是压力铸造生产过程中最基本的设备之一，它为压铸工艺的顺利进行提供必要的条件。压铸机一般具有以下功能：

（1）实现模具的开模、合模动作，并产生足够的合模力。压铸机的合模机构是液压缸驱动的往复运动机构，它可以使模具的动模部分相对于定模部分合拢和分开，并可在模具合模后产生足够的合模力（锁模力）。合模力（锁模力）的作用是阻止液态金属在充填型腔时从模具的分型面上溢出。

（2）对液态金属进行压射。在模具合模并锁紧后，压铸机的压射机构将驱动压射冲头对液态金属施加压力，使其快速充填型腔并凝固成形。压射机构要能够实现在不同阶段以不同的速度和压力对液态金属进行压射。

（3）推出铸件。当液态金属在模具的型腔内冷却凝固后，压铸机的合模机构将模具打开。操纵设置在压铸机上的顶件机构，就可以把铸件从模具中顶出。

（4）进行工艺参数的检测与显示。在压铸过程中，合模力、压射速度、压射比压、模具温度等是保证压铸工艺顺利进行和压铸件质量的重要参数，在压铸机的设计制造中大部分都要配备这些参数的检测与显示装置，以便使操作工人可以通过显示装置了解生产过程中各工艺参数的变化情况，并加以调整，保证生产的正常进行。

4.1.2 压铸机的分类与特点

压铸机是压铸生产最基本的要素之一。金属压铸模是通过压铸机的运行而实现压铸成形的。随着压铸生产技术的日益发展，压铸机在结构上有了很大的改进，更好地满足了压铸工艺的要求，从而有利于提高压铸件的尺寸精度、表面粗糙度和组织的致密性要求。同时，也提高了压铸的生产效率。压铸机正在向自动化、大型化的方向发展。

压铸机的种类和型号很多，一般来说，按压铸机的用途分类可分为通用压铸机和专用压铸机两类；按自动化程度分类可分为半自动和全自动压铸机两种；根据压铸机压室的温度状态，可分为热压室压铸机和冷压室压铸机。冷压室压铸机又根据其结构形式分为立式压铸机、全立式压铸机和卧式压铸机。下面就介绍各种形式的压铸机的特点和成形过程。

4.1.2.1 热压室压铸机

图 4-1 所示为热压室压铸机的压铸过程。合金材料装入坩埚 1 内。当合金材料熔融成金属液 2 后，部分金属液 2 经过进料口 3 流入浸在金属液中的浇壶 4 中，浇壶 4 设有鹅颈状的鹅颈通道 7，它高于坩埚 1 的金属液面，金属液 2 不会自行流入型腔内。压铸模 10 闭合后，压射冲头 6 上移时，压室 5 内形成真空，在大气压作用下，足量的金属液 2 经进料口 3 吸入浇壶 4 的

压室中，如图4-1（a）所示。当压射冲头6在足够的压力下向下移动时，金属液2经鹅颈通道7、喷嘴8、浇口套9、横浇道11及内浇口压入并充满型腔，如图4-1（b）所示。当金属液充满型腔，并通过增压、保压完成补缩过程后，压铸件固化成形，压射冲头6向上移动，开启模具推出压铸件，如图4-1（c）所示。

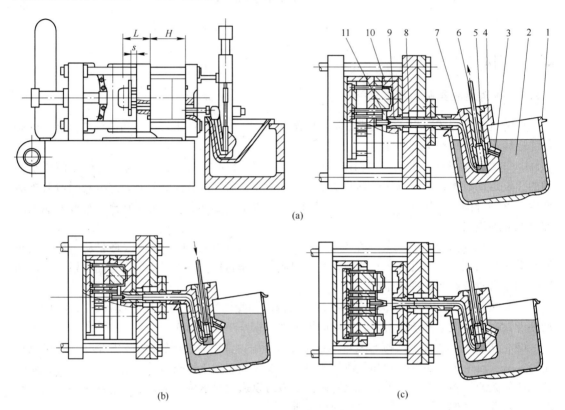

图 4-1　热压室压铸机的压铸过程

（a）合模状态；（b）压射；（c）冲头回程—开模—推出铸件

1—坩埚；2—金属液；3—进料口；4—浇壶；5—压室；6—压射冲头；
7—鹅颈通道；8—喷嘴；9—浇口套；10—压铸模；11—横浇道

热压室压铸机在压铸过程中经常出现的问题是：当压铸模开启时，少量的液态金属从直流道中滴出，它在凝固后形成金属硬点，妨碍压铸模的闭合，影响压铸机的正常操作。解决的办法是在压射冲头6向上移动时，控制它的移动距离，即在压铸模未开启前，使压射冲头6将进料口3覆盖住，以确保压铸模开启前将喷嘴8中的金属液抽净。这种防滴漏操作方法是通过压射冲头覆盖进料口获得的，在技术上称为"冲头覆盖"或称"冲头延迟返回"，如图4-1（c）所示。

热压室压铸机的特点有：

（1）压室总浸在熔融的金属液中。在压铸过程中，金属液直接进入型腔，其温度波动范围较小，热量损失也小。

（2）操作程序简单，不必单独供料，压铸过程可实现连续作业，容易实现自动化生产，生产效率高。

（3）金属液在密闭状态下直接进入型腔，空气或杂质不容易带入，也不易产生氧化，成形效果好。

（4）工艺参数稳定，压铸件质量较好。

（5）所消耗的合金材料相对较少。

（6）如有必要，可将坩埚密封，并通入保护气体，防止金属液的氧化或燃烧。这种方法尤其对易于燃烧的镁合金的压铸成形有特殊的意义。

但是，目前热压室压铸机通常仅适用于压铸铅、锌等低熔点合金，国外正在研究铝、镁等较高熔点合金的压铸技术，以扩大热压室压铸机的使用范围。

4.1.2.2 立式冷压室压铸机

立式冷压室压铸机的结构特点是：压射冲头的压入方向与直浇道的设置方向相垂直，金属液在转折直角后，再注入型腔，所以称为垂直侧压室。

图 4-2 所示为立式冷压室压铸机的压铸过程。压室 3 呈垂直放置，压射冲头分为上冲头 4 和下冲头 1。压铸模 7 闭合后，上冲头 4 提升至压室上方的空间，下冲头 1 则在堵住喷嘴 5 的进料口位置停留（阻断浇注系统的通道），将金属液 2 注入压室 3，如图 4-2（a）所示。当上冲头 4 下移，并接触金属液 2 时，下冲头 1 下移，打开喷嘴 5 的进料口，并停留在这个位置上，上冲头 4 继续快速下压，金属液 2 被挤压，经喷嘴 5、中心浇口 6 而注入压铸模 7 的型腔中，如图 4-2（b）所示。填充完毕，上冲头 4 的压力持续一定时间保压后，即被提起，下冲头 1 则向上移动，切断浇注余料，并推至压室 3 上方脱出，如图 4-2（c）所示。压铸件冷却固化后，开启压铸模，并推出压铸件，如图 4-2（d）所示。

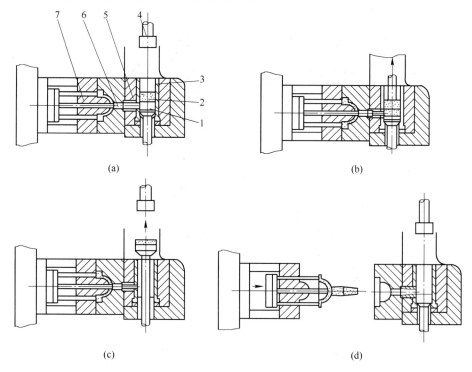

图 4-2 立式冷压室压铸机的压铸过程

（a）合模—金属液倒入压室；（b）压射—下冲头下退—金属液充填型腔；

（c）上冲头回程—下冲头上升推出余料；（d）开模—推出铸件

1—下冲头；2—金属液；3—压室；4—上冲头；5—喷嘴；6—中心浇口；7—压铸模

立式冷压室压铸机的特点有：

（1）在压射前，下冲头1堵住喷嘴5的通道，因而特别适宜于压射可设置或必须设置中心浇口的压铸件。

（2）金属液注入直立的压室中，操作比较方便。

（3）压射系统呈直立状态，占地面积少。

（4）在操作时，只有在浇注余量切断后，方可开模，生产效率较低。

（5）金属液进入型腔时，经过90℃角的转折，压力损失较大。

4.1.2.3　全立式冷压室压铸机

全立式冷压室压铸机的压射冲头压入的方向与压铸模开合方向及直浇道方向相同。金属液直接进入型腔。

图4-3所示为全立式冷压室压铸机的压铸过程。上一次压铸循环完成后，压射冲头1下移复位，金属液3注入压室2中，如图4-3（a）所示。压铸模6闭合后，压射冲头1上压，金属液3经分流锥5、横浇道4及内浇口压入压铸模6的型腔，如图4-3（b）所示。压铸件冷却固化后，开启压铸模6，压铸件随上模一起脱离底模，压射冲头1也同步上移，并推出浇注余料，随压铸件一起脱离底模，如图4-3（c）所示。最后通过压铸模6的推出机构，将压铸件及浇注余料一并推出模体，如图4-3（d）所示。

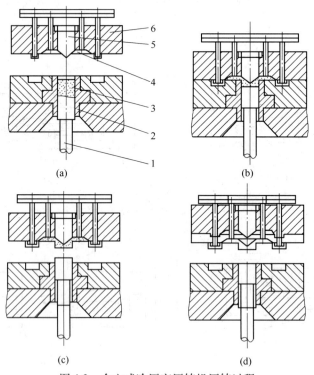

图4-3　全立式冷压室压铸机压铸过程

（a）金属液倒入压室；（b）合模—压射；（c）上冲头回程—下冲头上升推出余料；（d）开模—推出铸件
1—压射冲头；2—压室；3—金属液；4—横浇道；5—分流锥；6—压铸模

全立式冷压室压铸机的特点有：

（1）压射冲头与直浇道方向相同，金属液进入型腔的流程短，压力损失和热量损失较小。

（2）压射冲头垂直方向运行，运动平稳。

（3）模具水平放置，活动型芯和嵌件安放方便、稳定、可靠。

（4）占地面积少。

（5）压铸件推出后需用手工取出，生产效率较低，不容易实现自动化操作。

4.1.2.4 卧式冷压室压铸机

卧式冷压室压铸机如图 4-4 所示，压室 2 水平放置，压射冲头也做水平移动。熔融金属液 3 未浇入前，压射冲头 1 处于压室 2 的尾端，当熔融金属浇入压室后，压射冲头便推动金属通过模具内的横浇道 7，到达内浇口。当熔融金属通过内浇口时，其流动速度可达到 15～120 m/s，其后便填充入型腔 6 中。充满型腔后，压射冲头的压力仍继续作用在金属上，于是金属便在压力下凝固而形成铸件。压射后，多余的金属称为余料，在开模时连同浇注系统和铸件一起取出。

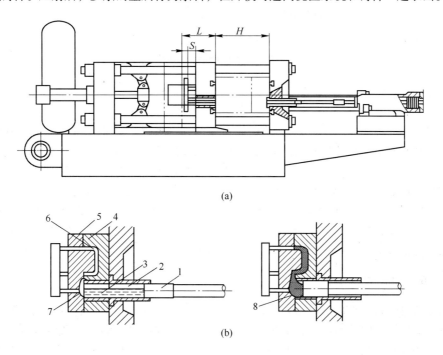

(a)

(b)

图 4-4　卧式冷压室压铸机的结构及压铸过程示意图

(a) 卧式冷压室压铸机结构；(b) 压铸过程

1—压射冲头；2—压室；3—液态金属；4—定模；5—动模；6—型腔；7—横浇道；8—余料

卧式冷压室压铸机的特点有：

（1）压室和压射冲头均为水平放置。金属液注入型腔时，浇道转折少，其压力损失小，有利于发挥增压机构的作用。

（2）模具安装方便，卧式压铸机一般设有中心和偏心多个浇注位置，或在偏心和中心间设置可任意调节位置的扁孔。

（3）便于操作，便于调整，压铸效率较高，是目前广泛应用的压铸设备。

（4）压室内表面容易氧化。

（5）金属液在压室内暴露在大气的表面积较大，压射时容易将空气、氧化物质及其他杂质带入型腔，引起压铸缺陷。

4.1.3　压铸机的型号和技术参数

4.1.3.1　压铸机的型号

在压铸生产不断发展的情况下，压铸机的制造厂家逐渐增多，压铸机的型号也不断增加，为了使压铸机的生产制造标准化，我国原机械电子工业部发布了部颁标准 JB/T 3000—1991《铸造设备型号编制方法》，原国家技术监督局发布了国家标准 GB 10925—1989《压铸机参数》，这两个标准适用于通用的热压室、立式冷压室和卧式冷压室压铸机，压铸机的主参数为合模力。根据 JB/T 3000—1991《铸造设备型号编制方法》的规定，铸造设备型号由大写汉语拼音字母和数字来表示。例如，J1116B 型号的表示方法和意义是：

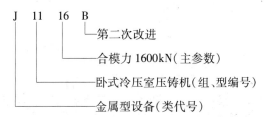

第一个字母为类代号，代表 10 类铸造设备中的某一类设备。如金属型设备与清理设备要分别用 J 和 Q 来表示。在类代号后边的两位数字代表这一类设备中的组、型编号。第一个数字代表"组"，第二个数字代表"型"。在 JB/T 3000—1991 标准中查得"15"代表立式冷压室压铸机，"21"代表热压室压铸机。在组、型编号之后的数字代表压铸机的合模力，它是压铸机的主参数。如 1600kN 的合模力以 1% 的折算率计算后为 16，将它写入设备型号中。对于设备的工作参数、传动方式以及结构方面的改进，要在设备型号之后按 A、B、C…字母的顺序标出，表示第几次改进。

4.1.3.2　压铸机的技术参数

我国压铸机的基本参数参见 JB/T 8083—2000。标准中除规定了压铸机的主要参数合模力外，还对各类压铸机的基本参数做了规定，所有压铸机都必须按标准进行设计和制造。

压铸机的技术参数反映了压铸机的工艺能力，可加工零件的质量、尺寸以及生产率等指标，现分述如下：

(1) 合模力。它是指压射时压铸机锁紧两半压铸模的力。在生产过程中必须保证合模力大于液态金属对模具型腔的胀开力，才能使生产正常进行，否则液态金属将从模具分型面处飞溅出来，造成事故。

(2) 压射力。它是指在液态金属充填压铸模型腔的过程中，压射液压缸的活塞作用在压射冲头上的力。压射力的大小由压射液压缸活塞的面积和缸内液体压力的大小决定。

(3) 拉杆之间的内尺寸。它是压铸机的最大模具安装尺寸，其表示方法为：水平尺寸 × 垂直尺寸。

(4) 动模座板行程 L。它是指压铸机动模座板的最大移动距离。它反映出压铸机的工作范围。行程较大，则能生产高度较高的压铸件，适应性较强。

(5) 压铸模厚度 H。它是指压铸模合紧时的厚度，即模具合紧时压铸机动模座板与定模座板之间的距离。压铸机动模座板与定模座板之间的最大开距和最小开距分别用 H_{max} 和 H_{min} 表示。

在选择设备或根据工厂现有设备进行压铸模设计时，应使压铸模厚度小于压铸机的最大开距，大于最小开距，即满足：$H_{min} < H < H_{max}$。

（6）压射位置。它是指压铸机工作时它的压室及压射冲头在定模座板上的位置。为了使压铸机能适应不同浇口位置的模具，其压射位置可以在一定范围内调节。

（7）压射室直径。它是指压室的内径。对于不同金属、不同形状的压铸件要选用不同的压射比压。为了便于根据零件的工艺要求，合理地选用和调整压射比压，压铸机备有几种不同内径的压射室，以供选用。

（8）最大金属浇注量。它是指压铸机的压射室内允许浇入液态金属的最大量。它标志着压铸机能压铸铸件的最大质量。也可以根据这一参数确定一模中压铸几个压铸件。

（9）压射冲头推出距离。它是指压射冲头可伸出定模座板内表面的距离。在压铸时，总有一些多余的液态金属要留存在压室内，冷凝后就成为余料。在开模取件时，压射冲头要在原来的位置上继续推出一段距离，把余料连同压铸件一起从定模中推出。

（10）液压顶出器顶出力。它是指把铸件从模具中退出时，压铸机动模座板上的顶出液压缸可提供的最大推力。

（11）液压顶出器行程 S。它是指顶出器顶杆可伸出动模座板内表面的最大距离。

（12）一次空循环时间。压铸机自动按顺序完成一个压铸生产循环所需要的时间被称为一次空循环时间。对于卧式冷压室压铸机，一次空循环时间是指：合模、压射、开模、压射冲头推出、压射冲头回程、顶出、顶出器返回等动作所用时间的总和。根据一次空循环时间，可对生产过程中的每日产量、产品生产周期等做出估算，以便安排生产进度。

JB/T 8083—2000 规定，热压室压铸机有 6 种规格，合模力分别为 630kN、1000kN、1600kN、2500kN、4000kN 和 6300kN；立式冷压室压铸机有 6 种规格，合模力分别为 630kN、1000kN、1600kN、2500kN、4000kN 和 6300kN；卧式冷压室压铸机有 12 种规格，合模力分别为 630kN、1000kN、1600kN、2500kN、4000kN、6300kN、8000kN、10000kN、12500kN、16000kN、20000kN 和 25000kN。根据用户需要，允许生产合模力为 31500kN 和 40000kN 的卧式冷压室压铸机、合模力为 250kN 的立式冷压室压铸机和合模力为 250kN、1160kN、100kN 和 63kN 的热压室压铸机。国产压铸机的主要技术参数见表 4-1 ~ 表 4-3。

表 4-1　卧式冷压室压铸机的基本参数

合模力 /kN	压射力 /kN	模具厚度/mm		动模板行程 /mm	拉杆内间距 /mm		顶出力 /kN	顶出行程 /mm	压射位置 /mm	一次金属浇入量 /kg	压室直径 /mm	空循环周期 /s
		最小	最大		水平	垂直						
≥630	90	150	350	≥250	280	280			0/60	0.7	30 ~ 45	≤5
≥1000	140	150	450	≥300	350	350	80	60	0/120	1.0	40 ~ 50	≤6
≥1600	200	200	550	≥350	420	420	100	80	0/70/140	1.8	40 ~ 60	≤7
≥2500	280	250	650	≥400	520	520	140	100	0/80/160	3.2	56 ~ 75	≤8
≥4000	400	300	750	≥450	620	620	180	120	0/100/200	4.5	60 ~ 80	≤10
≥6300	600	350	850	≥600	750	750	250	150	0/125/250	9	70 ~ 100	≤12
≥8000	750	420	950	≥670	850	850	360	180	0/140/280	15	80 ~ 120	≤14
≥10000	900	480	1060	≥750	950	950	450	200	0/120/320	22	80 ~ 130	≤16
≥12500	1050	530	1180	≥850	1060	1060	500	200	0/160/320	26	100 ~ 140	≤19
≥16000	1250	600	1300	≥950	1180	1180	550	250	0/175/350	32	110 ~ 150	≤22
≥20000	1500	670	1500	≥1060	1320	1320	630	250	0/175/350	45	130 ~ 175	≤26
≥25000	1800	750	1700	≥1180	1500	1500	750	315	0/180/360	60	150 ~ 200	≤30

表 4-2　立式冷压室压铸机的基本参数

合模力 /kN	压射力 /kN	模具厚度/mm		动模板 行程 /mm	拉杆内间距 /mm		顶出力 /kN	顶出 行程 /mm	压射 位置 /mm	一次 金属 浇入量 /kg	压室 直径 /mm	空循环 周期 /s
		最小	最大		水平	垂直						
≥630	160	150	350	≥250	280	280				0.6	50~60	≤6
≥1000	200	150	450	≥300	350	350	80	60		1	60~70	≤7.5
≥1600	300	200	550	≥350	420	420	100	80		2	70~90	≤9
≥2500	400	250	650	≥400	520	520	140	100	0/80	3.6	90~110	≤10
≥4000	700	300	750	≥450	620	620	180	120	0/100	7.5	110~130	≤13
≥6300	900	350	850	≥600	750	750	250	150	0/125	11.5	130~150	≤16

表 4-3　热压室压铸机的基本参数

合模力 /kN	压射力 /kN	模具厚度/mm		动模板 行程 /mm	拉杆内间距 /mm		顶出力 /kN	顶出 行程 /mm	压射 位置 /mm	一次 金属 浇入量 /kg	压室 直径 /mm	空循环 周期 /s
		最小	最大		水平	垂直						
≥630	50	150	350	≥250	280	280			0	1.2	60	≤4
≥1000	70	150	450	≥300	350	350	80	60	0/50	2.5	70	≤5
≥1600	90	200	550	≥350	420	420	100	80	0/60	3.5	80	≤6
≥2500	120	250	650	≥400	520	520	140	100	0/80	5	90	≤7
≥4000	150	300	750	≥450	620	620	180	120	0/100	7.5	100	≤8
≥6300	200	350	850	≥600	750	750	250	150	0/150	12.5	110	≤10

4.2　压铸机的基本机构

　　各种类型的压铸机在机身结构和工艺适应范围等方面有所不同，但它们的主要工作机构是基本相同的。压铸机的主要结构都是由合模机构、压射机构、顶件机构、抽芯机构、传动系统和控制系统等主要机构组成的。图 4-5 所示为卧式冷压室压铸机的基本组成。

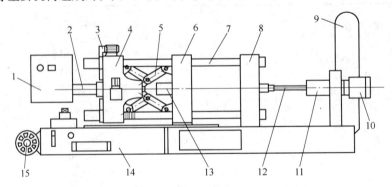

图 4-5　卧式冷压室压铸机的基本组成

1—控制柜；2—合模缸；3—模具高度调节机构；4—曲肘支承座板；5—曲肘机构；
6—动模座板；7—拉杆；8—定模座板；9—蓄能器；10—增压器；11—压射缸；
12—压室与冲头；13—顶出缸；14—底座与传动液箱；15—泵及电动机

4.2.1　合模机构

　　开合模及锁模机构统称为合模机构，是带动压铸模的动模部分进行模具分开或合拢的机构。由于压射填充时的压力作用，合拢后的动模仍有被胀开的趋势，故这一机构还要起锁紧模具的作用。推动动模移动合拢并锁紧模具的力称为锁模力，在压铸机标准中称之为合模力。合模机构必须准确可靠地动作，以保证安全生产，并确保压铸件尺寸公差要求。压铸机合模机构主要的两种形式介绍如下。

4.2.1.1　液压合模机构

　　液压合模机构的动力是由合模缸中的压力油产生的，压力油的压力推动合模活塞带动动模安装板及动模进行合模，并起锁紧作用。液压合模机构的优点是：结构简单，操作方便；在安装不同厚度的压铸模时，不用调整合模液压缸座的位置，从而省去了移动合模液压缸座用的机械调整装置；在生产过程中，在液压不变的情况下锁模力（合模力）可以保持不变。但是，这种合模机构具有通常液压系统所具有的一些缺点：首先是合模的刚性和可靠性不够，压射时胀型力稍大于锁模力时压力油就会被压缩，动模会立即发生退让，使金属液从分型面喷出，既降低了压铸件的尺寸精度，又极不安全；其次是对大型压铸机而言，合模液压缸直径和液压泵较大，生产率低；再次是开合模速度较慢，并且液压密封元件容易磨损。这种机构一般用在小型压铸机上。液压合模机构如图4-6所示。该机构由合模缸5、内缸4、外缸1和动模固定板2组成。合模缸座、内缸、外缸组成开模腔 C_1、内合模腔 C_2 和外合模腔 C_3。当向内合模腔 C_2 通入高压油时，内缸4向右运动，带动外缸1与动模固定板2向右移动，产生合模动作。随着外缸1的移动，外合模腔 C_3 内产生负压，充填阀塞6被吸开，充填油箱中的常压油进入外缸1。动模合拢后，增压装置通过增压器口3对外合模缸中的常压油突然增压，使在压射金属液时，合模力增大，压铸模锁紧不致胀开。

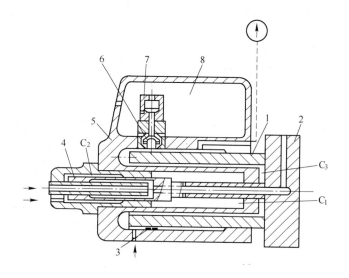

图4-6　液压合模机构

1—外缸；2—动模固定板；3—增压器口；4—内缸；5—合模缸；6—充填阀塞；
7—充填阀；8—充填油箱；C_1—开模腔；C_2—内合模腔；C_3—外合模腔

4.2.1.2　液压-曲肘式合模机构

机械式合模机构有曲肘式、斜楔式和混合式三种形式。目前，大部分压铸机，尤其是大型压铸机采用曲肘式合模机构的比较多，这种机构如图4-7所示。

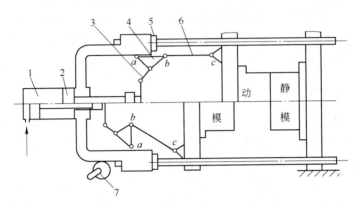

图 4-7　曲肘合模机构

1—合模缸；2—合模活塞；3—连杆；4—三角形铰链；5—螺母；6—力臂；7—齿轮齿条

曲肘合模机构的机架是由3块座板和4根拉杆组成的，用拉杆、螺母将合模油缸座板和定模座板连接成一个框架，并在压铸过程中承受合模力和胀型力的作用。框架中间是动模座板，动模座板用来安装压铸模的动模部分，它以拉杆为导向，在合模液压缸的驱动下，通过曲肘机构的机械传动沿拉杆做往复运动。合模机构的动作原理如下：当高压液体进入合模液压缸活塞左侧时，推动活塞2，带动连杆3，使三角形铰链4绕支点 a 摆动，通过力臂6将力传给动模座板，产生合模动作。压铸模闭合锁紧后，要求曲肘机构的 a、b、c 三点恰好在一条直线上，即达到"死点"位置。曲肘机构在"死点"位置可将动模座板撑紧，实现锁模。当高压液进入合模液压缸活塞的右侧时，活塞退回，曲肘机构被液压缸活塞拉动"缩回"，动模座板向左运动，压铸模被打开。

液压-曲肘合模机构的特点是：

（1）合模力大，曲肘连杆系统可将合模缸产生的推力放大20倍左右。因此，与全液压合模机构相比，曲肘合模机构所用的液压缸直径可大大减小，同时对高压液体能量的消耗也明显地减少。

（2）曲肘机构的运动特性好，它的合模速度快，可缩短开、合模时间。这种机构的运动速度是变化的，在模具接近闭合或刚刚开启的初始阶段，速度缓慢平稳，而其他阶段速度加快。曲肘机构的这种运动特性适合生产的要求。

（3）合模机构刚性大。由于曲肘机构达到"死点"位置时，形成一个机械的刚性撑紧状态。在压铸过程中，液态金属对模具的胀型力通过动模座板由 c 点传给曲肘机构，由于 a、b、c 三点在同一条直线上，所以胀型力对三角形铰链4的作用力臂为零，即曲肘不会在胀型力的作用下摆动，不会引起压铸机改变对模具的锁紧状态。因此，与全液压合模机构相比，曲肘合模机构锁紧模具的可靠性高。

（4）控制系统简单。曲肘合模机构的合模与锁模是由机构自身在不同的运动阶段自动、连续转换的，它不需要在液压系统上再做两种状态的转换控制。

曲肘合模机构对其转轴和轴套的材料、加工精度要求都很高，并且在这些转动部位要保持良好的润滑。在生产中，当压铸模受热膨胀，尺寸增大时，曲肘机构不能自动补偿这一尺寸变化。因此，调整压铸机使模具达到合适而又可靠的锁紧状态就比较麻烦。

4.2.2 压射机构

压铸机的压射机构是将金属液推送进模具型腔，填充成形为压铸件的机构。不同型号的压铸机有不同的压射机构，但主要组成部分都包括压室、压射冲头、压射杆、压射缸及增压器等。它的结构特性决定了压铸过程中的压射速度、压射比压、压射时间等主要参数，直接影响金属液填充形态及在型腔中的运动特性，因而也影响了铸件的质量。具有优良性能的压射机构的压铸机是获得优质压铸件的可靠保证。压射系统发展的总趋势在于获得快的压射速度、压铸终止阶段的高压力和低的压力峰。现代压铸机的压射机构的主要特点是三级压射，也就是低速排除压室中的气体和高速填充型腔的两级速度，以及不间断地给金属液施以稳定高压的一级增压。卧式冷压室压铸机多采用三级压射的形式。图 4-8 所示为 J1113 型压铸机的压射机构，是三级压射机构的一种形式。

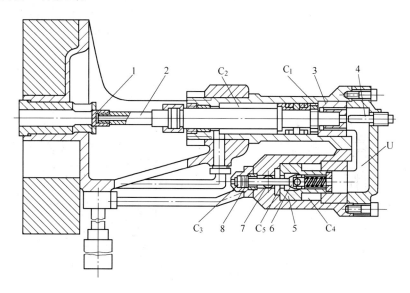

图 4-8　J1113 型三级压射机构示意图

1—压射冲头；2—压射活塞；3—通油器；4—调节螺杆；5—增压活塞；
6—单向阀；7—进油孔；8—回程活塞；
C_1—压射腔；C_2—回程腔；C_3—尾腔；C_4—背压腔；C_5—后腔；U—U 形腔

J1113 型压射机构的三级压射过程如下：

（1）慢速。开始压射时，压力油从进油孔 7 进入后腔 C_5，推开单向阀 6，经过 U 形腔，通过油路器的中间小孔，推开压射活塞 2，即为第一级压射。这一级压射活塞的行程为压射冲头刚好越过压室浇道口，其速度可通过调节螺杆 4 做补充调节。

（2）快速。当压射冲头越过浇料口的同时，压射活塞尾端圆柱部分便脱出通油器，而使压力油得以从通油器蜂窝状孔进入压射腔 C_1，压力油迅速增多，压射速度猛然增快，即为第二级压射。

（3）增压。当填充即将终了时，金属液正在凝固，压射冲头前进的阻力增大，这个阻力反过来作用到压射腔 C_1 和 U 形腔内，使腔内的油压增高足以闭合单向阀，从而使来自进油孔

7 的压力油无法进入压射腔 C_1 和 U 形腔形成的封闭腔，而只在后腔 C_5 作用在增压活塞 5 上，增压活塞便处于平衡状态，从而对封闭腔内的油压进行增压，压射活塞也就获得增压的效果。增压的大小，是通过调节背压腔 C_4 的压力来得到的。

在压力油进入回程腔 C_2 的同时，另一路压力油进入尾腔 C_3 推动回程活塞 8，顶开单向阀 6，U 形腔和 C_1 腔便接通回路，压射活塞产生回程动作。

4.2.3　顶件机构

为了把压铸件从模具的型芯上或型腔中退下，压铸机都设有顶件机构。顶件机构有两种形式，如图 4-9 所示。

图 4-9（a）所示为机械顶件机构，其工作原理是在压铸机上装有固定的顶杆，利用压铸机的开模运动和开模力，使顶杆 1 和压铸模的推板 2 发生机械碰撞，迫使推板 2 和推杆 3 位移，实现刚性顶件。这种顶件机构在顶出铸件时有冲击，但在正常情况下不会产生不良后果。

图 4-9（b）所示为液压顶件机构，顶出动作是由顶件器液压缸实现的。在开模后，电路控制系统操纵换向阀换向，使顶出缸活塞伸出并带动其前端固定的推板，用装在动模座板孔内的顶杆 1 把力传给压铸模推板 2。这样就可以用顶出液压缸提供的推力把压铸件从模具中顶出来。

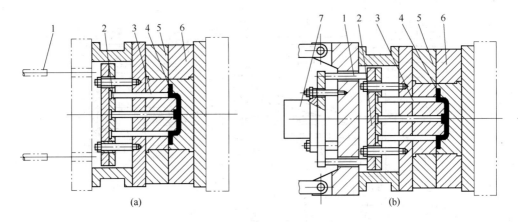

图 4-9　压铸机顶件机构
（a）机械顶件机构；（b）液压顶件机构
1—顶杆；2—推板；3—推杆；4—压铸件；5—动模；6—定模；7—液压顶件器

两种顶件机构相比较，液压顶件机构具有顶出力大、动作平稳、行程调整方便的优点，顶出动作既可以手动操纵，也可以由电路系统连锁控制自动完成顶出动作的操纵，安全可靠。机械顶件机构具有结构简单、调整方便、无需设置单独的顶出动力元件等特点。一般来说，机械顶件机构用于小型压铸机上，液压顶件机构用于大型压铸机上。

4.2.4　抽芯机构

当压铸件在与开模方向相垂直的方向上具有凹槽或孔时，压铸模上必须设置活动型芯。如果凹槽和孔较小、较浅，铸件在冷凝过程中对型芯产生的抱紧力不大，在开模时利用模具上设置的机械抽芯机构就可以完成侧抽芯动作。

为了便于生产，压铸机上都配有液压抽芯机构的附件。当需要时，可用支架把液压抽芯器安装在模具上。液压抽芯机构的组成如图 4-10 所示。抽芯器活塞与模具中的活动型芯是用接合器和拉柱机械地紧固在一起的，通过活塞的伸出、退回，可相应地实现插芯和抽芯动作。抽芯器液压缸所用的高压液来自于压铸机的液压系统。

液压抽芯机构与模具中设置的机械抽芯机构相比，具有抽芯力大、抽拔行程长的特点。另外，使用液压抽芯机构也可以使模具结构简单、降低模具的造价。

液压抽芯机构是压铸机的附件，它不仅可用于不同的压铸模上，而且当不需要时，很容易将它拆下，并不会影响压铸机的工作性能。

在使用液压抽芯机构时应注意：抽芯器不能超负荷使用。抽拔方向应尽量不要设计在工人操作的一侧。当抽芯器本身的插芯力远大于模具上活动型芯受到的液态金属的作用力时，可不设锁紧装置，否则，必须增设闭锁零件加以楔紧。使

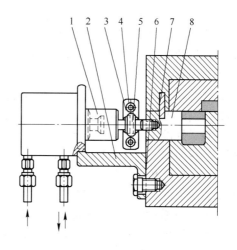

图 4-10 液压抽芯机构的组成
1—抽芯器；2—抽芯器支架；3—接合器；4, 6—螺钉；
5—拉柱；7—楔紧块；8—活动型芯

用液压抽芯器时应使液压抽芯器的插芯、抽芯动作与压铸机的开模、合模、顶件动作实现电路连锁控制，以保证各工作机构的动作次序正确，当压铸机不具备电路联铰控制时，必须严格执行操作程序，才能使生产顺利进行和避免发生事故。

4.2.5 压铸机的安全防护装置

动模座板与定模座板之间的区域是压铸机最危险的地带，而模具的分型面又是引起事故的主要原因。据有关资料介绍，大多数人身事故是由于液态金属从模具分型面喷射出而造成的，也有不少操作者是在压铸过程中被压铸模内进出的热气体烫伤，还有些事故则是操作时不注意，合模时被模具挤伤。

为了保证操作人员的安全，减少事故，压铸机应具有可靠的安全防护装置。图 4-11 所示为一种使用效果很好的防护装置。图中护板 1 在液压缸 3 的驱动下，沿着导板运动，护板上装有滚轮在导板上滚动。图中护板 1 的位置是防护位置，它遮挡住了压铸机的危险区。这时，压

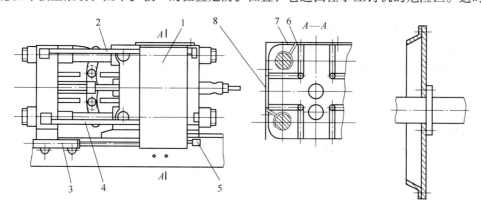

图 4-11 分型面安全防护装置
1—护板；2—上导板；3—液压缸；4—下导板；5—行程开关；6—蝶形螺母；7, 8—固定护板

铸机合模并进行压射,当模具开启后要取出压铸件时,护板 1 在液压缸 3 的作用下向左移动,让开工作空间。护板的移动在电路系统上要与压铸机合模机构动作连锁,即护板首先到达防护位置,并触动行程开关 5 后,合模机构才能进行合模动作;当压铸模在合模机构的带动下开启后,护板再打开。

这样的动作顺序不仅可避免液态金属喷出造成事故,而且还可以防止在合模时操作者被模具挤伤。当然护板的驱动力是较小的,护板不会对操作人员造成挤伤事故。

护板最好做成双层的,在内部装一层可更换的衬板,当其被烧坏或变形后,便可拆下更换衬板。护板的宽度应与压铸机最大装模开距尺寸相等,其行程要比模具厚度尺寸大 20% ~ 30%。这样护板既能可靠地遮挡住危险区,又能做到打开之后不妨碍正常的生产操作。另外,在分型面的上方和后面也应安装固定护板,如图 4-11 所示,固定护板可支承在压铸机拉杆的圆柱面上,用蝶形螺母将它固定在定模座板上。这样安装拆卸都很方便,安装模具时可将固定护板的蝶形螺母松开,将护板及拉杆推到一边,生产操作时一定要将它重新装好。

当压铸压力逐渐变大,有时液态金属沿着压射冲头喷射出来,也会造成烧伤事故。立式冷压室压铸机所用的压射冲头较短,金属在压射时喷射现象就经常发生。为了使操作者和偶然到压射机构附近的其他人员免受金属喷射的伤害,应在压射冲头旁边加装一个倒锥形的护罩,这样便可以挡住从压射冲头处喷出的金属不再向周围溅射。其结构如图 4-11 中 8 所示,倒锥部分和圆盘做成组合式的,这样便于清理。

在卧式冷压室压铸机上,有时在压射行程一开始金属就从压室的浇注孔飞溅出来,这种现象一般是由于压射冲头通过浇口时的速度过快造成的。只要把第一阶段的压射速度调得慢一些,使其不超过 0.2 m/s,就可以避免这种现象发生。

压铸机大部分是用矿物油来作工作液的,对其液压系统的漏油也应给予重视,发现漏油要及时更换密封,消除漏油现象。车间要配备好消防器材,以免发生火灾。

4.2.6 压铸机的液压传动系统

4.2.6.1 液压系统的组成

液压系统一般由以下 4 个基本部分组成:

(1)动力元件。即液压泵,其作用是将电动机的机械能转换成液体的压力能。

(2)执行元件。即液压缸或液压马达,是将液体的压力能转换成输出的机械能。如实现直线运动的液压缸和实现回转运动的液压马达。

(3)控制元件。即系统中的各种控制阀,如方向控制阀、压力控制阀、流量控制阀等,以控制系统中的液体流动方向、压力和流量,进而控制执行件所要求的运动方向、压力与速度。

(4)辅助元件。即保证系统正常工作所需的各种装置。如油箱、过滤器、蓄能器、热交换器、管件、密封装置和压力表等。液压系统中常用的液压油作为工作介质,通过它进行能量的转换、传递和控制。

压铸机的液压系统主要由液压泵、合开型液压缸、顶出液压缸、压射液压缸、热压室压铸机的扣嘴液压缸,调型液压马达、各类液压控制阀和辅助元件组成。

4.2.6.2 液压系统工作原理

虽然各种型号的压铸机的液压系统不尽相同,但它们的动力特征却是基本相同的。图 4-12 所示为 J1113D 型压铸机的液压系统原理图。

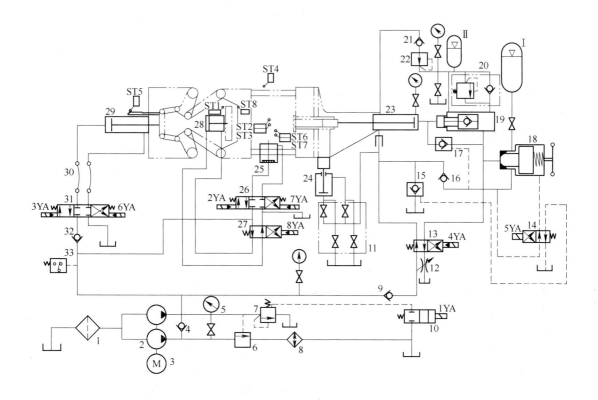

图 4-12 J1113D 型压铸机液压系统原理图

1—滤油器；2—液压泵；3—电动机；4，9，16，21，32—单向阀；5—压力表；6—卸荷阀；7—溢流阀；
8—冷却器；10—二位二通换向阀；11—升降操纵阀；12—节流阀；13，14，27—二位四通换向阀；
15，17—液控单向阀；18—快速阀；19—增压器；20—单向顺序阀；22—减压阀；
23—压射缸；24—升降液压缸；25—抽芯器；26，31—三位四通换向阀；
28—顶出缸；29—合模缸；30—高压软管；33—压力继电器

该系统对压铸机各工作机构的控制以及工作参数的调整动作如下：

（1）启动。当电动机 3 带动液压泵 2 启动时，电磁铁 1YA 通电，换向阀 10 换向，使溢流阀 7 处于卸荷状态。液压泵 2 输出的油经阀 7 直接流回油箱，电动机空负荷启动，等启动后约 30s 时间继电器发出信号，使 1YA 断电，换向阀 10 复位，溢流阀 7 的遥控口关闭，泵开始升压。液压泵输出的油经单向阀 9、换向阀 13 后被分为两路。一路经单向阀 16 和快速阀 18 进入蓄能器 Ⅰ，另一路经单向阀 21 和减压阀 22 进入蓄能器 Ⅱ。当蓄能器内的油压达到预调定的压力时，压力表显示，此时系统进入工作状态。

从图 4-12 中可知，电动机 3 同时带动两台泵工作，其中一台是低压大流量泵，另一台是高压小流量泵，当系统压力较低时，两台泵可同时向液压系统供油，当系统压力升高，并超过卸荷阀 6 的调定压力值时，只有高压泵向系统供油，而低压泵供出的油经阀 6 直接流回油箱。采用这种双联泵，可使供给系统的流量随压力的变化有较大范围的变化，以便满足压铸工艺的要求。

如果液压系统出现意外故障，使其压力超过压力继电器 33 所调定的压力时，继电器 33 发出信号，使电动机停止转动，以保证系统的安全。

（2）合模与开模。3YA 通电，三位四通换向阀 31 换向，来自泵的高压液经换向阀 31 进入合模液压缸的左腔，推动活塞右移，通过曲肘机构推动动模座板，使模具闭合、锁紧。当模具闭合、锁紧后，行程开关 ST4 发出信号，接通电路，信号灯显示，指示可以进行压铸。在压铸过程中 3YA 始终通电，以保证合模状态稳定。开模时，使 6YA 通电，换向阀 31 换向，来自泵的高压液进入合模液压缸的右腔，使活塞向左运动，曲肘机构缩回，即可打开模具。

（3）插芯与抽芯。压铸机所配备的液压抽芯器是其附件，当使用液压抽芯器时，将液压系统的管口与抽芯器油管相连接即可，抽芯器是由三位四通换向阀 26 来控制的，当按下插芯按钮时，2YA 通电，换向阀 26 换向，高压液经换向阀 26 进入到抽芯器液压缸的下腔，推动活塞伸出，完成插芯动作。抽芯时，使 7YA 通电，换向阀 26 换向，高压液经换向阀进入到抽芯器液压缸上腔，推动活塞退回，将型芯抽出。J1113D 型压铸机配备有两个液压抽芯器，它们可同时工作。行程开关 ST2 和 ST3 可分别控制型芯的插入位置，ST6 和 ST7 用于控制型芯抽出位置。

（4）压射与压射回程。J1113D 型压铸机采用三级压射系统。开始为第一级慢速压射，按下压射按钮，4YA 通电，二位四通换向阀 13 换向，泵输出的高压液经换向阀 13、液控单向阀 17 以及增压活塞上的单向阀进入到压射液压缸 23 的右腔，推动压射活塞向左移动，压射液压缸回程腔排出的油经换向阀 13 和节流阀 12 流回油箱。因为进入到压射腔的油是液压泵直接供给的，同时回程腔排出的油要经节流阀流回油箱，所以通过调节节流阀可以获得合适的第一级压射速度。

当压射活塞慢速移动过一定距离后，压射冲头已越过压射室的浇料口，电路系统的时间继电器发出信号，使 5YA 通电，二位四通换向阀 14 换向，快速阀和液控单向阀 15 被同时打开。这时泵输出的高压液与蓄能器 I 排出的大量高压液在很短的时间内进入到压射腔，推动压射活塞快速移动，回程腔排出的液体经液控单向阀 15 流回油箱。

由于蓄能器 I 在很短的时间内向压射腔供给大量的高压液体，同时回程腔排出的液体经大通径管路和液控单向阀 15 流回油箱，使压射速度大大提高，压射活塞在很短的时间内完成快速压射行程。第二级快速压射的速度取决于蓄能器 I 向压射腔供液量的多少。调整快速阀 18 的手柄，改变其通流截面的大小，就能够实现对第二级快速压射速度的调整。

当快速压射即将结束时，充填到压铸模型腔内的液态金属开始凝固，使压射活塞的运动阻力增大，压射腔内油液压力升高，单向阀关闭。此后来自泵和蓄能器 I 的高压液不能再进入压射腔，而是作用在增压活塞的右端面。增压活塞左端面受到的压射腔油压作用力与背压腔油压作用力之和与右端面所受到的作用力相等，始终处于平衡状态。背压腔压力由蓄能器 I 决定，这一压力的大小可由单向顺序阀 20 调整。当顺序阀的压力调高时，蓄能器 II 所保持的压力就高，同时背压腔内的油液对增压活塞的作用力增大，而压射腔油压的增压幅度就降低。反之，当顺序阀压力调低时，背压腔油压作用力减小，压射腔油压的增压幅度就增高。调整顺序阀的工作压力，可使压射腔的增压压力得到相应的调整，以满足不同产品对压射比压的要求。所调定的压射腔工作压力可以从压射液压缸上的压力表直接观察到。压射活塞受增压压力作用的阶段为第三级压射——增压压射。

进入压射阶段后，控制铸件冷却的时间继电器和控制压射回程的时间继电器同时开始计时。当达到铸件预定的冷却时间时，继电器发出信号，使 6YA 通电，换向阀 31 换向，合模缸活塞返回，模具被打开。压射活塞将压室内的余料连同铸件从定模内顶出。当达到预定的压射回程时间时，控制压射回程的时间继电器发出信号，使 4YA、5YA 同时断电，换向阀 13 和 14 复位。换向阀 14 复位后，使快速阀关闭，蓄能器 I 不再向外供油，液控单向阀 15 关闭，封闭压射回程腔的排油通路，并打开液控单向阀 17，使压射腔的油液可以排出。

换向阀 13 复位后，使得泵输出的高压液经阀 13 进入到压射液压缸回程腔，推动压射活塞退回，同时压射腔内的油液经液控单向阀 17 和换向阀 13 流回油箱。当压射活塞回程到终点后，液压泵 2 输出的油将顶开单向阀 16 和单向阀 21，进入到蓄能器 I 和 II 内，为下一个压铸过程储备高压液。

（5）顶件。当液压系统压力升高进入工作状态后，高压液体已首先经过二位四通换向阀 27 的通路进入顶出器液压缸的右腔上使顶出器活塞处于退回的位置，无论模具处于闭合或开启状态，顶出器始终处于这一位置。当需要从模具中顶出铸件时，操纵顶出按钮使 8YA 通电，换向阀 27 换向，顶出器活塞在高压液的作用下向右移动，把顶出力传递给压铸模推板，把铸件从模具中顶出。顶出力的传递是借助于穿越动模座板孔内的顶杆来进行的。压铸件脱离模具后，行程开关 ST8 发出信号，使 8YA 断电，换向阀 27 复位，顶出器活塞自动退回。

（6）压射位置的调节。调节压射机构工作位置的工作是由升降液压缸完成的。调节压射位置时，应首先把压射支架与定模座板的紧固螺钉松开，然后旋转升降操纵阀 11 上的手柄，高压液进入到升降缸后，通过活塞推动压射支架缓缓上升或下降。压射位置调节好之后，应先把升降操纵阀的阀关闭好，然后再把紧固螺钉拧紧，防止在生产过程中产生松动。

液压系统中各工作液压缸的动作是由电路系统控制的。通过电路控制，压铸机可实现"调整"和"联动"（半自动）两种工作制。"调整"状态主要用于模具的安装与调试过程，在这种状态下，按下某一个操纵按钮，只能控制某一个工作液压缸的动作。当模具安装调试好之后，进入正常生产时，可将操作台上的电控旋钮由"调整"位置转到"联动"位置。在这种状态下，一个压铸生产循环，只需按下合模按钮和压射按钮，压铸机就能自动有序地完成其余动作。在生产过程中，压铸机各工作液压缸的动作顺序如图 4-13 所示。

4.2.6.3 压铸机液压系统的动力特征

在压铸生产过程中，压射速度的变化很大，这就要求动力系统供给的高压液体的流量变化也大。采用一般的泵直接传动的动力方式是不能满足这一要求的。因此，压铸机的液压系统都采用泵-蓄能器传动方式。泵-蓄能器传动的液压系统的动力特征是：

（1）对泵的供液量起到了平衡作用。在快速压射过程中，蓄能器将储备的高压液体在很短的时间内送入压射腔，使泵对压射缸供液量的不足得到补偿，而在压射活塞回程后的辅助生产时间里，蓄能器又把泵供出的高压液体再次储备起来，以备下一个压铸过程使用。这样既满足了压铸工艺的特殊要求，又使压铸机电动机功率消耗不致过大。

（2）压射速度随压射阻力的变化而变化。在压射过程中，压射速度随着液态金属在模具型腔内的冷却、凝固、压射阻力增大而减慢。从快速压射开始到增压压射为止，压射速度随压射阻力的增大，连续不断地变化，直到最终速度为零。

（3）液压系统的供液压力基本保持不变。由于蓄能器在快速压射时所排出的液体体积只占其总容积的 1/10 左右，因此其供液压力变化不大。

4.2.7 压铸机的电控系统

一般来说，电控系统是根据压铸机在生产过程中各工作机构的动作顺序和生产操作要求来进行设计的。它不仅要满足压铸机的"调整"、"联动"两种工作状态的控制要求，而且还要使电控系统具有电流过载保护、液压系统安全保护、意外事故紧急停车、空负荷启动、信号显

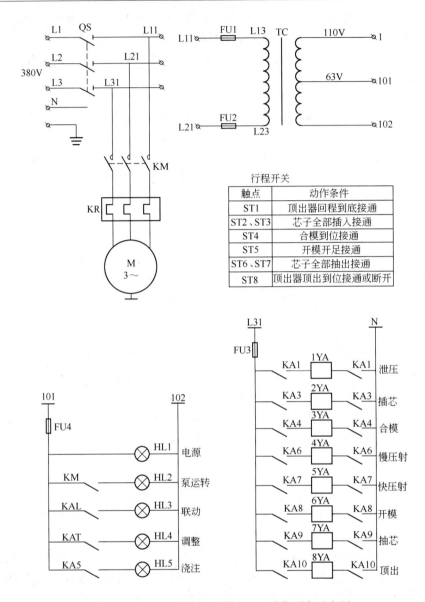

行程开关	
触点	动作条件
ST1	顶出器回程到底接通
ST2、ST3	芯子全部插入接通
ST4	合模到位接通
ST5	开模开足接通
ST6、ST7	芯子全部抽出接通
ST8	顶出器顶出到位接通或断开

图 4-13　J1113D 型压铸机工作液压缸动作顺序示意图

示等功能，以便使压铸机工作可靠，操作方便。

　　图 4-13 和图 4-14 所示都为 J1113D 型压铸机的电器原理图。压铸机以 380V 三相交流电为动力电源，由开关 QS 从电网引入。电磁铁控制回路电压为 220V，继电器控制回路电压为 110V，信号灯工作电压为 63V，各控制回路电压由变压器 TC 供给。

　　压铸机的工作状态由主令开关 LS3 控制，主令开关有"调整"、"0"和"联动"三个挡位，旋转主令开关就可以实现内部电路的切换。当其转到"调整"位置时，触点 LS3.2 闭合，继电器 KA14 通电，KA14 触点闭合；若主令开关转到"联动"位置，触点 LS3.1 闭合，继电器 KA13 通电，其动合触点闭合。另外，压铸过程若使用液压抽芯器，可用钥匙式旋钮开关 LS1 和 LS2 来控制电路的通断，抽芯器的插芯与抽芯动作由旋转开关 LS4 控制，各开关触点的通断情况见表4-4。

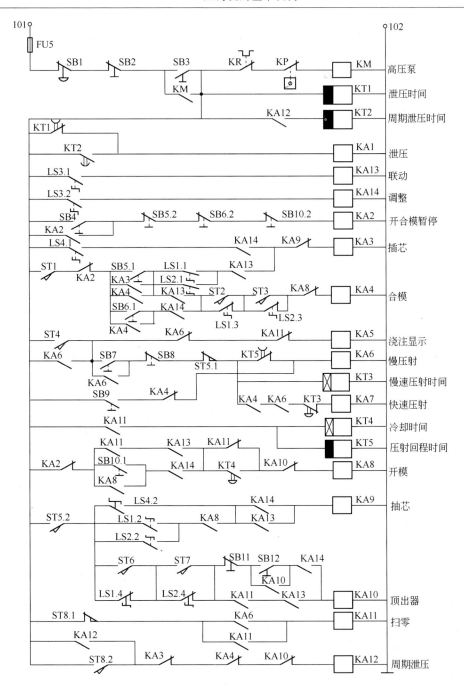

图 4-14 J1113D 型压铸机电器原理图

表 4-4 抽芯器主令开关动作表

抽芯器 I 钥匙旋钮开关			抽芯器 II 钥匙旋钮开关		
位　置	有　芯	无　芯	位　置	有　芯	无　芯
LS1.1	×		LS2.1	×	
LS1.2	×		LS2.2	×	

抽芯器 I 钥匙旋钮开关			抽芯器 II 钥匙旋钮开关		
位　置	有　芯	无　芯	位　置	有　芯	无　芯
LS1. 3		×	LS2. 3		×
LS1. 4		×	LS2. 4		×
联动与调整转换开关			抽芯与插芯转换开关		
位　置	联　动	0	调　整	位　置	插　芯	0	抽　芯
LS3. 1	×			LS4. 1	×		
LS3. 2			×	LS4. 2			×

注：×表示接通。

电控系统工作原理介绍如下。

4.2.7.1　电机启动及安全保护

开关 QS 合闸后，压铸机通电，变压器 TC 开始工作，各控制回路通工作电压，信号灯 HL1 亮，表明压铸机接通电源。按下启动按钮 SB3，接触器线圈 KM 通电，KM 主触点闭合，电动机启动，KM 辅助触点闭合使电路实现自锁，电动机启动电路保持接通状态。在电动机启动的同时，时间继电器 KT1 通电，并开始计时。KT1 触点为闭合状态，使中间继电器 KA1 通电，其动合触点闭合，将电磁铁 1YA 接通，电动机带动泵空载启动。当达到预定时间后 KT1 触点断开，电磁铁 1YA 断电，泵开始升压。

在电动机启动电路中串联有热继电器 KR 和压力继电器 KP，它们可起到安全保护作用，防止电动机工作电流过大以及液压系统的压力超过允许的最高工作压力，启动电路中的 SB1 用于紧急停车，SB2 为正常停止按钮。

4.2.7.2　"调整"状态各工作机构的控制

"调整"状态各工作机构的控制介绍如下：

(1) 插芯。在"调整"状态主令开关触点 LS3.2 闭合，继电器 KA14 通电，其动合触点闭合。转动开关 LS4，使其处于插芯位置，触点 LS4.1 闭合，使继电器 KA3 通电，电磁铁控制回器中 2YA 通电，液压系统中的换向阀 26 换向（见图 4-12），抽芯器活塞伸出做插芯动作。

(2) 合模。在合模控制回路中，顶出缸活塞退回，使行程开关 ST1 闭合，按下合模按钮使继电器 KA4 通电，电磁铁控制回路中 3YA 通电，液压系统中三位四通换向阀 31 换向，高压液进入合模液压缸左腔，实现合模。模具闭合、锁紧后，行程开关 ST4 闭合，继电器 KA5 通电，指示灯 HL5 亮，表明可以浇注。

(3) 压射。按下压射按钮 SB7，继电器 KA6 通电，时间继电器 KT3 也同时通电并开始计时。KA6 动合触点闭合，使电磁铁 4YA 通电，液压系统中换向阀 13 换向，压射活塞进行慢速压射。当达到 KT3 预调定时间时，触点 KT3 闭合，使 KA7 通电，电磁铁控制回路中的 5YA 被接通。换向阀 14 换向，打开快速阀 18 和液控单向阀 15，使压射活塞实现快速压射。铸件冷凝后，按下回程按钮 SB8，继电器 KA6、KA7 同时断电，使它们所控制的电磁铁 4YA、5YA 也同时断电，换向阀 13、14 复位，高压液进入压射缸回程腔，压射活塞退回。

(4) 开模。按下开模按钮 SB10，使继电器 KA8 通电，电磁铁控制回路中 6YA 通电。液压系统中换向阀 31 换向，高压液进入合模缸右腔，使活塞退回，实现开模。

(5) 抽芯。当合模机构退回终点位置时，碰住行程开关 ST5，并使其触点 ST5.2 闭合。转动转换开关 LS4，使其位于抽芯位置，触点 LS4.2 闭合，使继电器 KA9 通电，电磁铁 7YA 被接通。液压系统中换向阀 26 换向，抽芯器活塞退回。

（6）顶出铸件。模具开启之后，行程开关 ST5 的触点 ST5.2 已闭合，液压抽芯器将型芯抽出后，行程开关 ST6、ST7 已闭合，按下顶出按钮 SB12，使继电器 KA10 通电，KA10 通电后可把电磁铁 8YA 接通。液压系统中，换向阀 27 换向，高压液进入顶出器液压缸左腔，推动活塞顶出。如果压铸件不需要使用液压抽芯器，则行程开关 ST6、ST7 为断开状态，但与行程开关并联的旋转开关触点 LS1.4 和 LS2.4 却处于闭合状态（见表4-4），所以，不论是否使用液压抽芯器，顶出器的控制线路都不会变化。

压铸件被顶出之后，可按下顶出器退回按钮 SB11，使继电器 KA10 断电，电磁铁 8YA 断电。液压系统中换向阀 27 复位，顶出器活塞退回。

4.2.7.3 "联动"状态压铸过程中工作机构的控制

模具调整完毕试压后，进行生产时，把主令开关 LS3 转到"联动"位置，其触点 LS3.1 闭合，LS3.2 断开，继电器 KA14 断电，KA13 通电，各控制线路中的动合触点 KA13 闭合。按下启动按钮 SB5，继电器 KA3 通电，电磁铁 2YA 被接通，换向阀 26 换向，抽芯器做插芯动作。型芯到达位置后，行程开关 ST2、ST3 闭合，使继电器 KA4 通电，电磁铁 3YA 被接通。换向阀 31 换向，高压液进入合模缸，活塞右移，使模具闭合。模具闭合、锁紧后，行程开关 ST4 闭合，继电器 KA5 通电，信号灯 HL5 亮，表明模具已经闭合，可以浇注。

把液态金属浇入压室后，按下压射按钮 SB9，继电器 KA6、KA11 同时通电，电磁铁 4YA 被接通，换向阀 13 换向，活塞做慢速压射。时间继电器 KT3、KT4、KT5 也都接通，并开始计时。KT3 是慢速压射时间继电器，KT4 是铸件冷却时间继电器，KT5 是压射回程时间继电器。当达到 KT3 的调定时间时，触点 KT3 闭合，继电器 KA7 通电，电磁铁 5YA 被接通，换向阀 14 换向，快速阀 18、液控单向阀 15 被打开，使压射活塞转入快速压射。当达到 KT4 的调定时间时，触点 KT4 闭合，继电器 KA8 通电，KT4 断电，电磁铁 3YA 断电，6YA 通电，换向阀 31 换向，合模缸活塞退回，打开模具。当达到 KT5 所调定时间时，触点 KT5 断开，继电器 KA6、KA7 断电，电磁铁 4YA、5YA 断电。换向阀 13、14 复位，关闭快速阀 18 和液控单向阀 15，打开液控单向阀 17，压射活塞退回。

动模座板退回终点后，触动行程开关 ST5，触点 ST5.2 闭合，继电器 KA9 通电，使 7YA 接通，换向阀 26 换向，抽芯器活塞退回。

抽芯动作结束，行程开关 ST6、ST7 闭合，继电器 KA10 通电，使 8YA 接通换向阀 27 换向，顶出器把铸件从模具中顶出。

顶出动作结束时，触动行程开关 ST8，触点 ST8.1 断开，继电器 KA10、KA11 断电，电磁铁 8YA 断电，换向阀 27 复位，顶出活塞退回。触点 ST8.2 闭合，可使继电器 KA12 通电，时间继电器 KT2 通电，触点 KT2 闭合，继电器 KA1 通电，溢流阀 7 泄荷。待达到 KT2 调定时间，其触点断开，泵开始升压。

采用周期泄压可减少生产辅助时间内的高压溢流，降低生产过程中的能量消耗，降低油温，在生产中可根据具体情况调节 KT2 的计时时间。

4.3 压铸自动化

压铸自动化包括压铸机自动化和自动化的压铸生产线。单机自动化是指单台压铸机生产过程由于增加了自动浇注机、自动喷涂机、自动取件机和微机控制系统等压铸机的外围设备，从而使投料—铸件清理和喷涂—装镶嵌件—合型—浇注金属液—压射—增压—保压—开型—顶出铸件—取出铸件—冲边—料头回炉这一压射全过程，在微机控制系统的监控下自动而有节奏地连续进行下去。与此同时，模型温度自动控制始终在进行中以保证生产的正常进行。这样就实现了压铸工序达到全面机械化和自动化，大大减少了工人的劳动强度，也使开发新型的复杂压铸件以及无气孔压铸件成为可能，对环境的污染更是达到了最低程度。自动化压铸生产线是压铸技术发展的一个方面。压铸机的使用效率，在很大程度上受到整个车间的组织和车间的机械化、自动化程度的影响。

4.3.1　镁合金自动输送

在镁合金熔化系统中，镁合金的输送用铝合金和锌合金的输送方式都是不可行的，因此，世界各大相关公司不约而同地采用了熔化保温一体化系统，如图 4-15 所示。图 4-15（a）所示为单炉系统，图 4-15（b）所示为两炉系统。单炉系统的特点是节约成本，占用空间小，其中有浇注管直接通向压铸机压室进行自动浇注，连接压铸机的浇注管可以同时设多根来保证炉子同时供应多台压铸机。两炉系统具有两个分别独立的坩埚，两个炉体，一个熔化，另一个保温。对于两炉系统，液体金属通过传输管进入保温坩埚。合金液的输送量按照不同的方式如活塞泵方式或保温炉内液位控制传感器的信号利用气压方式输送，以便使保温炉液面始终保持在一定水平。熔化炉的加料也是根据熔化炉内的液位传感器以及成分调节传感器所给的信号自动加料，熔化炉内的液面也始终保持在一定水平上。对于这种结构，温度波动仅仅在熔化坩埚装料时发生，保温坩埚在任何时候可保持质量和温度的恒定。保温炉的出口管道通向压室。

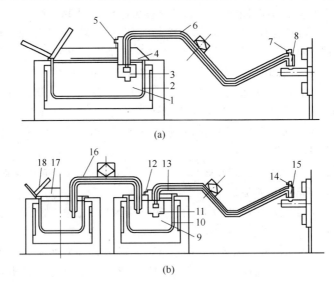

图 4-15　镁合金熔化保温炉系统及其自动浇注系统

（a）单炉系统；（b）两炉系统

1，9—镁液；2，10—坩埚；3，11—阀门；4—保护气体（空气、N_2、SF_6）；5，12—压力气体氩；
6，13—虹吸浇注管；7，14，17—保护气体氩；8，15—浇注嘴；16—U 形传输管；18—加料门

4.3.2　合金浇注自动化

利用定量浇注装置，将液态金属从保温炉浇入压室，不仅能提高劳动生产率，而且有助于

提高铸件质量和减少废品，有利于冷室压铸机实现自动化。

4.3.2.1 减压式自动浇注装置

减压式自动浇注装置如图 4-16 所示，真空型金属液输送装置如图 4-17 所示。两装置都由真空泵抽出压射室和加热管内的空气，液体金属由保温炉经加热管流入压射室，输送的金属量由真空系统控制。图 4-16 的方法是用切断销控制压射室的金属量。实际上切断销一般是由逸出空气控制，所以供给速度将影响压射金属的质量，切断销的灵敏度和漏气也使金属质量发生变化。图 4-17 的方法是压射室的真空可自行切断，它的动作是合上压型后，真空泵的阀门打开，金属液沿供液管（加热管）而上吸到压射室内。经过预先确定的动作时间后（时间长短决定了压射金属质量），压射冲头以通常的方式向前运动把金属压入压型。冲头向前运动把真空泵切断，同时熔炉的金属供应液中断了。这种浇注方法的优点是供给迅速，生产率高。在此装置中加热管应有足够的寿命。对镁、锌合金采用不锈钢的加热管是适宜的。对铝合金普遍采用普通陶瓷涂层管为宜。对使用的填料要考虑到管子的移动和加热的要求。浇注量及动作由 PLC 控制。

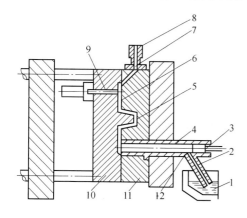

图 4-16　减压式自动浇注装置示意图

1—液体金属；2—加热管；3—填料；4—压射室；
5—型腔；6—真空通道；7—真空过滤器；
8—真空泵；9—真空切换销；10—动型；
11—定型；12—吸液管

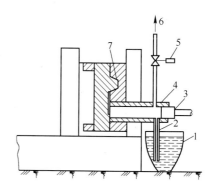

图 4-17　真空型金属液输送装置

1—保温炉；2—供液管；3—冲头顶端；
4—压室；5—电磁阀；6—真空泵；
7—压型型腔

4.3.2.2 电磁泵自动浇注

电磁泵自动浇注原理图如图 4-18 所示。其工作原理如下：把一个装着液体金属的流槽放在一个线性交变的磁场中，液体金属内便产生感应电流和受到一个作用力。在其他条件不变的情况下，电磁场强度越大，液体金属导电性能越好，所受作用力越大。对不同重量铸件的定量是靠时间继电器来控制的。这种装置的控制范围非常精密，在理论上有许多优点。但是泵的主体需由特殊陶瓷材料制造，而且陶瓷材料需要经常更换，费用非常大。

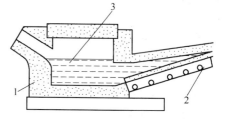

图 4-18　电磁泵自动浇注原理图

1—炉体；2—感应器；3—液体金属

4.3.2.3 容积定量的气压式浇注装置

图4-19所示为浇包容积定量的气压式浇注装置。这种装置利用气体压力将保温坩埚1中的液态金属通过升液管2压入定量保温浇包7中，并在浇包液面上附加少许的气体压力。浇注时，用气缸6将浇口塞5打开，浇包中的定量液态金属在气压的作用下，经流槽4流入压室3中，便可进行压铸。浇包7中的液态金属的多少，可通过旋转接头8调节浇包倾角来控制。整个过程的动作是利用一套气体控制系统进行操作的。

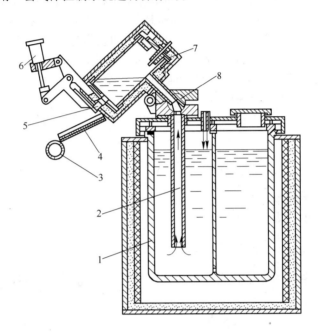

图 4-19 浇包容积定量的气压式浇注装置
1—坩埚；2—升液管；3—压室；4—流槽；5—浇口塞；
6—气缸；7—浇包；8—旋转接头

4.3.2.4 回转臂输送定料勺浇注装置

图4-20所示为回转臂输送定料勺浇注装置。该装置是靠液压缸带动齿条，齿轮驱动回转臂旋转，带动料勺实现自动浇注。料勺3挂在支架5的小轴4上，靠重力处于垂直状态。支架5安装在回转臂7上，并可在回转臂7上调整，使料勺3在坩埚2中处于合适的位置。调节螺钉6是用来微量调整料勺的倾斜角度的。液压缸13固定在轴架11上，以保证液压缸活塞与齿条的位置准确。轴架11安装在水套12上，并可在水套上调整高度，以便与压铸机压射机构的高度协调。齿轮9在齿条8的带动下可使回转臂7一同转动。

浇注时，高压液进入液压缸下腔，推动活塞上升，齿条也随之上升，并带动齿轮9、回转臂7逆时针旋转，同时把料勺提升起来。当料勺随回转臂提升到一定位置时，与回转臂一起转动，准确地将金属浇到压室中。压射一开始，液压缸13的上腔通入高压液体，活塞带动齿条下降，齿轮、回转臂、料勺顺时针转动；料勺复位。

由于保温炉1可以移动和升降，使浇注设备容易调整其位置，当电炉位置摆放合适后，用支承螺柱将炉子支起，炉子就不会发生移动。料勺可以按产品的大小做相应更换，为使料勺不

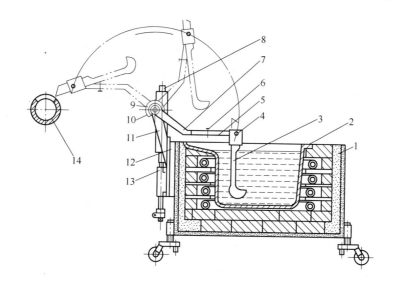

图 4-20 回转臂输送定量勺浇注装置

1—保温炉；2—坩埚；3—料勺；4—小轴；5—支架；6—调节螺钉；7—回转臂；
8—齿条；9—齿轮；10—凸轮；11—轴架；12—水套；13—液压缸；14—压室

受浸蚀，并有一定的保温性，要用保温材料作内层涂料的底层，在金属通道处装有保温瓷管，同时敷以耐火材料，这样就可以保证金属液流动畅通。水套 12 在工作时要通入冷却水，以保证整个机械部分不因受热而出现故障。

4.3.3 压铸取件自动化

图 4-21 所示为一种自动取件机械手，该机械手通过联结螺钉 6 安装在压铸机上，电气部分

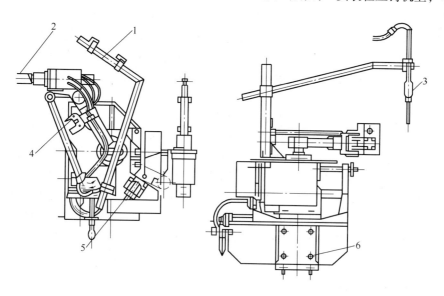

图 4-21 自动取件机械手

1—压铸夹持器；2—机械手臂；3—确认铸件取出传感器；
4—手臂前进限位开关；5—手臂后退限位开关；6—联结螺钉

由主机电脑控制，采用气动传动。夹持器 1 和压铸机压室的中心处于同一高度，在铸件从模型中推出时，夹持器以两种方式夹住料饼：一种方式是先夹住料饼，然后随铸件被推出一起运动；另一种是铸件推出后再夹持料饼。根据铸件的特点，可选择其中一种方式。夹持住料饼后，手臂 2 旋转 90°，夹持器打开，铸件落下，整个取出动作完成。传感器 3 用来确认铸件是否被取出或取出的铸件是否完整，以利于保护模型和下一个压铸循环的正常进行。传感器数量最多可设 5 个，根据铸件的结构来确定。机器人能模仿操作工人的动作，它们通常按有效承载能力和运动特征进行分类。运动特征是用人的手臂、手腕和手的动作术语来描述。另外，手的运动可以描述为由点到点或者沿连续轨迹的运动。在点到点的运动场合下，机器人的手编好程序后，在空间两选定点之间做直线运动或辐向运动。连续轨迹的运动可以是空间两选定点之间的曲线运动。驱动力可以是启动液压或用伺服电机，也可以是其联合方式。控制采用磁芯存储器或鼓型存储器。

4.3.4　压铸—冲边—料饼回炉流水作业

在压铸机旁边设置一台精整和冲边用的压力机，每当铸件出模后，机械手则自动将铸件夹入压力机的精整和切边模中，待料饼和内浇道等冲下来后，机械手又将料饼和内浇道等送入保温炉中。由于料饼及时回炉，车间既干净，又省去废料堆放场地，使车间安排紧凑。但是这种方式并不是在任何场合适用。工作程序是：当取件机械手夹持带有浇口的铸件组并转出到释放位置后，安装在液压机上的切边模，其下模向机械手下方移动，机械手释放并落在切边模下模上，准确定位后，下模回到切边机内的冲头下方，在液压动力作用下，冲头下行切去铸件上的浇口、飞边及集渣包。然后，铸件被推到装具中，浇口或回炉或装入其他的装具中。

4.3.5　模具型腔自动喷涂装置

模具型腔直接接触高温液态金属，工作条件比较恶劣，为了防止模具型腔被液态金属浸蚀，降低型腔表面温度，延长模具使用寿命，需要对模具型腔喷涂涂料。

模具型腔的自动喷涂装置总的可以分为固定式喷嘴和移动式喷嘴两大类。固定式喷涂装置一般是将喷嘴固定在动、定模座板上，因此，它只能在离型腔较远的地方，在一定范围内喷涂，所以多用于小型压铸机和形状简单的压铸件生产中。移动式喷涂装置可以在喷涂过程中做上下或水平方向的移动，喷涂范围大，多用于大型压铸机和比较复杂的压铸件的生产过程中。

图 4-22 所示为模具型腔自动喷涂装置的喷涂器。图 4-22（a）所示的简单喷涂器只有一个喷嘴，它的喷涂范围不大，常用于固定喷涂装置中。它有两根管上边一根通压缩空气，下边一根通涂料，利用压缩空气将涂料以雾状形式喷在模具型腔内。图 4-22（b）所示为多喷嘴喷涂器，在本体 2 上安装有多个喷嘴，喷嘴还可以沿锥角为 15°～20°的圆锥面内旋转，这种喷涂器一般都用在移动式喷涂装置上。整个喷涂器可以在气缸活塞的推动下做上下或水平方向的移动，因此，它的喷涂作用范围就比简单喷涂器要大得多。在这种喷涂器的前端还装有探测器，如果铸件尚未脱模或气缸活塞移动距离过大，使探测器碰到铸件或模具型腔时，它便会发出信号，打开气缸活塞腔的泄压阀，使自动喷涂器从模具的分型面处退出并发出报警信号。

4.3.6　压铸工艺参数的测量

压铸生产过程中各工艺参数对提高压铸件质量、稳定生产条件有非常重要的作用，同时，要实现压铸生产自动化，各工艺参数的测量也是必不可少的。国外一些先进的压铸机已配备了

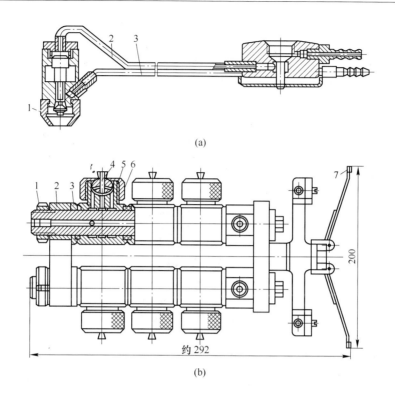

图 4-22　模具型腔喷涂器

（a）简单喷涂器；（b）多喷嘴喷涂器

1—螺母；2—本体；3—垫圈；4—喷嘴；5—密封垫；6—滚花螺母；7—探测器

整套的工艺参数自动测量和控制仪器。我国在这方面也做了一定的工作。

4.3.6.1　合模力的自动控制

合模力是压铸生产中需要测量和监控的重要参数之一。监控合模力对生产过程安全、稳定地进行有重要的意义，对于曲肘式合模机构更是如此，因为模具的温度变化会改变合模力的大小，并影响压铸机的工作。对合模力进行监控，可以避免合模机构发生过载，保证设备安全使用，从而提高压铸机和模具的使用寿命。现在大多数压铸机在拉杆上都装有传感器，以便对合模力进行监控。

图 4-23 所示为应用较多的电感式测力传感器。当合模机构工作时，在模具被锁紧的同时，拉杆在锁紧力的作用下发生一定的弹性变形，其弹性伸长量和压铸机的合模力成正比。拉杆发生弹性变形时，传感器中的芯杆（探头）可收集到变形量的大小，并使传感器中的活动铁芯发生位移。由于活动铁芯位置的变化而引起绕组中感应电流发生变化。把电流的变化放大并输出便可记录和控制合模力。在合模力自动控制装置中，要把 4 根拉杆测力传感器的信号接入仪器中，并与设定值进行比较，当实测值超过设定值时，自动控制装置能立即使压铸机停止运转，同时报警装置显示哪一根拉杆超载，并以数字形式显示出拉杆的工作载荷值，自动控制装置还可以把设置信号反馈给调模电动机，对合模力进行调整，以使压铸机合模机构处于正常工作状态。

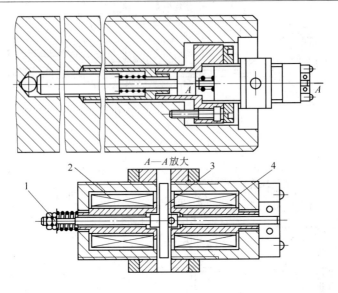

图 4-23 电感式测力传感器

1—芯杆；2，4—绕组；3—活动铁芯

4.3.6.2 压射速度测量装置

在压铸过程中，液态金属充填模具型腔的速度，对压铸件的内部和外表质量有很大影响。因此，准确地测量出压射速度，并且选择合理的压射速度是十分重要的。

压射速度是在粉尘、烟雾较大的环境中测量的，并且行程长、变化大，因此必须选择合适的传感元件。图 4-24 所示为磁阻式测速原理图。齿条 2 装在压射活塞杆上，压射时齿条随活塞杆一起移动，齿条相对地经过磁阻发信器 3 时，两者之间的空气间隙在交替地变化，使发信器 3 线圈中的有效磁通量也交替变化，所以在线圈中感应出交变电势。此感应电势传输给放大整形电路，并送到示波器 5 中，即可得到矩形脉冲记录波形。

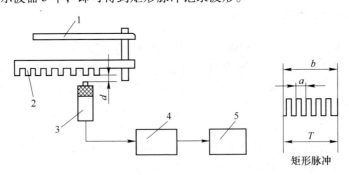

矩形脉冲

图 4-24 磁阻式测速原理图

1—压射活塞杆；2—齿条；3—磁阻发信器；4—放大整形器；5—示波器

齿条移动过的齿数和记录下的脉冲的个数是相同的，矩形脉冲节距的大小反映了压射速度的快慢。压射速度与矩形脉冲的关系为：

$$v = \frac{e\dfrac{b}{a}}{T} = \frac{eb}{Ta}$$

式中　v——压射速度，m/s；

　　　e——齿条节距，m；

　　　b——记录纸的时间坐标线间距，m；

　　　a——脉冲节距，m；

　　　T——记录时间，s。

从上式可见，当测量装置选定以后 eb/T 为一常数，速度仅与 a 的变化有关，根据所测得的不同 a 值，即可求出不同的速度来。这里求得的速度是 T s 内的平均速度，当 T 取得足够小时，v 就可以看做某点的速度。

4.4　压铸机的选用

在实际生产中，并不是每台压铸机都能满足压铸各种产品的需要，而要根据具体情况进行选用。选用压铸机时应考虑下述两个方面的问题：

（1）应考虑压铸件的不同品种和批量。在组织多品种小批量的生产时，一般选用液压系统简单、适应性强和能快速进行调整的压铸机。如果组织的是少品种大量生产时，则应选用配备各种机械化和自动化控制机构的高效率压铸机。对于单一品种大量生产的铸件，可选用专用压铸机。

（2）应考虑压铸件的不同结构和工艺参数。压铸件的外形尺寸、质量、壁厚以及工艺参数的不同，对压铸机的选用有重大影响。

根据锁模力选用压铸机是一种传统的并被广泛采用的方法，压铸机的型号就是以合模力的大小来定义的。

根据能量供求关系（$P\text{-}Q^2$ 图）选用压铸机是一种新的更先进合理的方法。但由于压铸机制造商很少能提供压铸机的 $P\text{-}Q^2$ 图，而压铸机的使用方自行测绘压铸机的 $P\text{-}Q^2$ 图又存在一定的困难，故用 $P\text{-}Q^2$ 图来选用压铸机目前还很少使用。压铸机初选后，还必须对压室容量和开模距离等参数进行校核。

4.4.1　压铸机锁模力大小的选择

锁模力是选用压铸机时首先要确定的参数。压射时，在压射冲头作用下，液态合金以极高的速度充填压铸模的型腔，在充满型腔的瞬间，将产生动力冲击，达到最大的静压力。这一压力将作用到型腔的各个方向，力图使压铸模沿着分型面胀开，故称胀型力或称反压力。锁模力的作用主要是为了克服胀型力，以锁紧模具的分型面，防止金属液的飞溅，保证压铸件的尺寸精度。显然，为了防止压铸模沿着分型面胀开，压铸机的锁模力应不小于总的胀型力之和。

4.4.1.1　模具型腔胀型力中心与压铸机压力中心重合时压铸机锁模力的计算

模具型腔胀型力中心与压铸机压力中心重合时压铸机锁模力可按下式计算：

$$F_s \geqslant K(F_z + F_N)$$

式中　F_s——压铸机锁模力，N；

　　　F_z——作用于模具型腔且垂直于分型面方向上的胀型压力，N；

　　　F_N——作用于滑块楔紧面上的法向反压力，N；

　　　K——安全系数，一般取 K 为 1～1.3。

安全系数 K 与压铸件的复杂程度以及压铸工艺等因素有关，对于薄壁复杂压铸件，由于采用较高的压射速度、压射比压和压铸温度，会使模具分型面受到较大的冲击，因此 K 应取较大值，反之取较小值；一般大件取大值，小件取小值。

型腔的胀型力 F_z 可计算如下：

$$F_z = p(A_1 + A_2 + A_3)$$

式中　　p——最终的压射比压，Pa；

A_1——铸件在分型面上的正投影面积，m^2；

A_2——浇注系统在分型面上的投影面积与压铸件投影面积不重叠部分，m^2；

A_3——溢流槽在分型面上的投影面积，m^2。

A_1、A_2、A_3 之和应小于所选用的压铸机额定投影面积。

压射比压 p 是确保压铸件质量，尤其是致密性的重要参数之一，一般按压铸件的壁厚、复杂程度来选取。常用的压铸合金所选用的压射比压见表3-5。压铸机所允许的压射比压 p_N 可计算如下：

$$p_N = \frac{F}{0.785D^2}$$

式中　　p_N——压铸机所允许的压射比压，Pa；

F——压射力，N；

D——压室直径，m。

在大多数国产压铸机中压射力的大小可以调节，因此在选定某一压室直径后，通过调节压射力来得到所要求的压射比压。

压铸时金属液充满型腔后所产生的反压力，作用于侧向活动型芯的成形端面上，会促使型芯后退，故常与活动型芯相连接的滑块端面采用楔紧块楔紧，此时在楔紧块斜面上产生法向力。在一般情况下，如侧向活动型芯成形面积不大，或压铸机锁模力足够时可不加计算，需要计算时按不同的抽芯机构进行核算。

斜（弯）销侧抽芯机构法向反压力受力情况如图4-25（a）所示，法向反压力 F_N 计算如下：

$$F_N = F_A\tan\alpha = pA\tan\alpha$$

式中　　F_A——抽芯方向（轴向）的作用力，N；

p——压射比压，Pa；

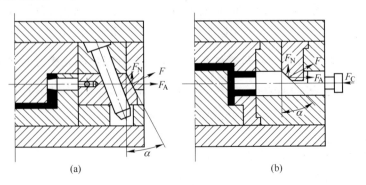

图4-25　法向反压力分析

（a）斜销侧抽芯机构；（b）液压侧抽芯机构

α——楔紧块楔紧角，rad；

A——活动型芯成形端面在垂直于型芯活动方向平面上的投影面积总和，m^2。

液压抽芯机构法向反压力受力情况如图 4-25（b）所示，法向反压力 F_N 计算如下：

$$F_N = (pA - F_C)\tan\alpha = (pA - 0.785D_C^2 p_g)\tan\alpha$$

式中　　F_C——液压抽芯器的抽心力，N；

　　　　D_C——液压抽芯器的活塞直径，m；

　　　　p_g——压铸机液压管路压力，Pa。

为了简化选用压铸机时的计算，在已知模具分型面上铸件的总投影面积 A 和选用的压射比压 p 后，国产压铸机可以从图 4-26 中直接查到所选用的压铸机型号和压室直径。图中曲线按 $K=1$、$F_N=0$ 时的比压与投影面积对应关系绘出，图中纵坐标为压射比压 p，横坐标为模具分型面上铸件的总投影面积 A，斜线为相对应的国产压铸机型号，斜线上的各点为该型号压铸机所具有的压室直径（单位为 mm）。

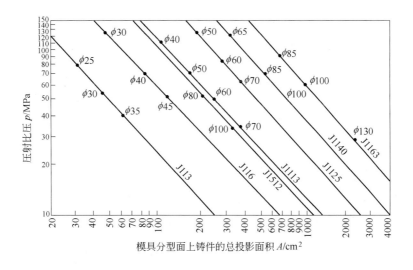

图 4-26　国产压铸机压射比压、投影面积对照图（$K=1$）

根据图 4-26 查找或选用压铸机型号或规格的方法有：

（1）已知某一型号的压铸机，查出该机压室直径的规格、压射比压及相应能承受压铸时的总投影面积。如选用 J1113 型压铸机，在图上找到了 J1113 型号压铸机的斜线，得出压室内径有 ϕ40mm、ϕ50mm、ϕ60mm、ϕ70mm 四种，并分别在纵横坐标上可查得：ϕ40mm 的压室，其压射比压为 110MPa 时能承受压铸时总投影面积为 $0.011mm^2$；ϕ50mm 的压室，其压射比压为 70MPa 时能承受压铸时总投影面积为 $0.017m^2$；ϕ60mm 的压室，其压射比压为 50MPa 时能承受压铸时总投影面积为 $0.025m^2$；ϕ70mm 的压室，其压射比压为 34MPa 时能承受压铸时总投影面积为 $0.036m^2$。

（2）已知压铸件的总投影面积及确定压射比压后，选用压铸机型号。如生产某一锌合金压铸件，在分型面上总投影面积 A 为 $0.044m^2$，选用的压射比压 p 为 50MPa，试确定压铸机的型号和规格。

按图 4-26 取横坐标 $0.044m^2$ 向上引垂线交于坐标 50MPa 的水平线于一点，该点位置介于 J1113 型和 J1125 型两种型号压铸机之间，压室直径可取 ϕ60mm 或 ϕ70mm。当 $K=1$，$F_N=0$

时，计算压铸机的锁模力：

$$F_s = F_z = pA = 50 \times 10^3 \times 0.044 = 2200kN$$

查 J1113 型压铸机规格，锁模力最大不应超过 1250kN，因锁模力数据过小不能选用。J1125 型压铸机锁模力为 2500kN，略大于 2200kN，但因规格中压室最大直径为 $\phi70mm$，相应的压射比压为 64.8MPa，大于预算的 50MPa，故应复核锁模力。当 $K=1$，$F_N=0$ 时得：

$$F_s = F_z = pA = 64.8 \times 10^3 \times 0.044 = 2850kN$$

经复核得出的压铸机锁模力为 2850kN，大于 J1125 型压铸机的锁模力 2500kN。但由于 J1125 型压铸机的压射力可在 140~250kN 之间无级调整，若将压射力由 250kN 调到 195kN 或 220kN 时，压射比压相应地减为 50MPa 或 57MPa，锁模力在 2200~2500kN 范围内，故可按上述调整后的压射力选用 J1125 型压铸机，压室直径选 $\phi70mm$。

若 J1125 型压铸机的压射力为不可调整时，须特殊制造专用压室，将压室直径加大，以减少压射比压至 50MPa，或另选用锁模力大于 J1125 型的压铸机。

4.4.1.2　胀型力中心偏离压铸机的压力中心时锁模力的计算

当型腔的总胀型力中心布置在偏离压铸机的压力中心时（见图4-27），所需的锁模力计算如下：

$$L_1 F_s \geq 1.25(L_1 + e)F_z = 1.25L_2 F_z$$

式中　F_s——压铸机锁模力；

　　　　F_z——压铸时胀型力的总和；

　　　　e——型腔胀型力合力作用中心偏离压铸机压力中心的距离；

　　　　L_1——模具边缘至压铸机中心的距离；

　　　　L_2——模具边缘至型腔胀型力合力作用中心的距离。

克服受力不平衡的几点措施是：

（1）为了不因偏置型腔的原因而选用锁模力过大的压铸机，在立式冷压室压铸机上可采用上偏心喷嘴压室，即喷嘴中心位置向上偏离压铸机压力中心一定距离（见图4-28），使偏置型腔金属液胀型力作用的合力中心与压铸机压力中心的力矩减小，以达到型腔胀型力中心与压铸机锁模力中心相接近，使作用于胀型力的锁模力减小，以利于选用锁模力较小的压铸机。

（2）对于卧式冷压室压铸机因浇注位置有两挡或可调，设计模具时反压力中心应尽量靠

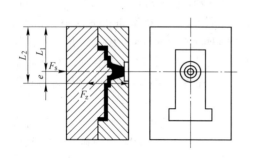

图 4-27　型腔胀型力中心偏离压铸机压力
中心时受力示意图

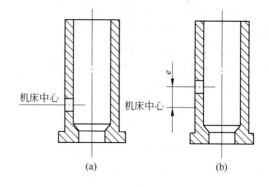

图 4-28　立式压铸机上偏心喷嘴压室示意图
（a）喷嘴与压铸机压力中心重合；
（b）喷嘴与压铸机压力中心不重合（上偏离 e）

近压铸机压力中心。

（3）若上述两点还不能平衡时，可采用加大模具产生偏心力矩一侧的边框尺寸的方法来平衡（见图4-28）。

4.4.2　压铸机压室容量的选择

压铸机初步选定后，压射比压和压室直径的尺寸相应地得到确定，因而压室可容纳的金属液的质量也为定值，为此需要核算压室容量能否容纳每次浇注时所需要的金属液质量。所需要的金属液量应包括铸件、浇注系统、溢流槽及余料等全部的金属液量，同时应考虑压室的充满度。全部的金属液量不应超过压铸机压室的额定容量，但也不能过低，因充满度过低将影响压铸机的效率。压室充满度对于卧式压铸机的生产有着实际的重要意义，由于压室充满度低还会增加液态金属中卷入的空气量以及液态金属在压室内的冷却程度，因此，压室充满度应大于60%。一般要求充满度保持在70%～80%范围内为合理，必要时可按下式进行核算：

$$(V_1 + V_2 + V_3)/V \times 100\% = 70\% \sim 80\%$$

式中　V——压铸机的压室和浇口套的容量之和，cm^3；

　　　V_1——压铸件的体积，cm^3；

　　　V_2——浇注系统及溢流槽的容积，cm^3；

　　　V_3——余料部分所占容积，cm^3。

4.4.3　开模行程的校核

每一台压铸机都具有最小合模距离 L_{min} 和最大开模距离 L 两个尺寸，因此在模具设计过程中应根据压铸件的高度、压铸模的厚度和所选用的压铸机进行核算。具体介绍如下：

（1）压铸机合模后能严密地锁紧模具分型面，因此要求模具的总厚度应大于压铸机的最小合模距离（见图4-29）：

$$H = H_1 + H_2 > L_{min} + h$$

式中　H——合模后模具的总厚度（包括通用模座厚度及垫板厚度尺寸），mm；

　　　H_1——定模厚度，mm；

　　　H_2——动模厚度，mm；

　　　L_{min}——压铸机最小合模距离，mm；

　　　h——安全值，一般取20mm。

（2）压铸机开模后要求压铸件能顺利取出，因此要求压铸机的最大开模距离减去模具总厚度后留有能取出铸件的距离（见图4-29）：

$$L_K = L_{max} - H = L_{max} - (H_1 + H_2)$$

式中　L_K——开模后取出压铸件（包括浇注系统）的最小距离（L_K 应视模具结构及压铸件尺寸而定），mm；

　　　L_{max}——最大开模距离，mm。

4.4.4　模具安装尺寸的校核

模具安装尺寸的校核在压铸模设计过程中。模具的安装尺寸与压铸机的关系应按下列要求

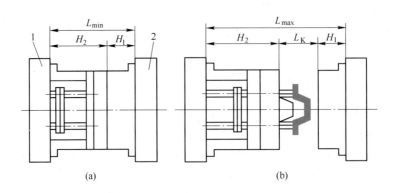

图 4-29   压铸模开模行程校核
1—压铸机移动模板；2—压铸机固定模板

进行校核：

（1）压铸模的外形尺寸应符合压铸机安装尺寸的要求，即模具的宽度尺寸要小于压铸机的拉杆导柱内间距（水平/垂直）尺寸。

（2）压铸模的动、定模座板外形尺寸应符合压铸机的安装与固定的要求，即要保证压紧螺栓有可靠的压紧位置。

（3）压铸模有液压或斜销抽芯机构时，这些机构不能和压铸机的拉杆导柱有干涉。

（4）压铸模的压射孔应符合压铸机压室或喷嘴的安装位置及配合尺寸的要求。

压铸机上压铸模安装尺寸如图 4-30 所示。

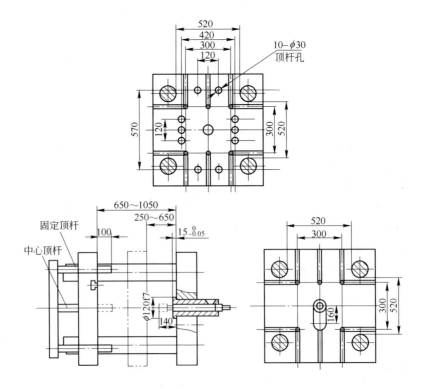

图 4-30   J1125D 型压铸机上压铸模的相关安装尺寸

4.5 压铸机的维修

压铸机的维修主要有三个部分：机械部分、液压部分和电气部分。

4.5.1 生产前的检查

每日检查：

（1）泵工作是否正常，油位、油温、油箱盖是否密封。

（2）液压系统漏油情况，上紧松动的接头与螺钉。

（3）拉杠螺母松动情况。

（4）润滑系统工作情况（每班开始前）。

（5）安全装置、行程开关的固定情况和动作情况。

（6）储能器氮气压力、液压系统各压力控制阀的动作情况。

（7）机器动作是否正常。

每周检查：

（1）清除油箱上、导轨、拉杠及曲拐等处脏物。

（2）所有电磁阀线圈的固定情况。

（3）油位。

（4）液压系统工作情况。

（5）储能器漏气、漏油情况。

（6）安全件检查。

每月检查：

（1）清洗泵及过滤器（吸油），更换滤芯。

（2）泵及吸油管、轴的密封情况。

（3）动模板拉杠导套与拉杠间隙，调整托板高低。

（4）合型机构受力均匀情况。

（5）全部电器元件上紧后的松动情况。

（6）润滑液压泵及系统的情况。

（7）压力表精度校对。

每半年检查：

（1）机器安装水平变动件。

（2）液压泵及液压管路、液压件工作性能情况。

（3）清洗滤油器、冷却器。

（4）储能器漏油、漏气情况。

（5）润滑系统工作状态。

（6）拉杠、导轨磨损情况。

机器第一次运转时加入的液压油在使用 500h 后，应更换新油并清洗油箱，以后每 3000h 换一次油，清洗油箱一次。

为了保证合型部分（主要指曲肘合型）均匀受力，要定期校正拉杠的受力状态，每根拉杠受力不应超过理论数值的 5%。对大于 1000t 的压铸机，每 3 年校正一次；小于 1000t 的则每 5 年校正一次；储能器至少每 10 年要进行一次水压试验。

机器包装箱用滚杠斜坡卸车时，斜坡不应低于 55°，滚杠直径应在 50~70mm 以下，不允许侧放、翻转和过度倾斜。开箱时，要先开顶盖；吊运时必须保持机器的重心稳定，不得有滑移、翻转等现象。起吊点应选在使用说明书规定的地方或保证不损伤机器结构、精度的地方。吊具和吊索等不应损坏机件，允许接触的部位应垫以软垫保护。

4.5.2　压铸机常见故障的排除

压铸机故障的主要起因是电气和液压系统失灵。由于机械部分损伤而造成的故障较容易判断和处理。压铸机在工作过程中一旦出现故障先兆，操作者应引起高度的重视，并冷静观察，判断故障所发生的部位及可能的原因，确定出可行的检修方法。必须提醒操作者，应按公司制定的"工作程序"进行操作，不要违章操作，以免造成更大的事故。处理机器故障，无论冷室压铸机还是热室压铸机均可按以下步骤进行：

（1）通过看、听、测试，判断故障的症状及位置。

（2）分析造成故障可能的原因。

（3）查阅设备运行记录和故障档案。

（4）确定相应的处理方法和工作步骤。

（5）动手检修。

4.5.2.1　油泵不能启动

检查及分析：按油泵启动按钮，观察马达继电器是否吸合：

（1）若继电器无吸合，则检查：

1）马达热继电器是否动作或损坏。

2）电源电路是否正确（用万用表检查）。

3）启动和停止按钮触点是否正常，控制线路是否断路。

4）继电器线圈是否损坏（用万用表检查）。

（2）若按油泵启动按钮后继电器有吸合，则检查：

1）油泵是否损坏卡死。

2）继电器至马达的线路是否正常。

3）油泵是否损坏或装配过紧。用手拨动联轴器应轻松，轴向移动联轴器应有 3～5mm 的间隙为合适。

4.5.2.2　按油泵启动按钮，热继电器跳闸

检查及分析：按油泵启动按钮，热继电器跳闸。这与电流、负载及三相阻值是否对称等有关：

（1）马达热继电器损坏或整定电流过小。

（2）电压过低致使电流增大或三相电压不平衡。

（3）马达三相绕组阻值不平衡。

（4）总压或双泵压力调节过高，致使机器超负荷运转而跳闸。

（5）油泵损坏或装配过紧，使马达超负荷运转而跳闸。

4.5.2.3　无总压

检查及分析：油泵启动后，按起压按钮，首先观察压力和流量指示电流表有无示值，以确定比例压力阀（比例溢流阀）电磁线圈有无电流，区分是电气还是液压故障。

（1）若有电流输出，则检查：

1）油泵是否反转（人面对油泵轴方向，顺时针转动为正转）。

2）检查溢流阀，看是否调节不当或是卡死。

3）检查截止阀是否关闭。

4）比例溢流阀的节流阀是否丢失或松脱。

（2）若无电流输出则检查：

1）整流板是否正常，压力比例放大板是否调节不当或损坏。

2）观察电脑是否工作正常，用手按起压按钮，看电脑上相应点有无输入，总压点有无输出，如果无输入，则检查起压按钮至电脑间线路是否正常，若有输入而总压点无输出则电脑故障或后门未关等条件不满足。

3）检查电比例板输出至油阀之间线路是否正常，电比例线圈是否正常。

4）检查压力拨码是否正常。

4.5.2.4 无自动

如果手动动作都正常，而无自动动作，则应检查安全门限位开关是否正常，有关动作是否回到原点（依据机器使用说明书的要求）。例如力劲卧式冷室压铸机，在进行自动动作前应满足如下条件：安全门输入信号点亮；自动输入信号点亮；锁模输入信号点亮；顶针回限输入信号点亮，回锤到位点亮。如果手动动作不正常，应先检查并排除。

4.5.2.5 不能调模

检查与分析：选择调模方式进行操作，机器无法实现调模运动，应检查如下内容：

（1）调模运动的条件是否达到。

（2）调模压力值是否设定太低。

（3）手动操作方式是否正确。

（4）以上内容检查如果没有问题，则检查如下内容：1）调模液压马达是否卡住或调模电动机是否损坏。2）调模液压阀阀芯是否卡住。3）调模机构各传动副之间是否磨损或卡住。

4.5.2.6 全机无动作

检查及分析：启动油泵后，全机手动、自动均无动作，手按起压按钮（压力、流量已设定参数）看是否有压力：

（1）若无压力，则检查：

1）整流板是否损坏或保险管烧坏。

2）板输入输出是否正常。

3）检查比例溢流阀是否调节适当或损坏、卡死。

4）电脑工作是否正常。

5）压力拨码是否损坏，线路是否正常，或压力流量设定是否过小。

（2）若有压力，则检查：

1）14路放大板是否正常。

2）所有油阀线接线是否正常。

4.5.2.7　不锁模

检查及分析：关好安全门，按动锁模按钮（如装有模具则应选择慢速，以免撞坏模具），观察电气箱面板上锁模指示灯是否亮或主电脑有无锁模信号输出：

（1）若无信号输出，则检查：

1）是否有信号输入，无信号输入则检查外线路。

2）顶针是否回位，顶针不回位不能锁模。

3）锁模到位确认限位开关是否损坏。

4）若锁模条件均满足而无锁模信号输出则是电脑损坏。

（2）电脑有信号输出，但是仍然不锁模，则检查：

1）锁模压力是否正常（按锁模按钮观察压力表上的压力值）。

2）14 路放大板是否正常（工作时其输入、输出灯同时亮）。

3）常慢速阀是否调节不当或损坏，开锁模阀是否调节不当或损坏。

4）检查电气箱锁模输出至油阀线路连接是否正常，锁模电磁阀线圈是否正常。

5）锁模油缸是否损坏。

4.5.2.8　无低压锁模

检查及分析：观察电气箱面板上低压锁模指示灯是否亮：

（1）灯不亮，则检查低压锁模感应开关，看能否感应到或已损坏。

（2）如灯亮，则检查低压拨码是否调节好或损坏。

4.5.2.9　无高压锁模

检查及分析：如果锁模运动到高压感应开关时无高压，应检查高压感应开关是否损坏或感应到，总压设定过低也没有高压锁模。

4.5.2.10　无常速锁模

检查及分析：观察电脑有无常速输入、输出。

（1）电脑无常速输入，则检查外部常速选择旋钮至电脑的线路是否正常。

（2）电脑有输入、无输出，则为电脑故障。

（3）电脑有输入、输出则检查：14 路放大板工作是否正常；14 路放大板至油阀线路是否正常；油阀线圈是否损坏。

（4）常速液压阀阀芯被异物卡住或常速流量过小。

4.5.2.11　不开模

检查及分析：首先应观察主电气箱面板上开模指示灯是否亮，主电脑是否有输入、输出。

（1）无信号输出，检查项目：

1）开模到位感应开关是否正常。

2）手动时，电脑上开模信号灯应亮，否则应检查开模按钮至电脑间的接线是否正常，如正常则电脑有故障。

3）自动时，如果自动选择旋钮线路接触不良（打料时振动有可能造成自动信号断路），可能导致不能完成一个动作循环。

（2）若电脑工作正常（有输入、输出），则检查：

1）14 路放大板是否工作正常。

2）14 路放大板至油阀线路是否正常，油阀线圈是否损坏。

3）开模阀芯是否被异物卡住。

4）开模压力是否不正常（观察压力表）。

5）活塞杆与十字头的固定螺母是否松脱。

6）锁紧模后突然停电，时间长也有可能打不开模，此时应将总压设至最大，选择快速开模，按住起压按钮，再点动开模按钮做开模运动。

7）检查锁开模油缸是否有泄漏。

4.5.2.12 无压射动作（不打料）

检查及分析：手动操作冲头运动正常，但自动时没有压射动作，则检查以下各项（热室压铸机应拆下锤头检查）：

（1）手动、自动选择旋钮是否正常。

（2）锁模终止感应开关与锁模确认限位开关没有配合好，锁模终止感应开关感应到，但锁模终止确认限位开关没有压住，或限位开关损坏。

（3）射料终止感应开关损坏（热室压铸机没有此项）。

（4）压射一速、回锤油阀是否有电信号，阀芯是否动作。

（5）射料时间过短或一速调节过慢。

（6）射料油缸损坏。

（7）液压系统无压力。

（8）扣前是否到位（冷室压铸机没有此项）。

4.5.2.13 无二速压射运动

检查及分析：手动操作冲头动作正常，自动操作时无二速压射运动。首先应观察电脑有无二速压射信号输入，自动时有无二速信号输出（热室压铸机应拆下锤头检查）。

（1）无信号输入，检查项目：

1）检查二速感应开关是否正常。

2）射料时间是否设定合适。

3）一速运动是否正常。

（2）电脑有信号输入、输出，检查项目：

1）14 路放大板是否有输入及输出至油阀。

2）油阀线圈是否正常。

3）二速控制阀是否正常，二速插装阀是否正常。

4）一速行程过长，二速已没有行程。

4.5.2.14 压射无力

检查及分析：先查看有无二速信号及压射是否有二速，无二速则见二速故障分析，有二速则检查如下项目：

（1）一、二速调节是否合乎要求，二速流量调节是否能正常打开二速流量阀。

（2）快压射蓄能器氮气压力是否在要求范围内。

（3）压射压力设定是否过小。

4.5.2.15 压射掉压

检查及分析：冲头在压射时压力骤降，则检查：

（1）压射油缸、减压阀、插装阀是否内泄。

（2）截止阀是否拧紧。

（3）是否有氮气，氮气压力不足或氮气压力过高。

（4）蓄能器有故障。

4.5.2.16 熔炉温度不能控制

检查及分析：熔炉加温一段时间后，其温度表指针不动。原因如下：

（1）探热针线路接反、松动或探热针损坏。

（2）温度表损坏。

4.5.2.17 报警

检查及分析：如果机器在手动或自动操作时出现报警情况，即电气箱报警灯闪烁，同时在电气箱上的扬声器发出嗡鸣声，可能由如下因素引起（当机器有故障显示功能时，可以直接根据显示屏上所显示的故障位置进行处理）：

（1）开锁模限位报警。开模终止、锁模终止、感应开关或锁模终止确认限位开关有异物阻挡。

（2）锁模保护异常报警。自动生产时，低压锁模保护时间到，而锁模动作未完成。

（3）电脑电池的电压太低。PLC 的 CPU 程序电池电压过低，必须尽快更换电池，避免程序丢失。

（4）曲肘润滑报警。曲肘润滑油压达不到设定压力。

（5）顶针限位报警。顶针出限和顶针回限同时被异物阻挡。

（6）抽芯限位报警。抽芯行程前后限位开关同时为"ON"；或未选择抽芯，抽芯入限为"ON"。

（7）电动机过载报警。电动机过载，同时电动机停止转动。

（8）调模限位报警。模薄、模厚限位开关为"OFF"。

4.5.2.18 不顶针

检查及分析：顶出油缸不能实现顶针动作，应先观察电气箱面板上顶针工作指示灯是否亮或电脑有无信号输出。

（1）若指示灯不亮或电脑无信号输出，则检查：

1）是否开模到位。

2）若装有抽芯，抽芯是否出限到位。

3）顶针限位开关是否损坏。

（2）若电脑有信号输出，则检查：

1）顶针压力是否正常（观察压力表）。

2）14 路放大板是否正常（观察 14 路放大板上顶针输出指示灯是否亮）。

3）14 路放大板至液压阀的线路是否开路，油阀线圈是否正常。

4）顶针油阀是否正常，顶针油缸是否有内泄现象。

5）模具顶针被卡住，顶针顶不出。

4.5.2.19　电脑故障

检查及分析：观察电脑 PLC 上各指示灯，进行如下分析：

（1）POW 电源指示灯不亮，表示无电源供给；亮绿灯表示正常。

（2）ALM 亮红灯，表示 CPU 工作不正常；灯不亮表示正常。

（3）BAT 亮红灯，电脑电池失效；亮黄灯，电脑电池电量不够；灯不亮表示正常。

（4）RUN 亮绿灯，表示 CPU 工作正常；灯不亮，表示 CPU 工作不正常。

4.5.2.20　液压系统油温过高

检查与分析：机器连续工作一段时间后，液压系统油温过高（正常油温为 15 ~ 55℃），应检查如下项目：

（1）冷却水进水量不够，要求进水量符合要求。

（2）冷却器内积垢太多未能按要求清理。

（3）油箱液压油储存量低于最低油位线。

（4）液压系统有内泄现象。

（5）冷却器进出水接反，冷却效果差。

4.5.2.21　油缸的泄漏

泄漏是油缸产生各种故障的原因之一。油缸的泄漏包括外泄漏与内泄漏两种情况。外泄漏是指油缸缸筒与缸盖、缸底、油口、排气阀、缓冲调节阀、缸盖与活塞杆处等外部的泄漏，它可以从外部直接观察到。内泄漏是指油缸内部高压腔的压力油向低压腔渗漏，它发生在活塞与缸内壁、活塞内孔与活塞杆连接处。内泄漏不能直接观察到，需要从单方面通入压力油，将活塞停在某一点或终端以后，观察另一油口是否漏油，以确定是否有内部泄漏。

不论是外泄漏还是内泄漏，其泄漏原因主要是密封不良、连接处结合不良造成；另外还有缸筒受压膨胀产生内泄漏，有焊接结构的油缸焊接不良产生外泄漏。

复习思考题

4-1　简述压铸机的基本功能。

4-2　简述压铸机分类与特点。

4-3　热室压铸机与冷室压铸机有何特点与区别？

4-4　压铸机的型号是怎样规定的？

4-5　压铸机的技术参数包括哪些？

4-6　简述压铸机的基本结构。

4-7　简述压铸机合模机构的类型与各自的特点。

4-8　简述压铸机机构的压射过程。

4-9　简述压铸机顶出机构的工作过程。

4-10　简述回转臂自动浇注勺的工作过程与特点。

4-11　简述自动喷涂装置的工作过程。

4-12　简述压力与速度参数的测量方法。

4-13　简述压铸机的选用，请举例说明。

4-14　简述压铸生产前的检查。

4-15　简述压铸机的常见故障与排除。

5 压铸件的结构工艺性

5.1 压铸件的技术条件

5.1.1 表面质量与形状位置要求

压铸件的表面粗糙度取决于压铸模成形零件型腔表面的粗糙度,通常压铸件的表面粗糙度比模具相应成形表面的粗糙度高两级。若是新模具,压铸件的表面粗糙度应达到 GB 1031—1983 的 R_a 为 $2.5 \sim 0.63 \mu m$,要求高的可达到 R_a 为 $0.32 \mu m$。随着模具使用次数的增加,压铸件的表面粗糙度逐渐增大。

压铸件的表面形状和位置主要由压铸模的成形表面决定,而压铸模成形表面的形位公差精度较高,所以对压铸件的表面形位公差一般不另行规定,其公差值包括在有关尺寸的公差范围内。对于直接用于装配的表面,类似机械加工零件,在图中注明表面形状和位置公差。

对于镁合金压铸件而言,变形是一个不可忽视的问题,参照 GB /T 25747—2010,镁合金压铸件整形前和整形后的镁合金的平面度公差按表 5-1 选取,镁合金的同轴度和对称度公差按表 5-2 选取,镁合金的平行度、垂直度和端面跳动公差按表 5-3 选取。

表 5-1 镁合金压铸件平面度公差 (mm)

被测量部位尺寸	铸 态	整形后
	分 差 值	
≤25	0.20	0.10
>25 ~63	0.30	0.15
>63 ~100	0.40	0.20
>100 ~160	0.55	0.25
>160 ~250	0.80	0.30
>250 ~400	1.10	0.40
>400 ~630	1.50	0.50
>630	2.00	0.70

表 5-2 镁合金压铸件同轴度和对称度公差 (mm)

被测量部位在测量方向上的尺寸	被测量部位和基准部位在同一半模内			被测量部位和基准部位不在同一半模内		
	两个部位都不动的	两个部位中有一个动的	两个部位都动的	两个部位都不动的	两个部位中有一个动的	两个部位都动的
	公 差 值					
≤30	0.15	0.30	0.35	0.30	0.35	0.50
>30 ~50	0.25	0.40	0.50	0.40	0.50	0.70
>50 ~120	0.35	0.55	0.70	0.55	0.70	0.85
>120 ~250	0.55	0.80	1.00	0.80	1.00	1.20
>250 ~500	0.80	1.20	1.40	1.20	1.40	1.60
>500 ~800	1.20	—	—	1.60	—	—

注:不包括压铸件与镶嵌件有关部位的位置公差。

表 5-3　镁合金的平行度、垂直度和端面跳动公差　　　　　　　　　（mm）

被测量部位在测量方向上的尺寸	被测部位和基准部位在同一半模内			被测部位和基准部位不在同一半模内		
	两个部位都不动的	两个部位中有一个动的	两个部位都动的	两个部位都不动的	两个部位中有一个动的	两个部位都动的
	公　差　值					
≤25	0.10	0.15	0.20	0.15	0.20	0.30
>25 ~ 63	0.15	0.20	0.30	0.20	0.30	0.40
>63 ~ 100	0.20	0.30	0.40	0.30	0.40	0.60
>100 ~ 160	0.30	0.40	0.60	0.40	0.60	0.80
>160 ~ 250	0.40	0.60	0.80	0.60	0.80	1.00
>250 ~ 400	0.60	0.80	1.00	0.80	1.00	1.20
>400 ~ 630	0.80	1.00	1.20	1.00	1.20	1.40
>630	1.00	—	—	1.20	—	—

5.1.2　压铸件的尺寸精度

尺寸精度是压铸件结构工艺性的关键特征之一，它影响到压铸模的设计、压铸工艺的选择和压铸模的制造，从而关系到压铸件的质量与成本。

5.1.2.1　影响压铸件尺寸精度的因素

影响压铸件尺寸精度的因素有：

（1）压铸模成形零件的制造误差。模具成形零件的制造精度是影响压铸件尺寸精度的重要因素之一。制造精度越低，压铸件的尺寸精度也越低。一般压铸模成形零件工作尺寸的制造公差取压铸件公差的 1/3 ~ 1/4，组合式型腔或型芯的制造公差应根据尺寸链来确定。

（2）压铸合金收缩率引起的误差。压铸成形后的收缩变化与压铸件的合金种类、压铸件的形状、尺寸、壁厚、压铸的工艺条件及模具的结构等因素有关，所以准确确定收缩率是困难的。实际的收缩率与计算的收缩率会有一定的误差。

（3）压铸模使用过程中的磨损引起的误差。在压铸生产过程中，由于受到高速充填型腔的金属液的冲刷、脱模时压铸件与模具的摩擦以及成形过程中造成零件粗糙度值的提高需要重新打磨抛光等原因，均会使压铸件的尺寸发生变化。磨损后，型腔的尺寸会变大，型芯的尺寸会变小。

（4）压铸模安装和配合引起的误差。成形零件的装配引起的误差以及活动成形零件的配合间隙变化都会使压铸件的尺寸发生变化。

（5）压铸件在模具中所处不同位置引起的误差。由于成形压力有使模具分型面胀开的趋势，凡是与分型面位置有关的合模方向尺寸均会受到增大的影响，同样，与活动型芯有关的模具尺寸，也会影响相应压铸件的尺寸精度。

（6）压铸工艺参数的变化引起的误差。压铸工艺参数包括金属液温度、模温、浇注温度、压射比压、压射速度、保压压力和保压时间等，它们的变化会引起压铸件的尺寸偏差。

在上述诸多因素中，模具的制造精度和压铸件收缩率的偏差是主要的影响因素，对于小尺寸，前者起主要作用；对于大尺寸，后者起主要作用。

5.1.2.2 压铸件的尺寸公差

国家标准 GB 6414—1986《铸件尺寸公差》中规定了压力铸造生产的各种铸造合金压铸件的尺寸公差，见表5-4。

表5-4 压铸件的尺寸公差

铸件基本尺寸/mm		公差等级/μm						
大于	至	CT3	CT4	CT5	CT6	CT7	CT8	CT9
—	3	0.14	0.20	0.28	0.40	0.56	0.80	1.2
3	6	0.16	0.24	0.32	0.48	0.64	0.90	1.3
6	10	0.18	0.26	0.36	0.52	0.74	1.0	1.5
10	16	0.20	0.28	0.38	0.54	0.78	1.1	1.6
16	25	0.22	0.30	0.42	0.58	0.82	1.2	1.7
25	40	0.24	0.32	0.46	0.64	0.90	1.3	1.8
40	63	0.26	0.36	0.50	0.70	1.0	1.4	2.0
63	100	0.28	0.40	0.56	0.78	1.1	1.6	2.2
100	160	0.30	0.44	0.62	0.88	1.2	1.8	2.5
160	250	0.34	0.50	0.70	1.0	1.4	2.0	2.8
250	400	0.40	0.56	0.78	1.1	1.6	2.2	3.2
400	630	—	0.64	0.90	1.2	1.8	2.6	3.6
630	1000	—	—	1.0	1.4	2.0	2.8	4.0
1000	1600	—	—	—	1.6	2.2	3.2	4.6

注：1. 对铝、镁合金压铸件选取 CT5 ~ CT7；

    2. 对锌合金压铸件选取 CT4 ~ CT6；

    3. 对铜合金压铸件选取 CT6 ~ CT8。

根据尺寸确定出公差值后，尺寸偏差可按以下原则：待加工的尺寸，孔取负值，轴取正值，或孔与轴区双向偏差，但其值取公差值的1/2。不加工的配合尺寸，孔取正值，轴取负值。非配合尺寸，根据压铸件的结构情况其公差可取单向，也可取双向，当取双向时其值取公差值的1/2。

压铸件上一些分型面或压铸模活动成形零件影响的尺寸，确定它们的公差时，在表5-4中查取的公差等级得到的公差值的基础上，还应加上一附加公差值。附加公差值按表5-5选取。附加公差值是增量还是减量，取决于该尺寸所处的部位。

表5-5 长度尺寸受分型面或活动成形零件影响时的附加公差值 （mm）

受分型面影响时的附加公差值				受活动成形零件影响时的附加公差值			
压铸件在分型面上的投影面积/cm²	附加公差值			压铸模活动部位的投影面积/cm²	附加公差值		
	锌合金	铝合金	铜合金		锌合金	铝合金	铜合金
≤150	0.08	0.10	0.10	≤30	0.10	0.15	0.25
>150 ~ 300	0.10	0.15	0.15	>30 ~ 100	0.15	0.20	0.35
>300 ~ 600	0.15	0.20	0.20	>100	0.20	0.30	—
>600 ~ 1200	0.20	0.30	—				

注：1. 一模多腔时，压铸模分型面上的投影面积为各压铸件投影面积之和。

    2. 附加公差取正值还是取负值取决于该尺寸所处部位。

5.1.2.3　厚度尺寸

壁厚、肋厚、法兰或凸缘厚度等尺寸按表5-6选取。

表5-6　厚度尺寸公差　　　　　　　　　　（mm）

压铸件的厚度尺寸	<1	>1 ~ 3	>3 ~ 6	>6 ~ 10
不受分型面和活动成形零件的影响	±0.15	±0.20	±0.30	±0.40
受分型面和活动成形零件的影响	±0.25	±0.30	±0.40	±0.50

5.1.2.4　圆角半径尺寸

圆角半径尺寸公差按表5-7选取。

表5-7　圆角半径尺寸公差　　　　　　　　　　（mm）

圆角半径	≤3	>3 ~ 6	>6 ~ 10	>10 ~ 18	>18 ~ 30	>30 ~ 50	>50 ~ 80
公　差	±0.3	±0.4	±0.5	±0.7	±0.9	±1.2	±1.5

5.1.2.5　角度

压铸件上的角度公差是由设计要求和工艺能达到的程度共同决定的，对于一般要求的角度公差可按表5-8选取。

表5-8　压铸件的一般要求的角度公差

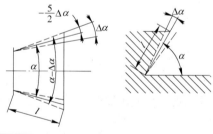

精度等级	锥体母线长度或角度短边的长度/mm												
	约3或≤3	>3 ~ 6	>6 ~ 10	>10 ~ 18	>18 ~ 30	>30 ~ 50	>50 ~ 80	>80 ~ 120	>120 ~ 180	>180 ~ 260	>260 ~ 360	>360 ~ 500	>500
	偏　差												
2	±2°30′	±2°	±1°30′	±1°15′	±1°	±50′	±40′	±30′	±25′	±20′	±15′	±12′	±10′
3	±4°	±3°	±2°30′	±2°	±1°30′	±1°15′	±1°	±50′	±40′	±30′	±25′	±20′	±15′

注：角度公差共分1~5个等级，此表只列出2、3两个，一般压铸件按3级选用，特殊情况选用2级。

5.1.2.6　孔中心距尺寸

孔中心距尺寸公差按表5-9选取。若受模具分型面或活动成形零件影响，在基本尺寸公差上再加上附加公差。

表 5-9　孔中心距尺寸公差　　　　　　　　　　　（mm）

基本尺寸		约18或≤18	>18~30	>30~50	>50~80	>80~120	>120~160	>160~210	>210~260	>260~310	>310~360
铸件材料	锌合金铝合金	0.10	0.12	0.15	0.23	0.30	0.35	0.40	0.48	0.56	0.65
	镁合金铜合金	0.16	0.20	0.25	0.35	0.48	0.60	0.78	0.92	1.08	1.25

5.1.2.7　机械加工余量的确定

当压铸件某些部位由于尺寸精度或形位公差达不到设计要求时，可在这些部位适当留取加工余量，然后再用后续的机械加工来达到其设计要求。由于压铸件的表面层因激冷作用而形成致密层，而其内部组织相对表面层比较疏松，同时在表面层附近常有气孔和针孔存在，因此压铸件的机械加工余量越少越好。切削加工余量的大小见表 5-10，铰孔余量见表 5-11。

表 5-10　切削加工余量　　　　　　　　　　（mm）

基本尺寸	≤30	>30~50	>50~80	>80~120	>120~180	>180~260	>260~360	>360~500
单面余量	0.3	0.4	0.5	0.6	0.7	0.8	1.0	1.2

表 5-11　铰孔余量　　　　　　　　　　（mm）

图　例	孔径 D	加工余量 δ
	≤6	0.05
	>6~10	0.10
	>10~18	0.15
	>18~30	0.20
	>30~50	0.25
	>50~80	0.30

5.2　压铸件的结构单元设计

5.2.1　壁厚

压铸成形的显著特点之一是能铸出薄壁压铸件，从而可以减少材料，同时也减轻了零件的质量，而且薄壁压铸件比厚壁压铸件具有更高的抗拉强度和致密性。因此在保证压铸件有足够强度和刚度的条件下，压铸件应设计成薄壁件。另外，如果压铸件壁厚不均匀度较大，则晚凝固的厚壁处会因保压时补缩困难而出现缩痕，因而压铸件壁厚应尽量均匀。同一压铸件上，最大壁厚与最小壁厚之比不要大于 3∶1。压铸件最小壁厚和推荐壁厚的尺寸见表 5-12。

表 5-12　压铸件最小壁厚和推荐壁厚

压铸件壁厚处的面积 /cm²	壁厚/mm							
	锌合金		铝合金		镁合金		铜合金	
	最小	推荐	最小	推荐	最小	推荐	最小	推荐
约 25	0.5	1.5	0.8	2	0.8	2	0.8	1.5
>25 ~ 100	1	1.8	1.2	2.5	1.2	2.5	1.5	2
>100 ~ 500	1.5	2.2	1.8	3	1.8	3	2	2.5
>500	2	2.5	2.5	3.5	2.5	3.5	2.5	3

为有利于金属流动和压铸件成形，避免压铸件和压铸模产生应力集中和裂纹，压铸件壁与壁的连接通常采用国内外设计标准推荐的圆角和连接（拐角部）加强渐变过渡连接。各种过渡连接形式及尺寸计算见表 5-13。

表 5-13　压铸件壁的连接形式及尺寸计算

连接形式	示 意 图	尺 寸 计 算	备 注
水平连接		$S_1/S_2 \leqslant 2$ $R = (0.2 \sim 0.25)(S_1 + S_2)$	
		$S_1/S_2 > 2$ $L \geqslant 4(S_1 - S_2)$	
垂直连接		(a) $R_{fmin} = KS$ $R_{fmax} = S$ $R_a = R_f + S$ (b) $S_1 \neq S_2$ $R_f \geqslant (S_1 + S_2)/3$ $R_a = R_f + (S_1 + S_2)/2$	对锌合金铸件 $K = 1/4$；铝、镁、铜合金铸件 $K = 1/2$

连接形式	示 意 图	尺 寸 计 算	备 注
丁字连接	(a) (b) (c)	$S_1/S_2 \leqslant 1.75$ $R = 0.25(S_1 + S_2)$ $S_1/S_2 > 1.75$ 加强 S_2 壁:$h = (S_1 + S_2)^{1/3}$, 加强 S_1 壁:$h = 0.5(S_1 + S_2)$, $L \geqslant 4h:0.1 \leqslant R \leqslant S_1$ 或 (S_2)	
交叉连接	(a) (b) (c)	当有不同壁厚出现时以最小壁厚代入: (a)$\beta = 90°,R = S$ (b)$\beta = 45°,R_1 = 0.7S,R_2 = 1.5S$ (c)$\beta = 30°,R_1 = 0.5S,R_2 = 2.5S$	

5.2.2 孔

压铸成形的特点之一就是能直接压铸出比较深而小的孔。孔可分为通孔和盲孔,成形通孔的型芯可选用双支点(将壁芯延伸到相对的型腔壁内)或单支点(悬臂),而盲孔只能用单支点型芯成形。各种合金的压铸件可以压铸出的最小孔径及孔深见表 5-14。

表 5-14 压铸件的最小孔径及孔深 (mm)

合金种类	最小孔径 d		孔深为孔径 d 的倍数			
	经济上合理的	技术上可行的	盲 孔		通 孔	
			$d > 5$	$d < 5$	$d > 5$	$d < 5$
锌合金	1.5	0.8	6d	4d	12d	8d
铝合金	2.5	2.0	4d	3d	8d	6d
镁合金	2.0	1.5	5d	4d	10d	8d
铜合金	4.0	2.5	3d	2d	5d	3d

注:1. 表内孔深是对于固定型芯而言,对于活动的单个型芯其深度还可适当增加;

2. 对于较大的孔径,精度要求不高时,孔深也可超出上述范围。

凡是孔径小于表 5-14 所列数值的孔，一般不宜直接进行压铸，而是采用压铸出定位痕后再用机械加工方法加工。另外，在设计时还需考虑孔距与孔径之间的关系和孔边缘与压铸件表面的距离。

5.2.3　加强肋

当压铸件的厚度大于 2.5mm 时，随着壁厚的增加，其抗拉强度反而下降，这是由于厚壁压铸件的内部容易产生气孔和缩孔等缺陷。因此，采用单纯依靠增加壁厚方法来提高其强度是错误的，应优先采用设置加强肋的办法来增加零件的强度和刚度，另外设置加强肋也可使金属液流动畅通。表 5-15 列出了加强肋结构设计的参考尺寸。

表 5-15　加强肋的结构及参考尺寸

加强肋的结构	参　考　尺　寸
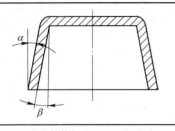	t——压铸件壁厚； b——肋根部宽度，$b=\left(\dfrac{2}{3}\sim\dfrac{3}{4}\right)t$； h——肋的高度； h_1——肋顶距壁端高度，$h_1\geqslant0.8\text{mm}$； r_1——肋顶部外圆角半径，$r_1=\dfrac{1}{8}b$； r_2——肋根部内圆角半径，$r_2=\dfrac{1}{4}b$； α——肋的斜度，$\alpha\geqslant3°$

5.2.4　脱模斜度

压铸件从凹模型腔中脱出或从型芯上推出时，为了防止受阻及划伤其表面，在压铸件上所有与模具脱模方向平行的表面，均须设计脱模斜度。在允许范围以内，脱模斜度大，可减小脱模力，减少模具的磨损和推杆的损伤，也减少压铸件表面的划伤。脱模斜度的大小取决于压铸件合金的材料、压铸件的形状（深度、高度及厚度等）及型腔或型芯的粗糙度等。高熔点合金及收缩率大的合金，脱模斜度取大些；压铸件壁厚越大，合金对型芯包紧力也越大，脱模斜度也要求大些；另外，压铸件内孔（模具型芯）应比外壁（模具型腔）的脱模斜度大一些。表 5-16 列出了脱模斜度的推荐值。

表 5-16　脱模斜度推荐值

合金种类	配合面的最小脱模斜度		非配合面的最小脱模斜度	
	外表面 α	内表面 β	外表面 α	内表面 β
锌合金	0°10′	0°15′	0°15′	0°45′
铝、镁合金	0°15′	0°30′	0°30′	1°
铜合金	0°30′	0°45′	1°	1°30′

注：表中数值仅适于型腔深度或型芯高度不大于 50mm，表面粗糙度 R_a 在 0.4μm 时。若深度或高度尺寸大于 50mm，或表面粗糙度 R_a 低于 0.4μm 时，数值可适当减小。

5.2.5　圆角

压铸件截面形状急剧变化的部位，一般都是应力容易集中的部位，应呈圆角，以避免在压铸模或压铸件上造成应力集中而产生裂纹，大大削弱压铸模和压铸件的强度。只要采用半径为0.5mm 的小圆角，就能显著提高压铸件性能和压铸模强度。圆角还可使金属液流动通畅，少产生紊乱，减少压力损耗，使气体易于排出等。表5-17 列出了圆角的计算方法，在模具设计时可参考选用。

表5-17 压铸圆角半径的计算

相连接两壁的厚度	图 例	圆角半径	备 注
相等壁厚		$r_{min} = kh$ $r_{max} = h$ $R = r + h$	锌合金压铸件：$k = 1/4$； 铝、镁、铜合金压铸件： $k = 1/2$
不等壁厚		$r \geqslant \dfrac{h + h_1}{3}$ $R = r + \dfrac{h + h_1}{2}$	

5.2.6 螺纹与齿轮

压铸外螺纹时，如果采用对开式分型的螺纹型环时，螺纹外形有对接缝，需考虑留有0.2～0.3mm 的加工余量。压铸内螺纹时，可用螺纹型芯成形，但需要螺纹型芯的旋出装置，为了方便旋出，螺纹型芯必须设计出 $0°30'$ 脱模斜度。通常，压铸件上的内螺纹一般先压铸出螺纹底孔，再由机械加工成内螺纹。可压铸螺纹的尺寸见表5-18。压铸成形齿轮的最小模数 m 一般为：锌合金齿轮 $m = 0.3$；铝合金、镁合金齿轮 $m = 0.5$；铜合金齿轮 $m = 1.5$。齿轮的脱模斜度可参考表5-16 中内表面 β 值选取。对于精度要求高的齿轮，齿面应留有0.2～0.3mm 的加工余量，压铸后再经机械加工最终成形。

表5-18 可压铸螺纹的尺寸 （mm）

合金种类	最小螺距	最小螺纹外径		最大螺纹长度（螺距位数）	
		外螺纹	内螺纹	外螺纹	内螺纹
锌合金	0.75	6	10	8	5
铝合金	1.0	10	20	6	4
镁合金	1.0	6	14	6	4
铜合金	1.5	12	—	6	—

5.2.7 嵌件

为了使压铸件局部具有某些特殊的性能，如强度、硬度、耐蚀性、耐磨性、导磁性、导电性、焊接性能等，压铸时，常常在压铸件中镶入一种与压铸件不同材料的镶嵌件，以扩大压铸件的应用范围，改善压铸件的工艺性能。

嵌件的设计原则如下：

（1）嵌件应与压铸件连接牢固。为了防止嵌件受力时在压铸件内转动或脱出，在嵌件镶入压铸件部分的表面必须设计出凹凸形状，如滚花、开槽或其他相应措施。

（2）嵌件在模内应有可靠的定位和正确的配合。模内的嵌件在成形时要受到高压、高速的金属液流的冲击，可能发生位移，同时还要防止金属液挤入放置嵌件的孔中，因此，嵌件在模内必须可靠定位，同时要有正确的配合。一般放置嵌件的模具孔与嵌件的配合，压铸锌合金时为 H7/e8；压铸铝、镁合金时为 H7/d8；压铸铜合金时为 H7/c8。同一压铸件上嵌件数量不宜太多，否则会因压铸时安放嵌件而降低生产率。

（3）嵌件周围应有一定的金属层厚度。嵌件周围的金属层厚度一般不应小于 1.5mm，这样既可提高嵌件在压铸件中所受到的包紧力，又可防止嵌件周围的金属层产生裂纹。嵌件周围金属层的最小厚度见表 5-19。

表 5-19　嵌件周围金属层的最小厚度　　　　　　　　（mm）

嵌件直径	周围金属层最小厚度	嵌件直径	周围金属层最小厚度
1.0	1.0	11	2.5
3	1.5	13	3
5	2	16	3
8	2.5	18	3.5

（4）嵌件应有倒角。嵌件镶入压铸件中的部分应倒角，一方面便于嵌件在模内的放置，另一方面可防止在嵌件端部尖角处的金属层产生开裂。

5.2.8　凸纹、凸台、文字与图案

压铸件上可以压铸出凸纹、凸台、文字和图案。它们最好是凸体，以便模具加工。文字大小一般不小于 GB 4457.3—1984 规定的 5 号字，文字凸出高度大于 0.3mm，一般取 0.5mm。线条最小宽度为凸出高度的 1.5 倍，常取 0.8mm。线条最小间距大于 0.3mm，脱模斜度为 10°~15°。线端应避免尖角，图案应尽量简单。

5.3　压铸件结构设计的工艺性

设计压铸件结构时应注意：

（1）设计压铸件尽可能使分型面简单。图 5-1（a）中压铸件在模具分型面处有圆角，则压铸件上会出现定模的交接印痕（飞边），图 5-1（b）为改进后的结构。图 5-2（a）中压铸件由于圆柱形凸台而使分型复杂（点划线所示），而且压铸件上会在动定模交接处出现飞边。将

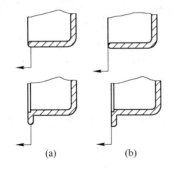

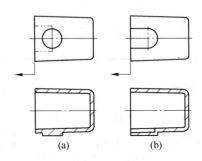

图 5-1　分型面处圆角及改进　　　　　图 5-2　压铸件圆柱形凸台及改进

凸台延伸至分型面就可使分型面简单，如图5-2（b）所示。

（2）避免模具局部过薄，保证模具有足够的强度和刚度。图5-3（a）中压铸件上的孔离凸缘边距离过小，易使模具在 a 尺寸所标处断裂。改变后的压铸件结构如图5-3（b）所示，$a \geqslant 3$mm，使模具有足够强度。

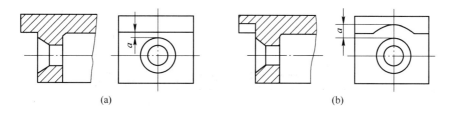

图5-3　压铸件局部过薄设计及改进

（3）避免或减少侧向抽芯。图5-4（a）中压铸件侧壁圆孔需设侧向抽芯机构。图5-4（b）改变了侧壁圆孔结构，可省去侧向抽芯。图5-5（a）中压铸件上的孔（$B < A$）需侧向抽芯。图5-5（b）增大壁的斜度，保证 $B \geqslant A + (0.1 \sim 0.2)$mm，则孔可分别由动定模形成，不需另设抽芯机构。图5-6（a）中压铸件的中心方孔深长，抽芯距离长，需设专用抽芯机构，且型芯为悬臂状伸入型腔，易变形，难以控制侧壁壁厚。将方孔改为图5-6（b）所示结构，则不需要抽芯。

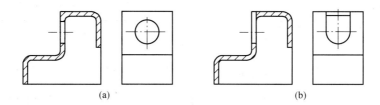

图5-4　压铸件需侧向抽芯机构的侧壁圆孔及改进

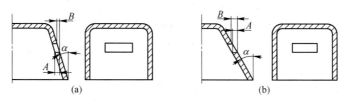

图5-5　压铸件侧壁斜度的影响

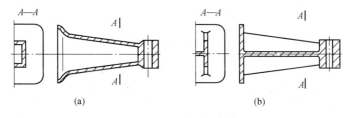

图5-6　压铸件中心方孔的设计及改进

图5-7（a）中压铸件的内法兰和轴承孔中的内侧凹、无法抽芯，改为图5-7（b）所示结

构，因抽芯方便。

图 5-8 (a) 中 K 处侧型芯无法抽出，改变凹坑方向，如图 5-8 (b) 所示。

图 5-9 (a) 中压铸件的矩形孔 $B < A$ 无法抽芯，而图 5-9 (b) 中 $B > A + (0.1 \sim 0.2)\,mm$，可抽出；孔也可由动定模形成，不需抽芯。

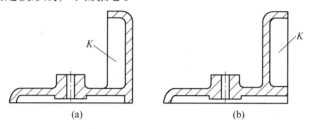

(a)　　　　　　　　　　　　　　　(b)

图 5-7　压铸件侧凹的设计及改进

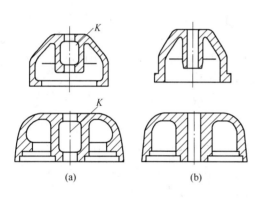

(a)　　　　　　　(b)

图 5-8　压铸件侧凹方向的设计及改进

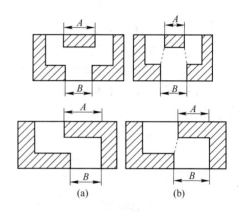

(a)　　　　　　(b)

图 5-9　压铸件矩形孔的设计及改进

　　压铸件形状结构设计不当，收缩时会产生变形或出现裂纹。解决的方法除设加强肋外也可采用改变铸件结构的方法。图 5-10 (a) 中压铸件断面厚薄不匀，容易产生翘曲变形，而改成均匀壁厚则可避免，如图 5-10 (b) 所示。图 5-11 (a) 中板状零件收缩时容易产生翘曲变形，如图 5-11 (b) 所示改为有凹腔，避免或减少翘曲变形。箱形薄壁件收缩变形如图 5-12 (a) 所示，采用加肋的方法来避免变形，如图 5-12 (b) 或 (c) 所示。

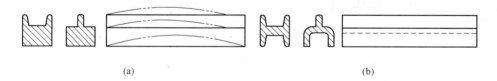

(a)　　　　　　　　　　　　　　　　(b)

图 5-10　压铸件断面形状设计及改进

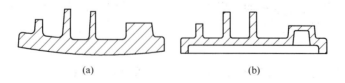

(a)　　　　　　　　(b)

图 5-11　板状零件结构设计及改进

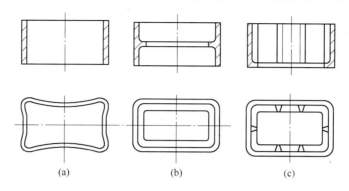

图 5-12 箱形薄壁件变形及加肋改进

5.4 镁合金压铸产品设计

5.4.1 产品设计思路

镁合金压铸产品的设计思路是：

（1）确定产品的功能、使用条件，选择某一牌号镁合金，而这种合金的物理和力学性能符合该产品的要求。镁是一种活性很强的金属，一定要考虑环境因素对产品防腐蚀的要求。

（2）根据所选择镁合金的压铸性能及其他特性（见表5-20），产品的结构要符合压铸工艺的要求，可以压铸成形。

（3）进行产品设计，包括壁厚及均匀性、加强筋、各部分的连接、圆角、平面度、拔模斜度、公差要求等，完成所有细节。

（4）应用计算机辅助设计、压铸过程模拟、快速成形技术，可加快产品设计及开发周期，对产品样板进行测试和评估。

（5）产品设计要有利于模具的设计制造，有利于压铸加工和后加工处理。

表 5-20 镁合金的压铸性能及其他特性

合金型号	AZ91D	AZ81	AM608	AM50A	AM20	AE42	AS41B
抗冷隔缺陷	2	2	3	3	5	4	4
气密性	2	2	1	1	1	1	1
抗热裂性	2	2	2	2	1	2	1
加工性和质量	1	1	1	1	1	1	1
电镀性能和质量	2	2	2	2	2	—	2
表面处理	2	2	1	1	1	1	1
压铸充型能力	1	1	2	2	4	2	2
不粘型性	1	1	1	1	1	2	1
耐蚀性	1	1	1	1	2	1	2
抛光性	2	2	2	2	4	3	3
化学氧化物保护层	2	2	1	1	1	1	1
高温强度	4	4	3	3	5	1	2

注：1. 1—最佳；5—最差。

2. 资料来源于国际镁合金协会。

5.4.2　镁合金压铸产品经济分析

5.4.2.1　成本构成

镁合金压铸产品的成本包括：原材料成本、压铸加工成本、后加工成本、模具成本和管理成本。

据资料，某两家公司生产镁合金笔记本电脑外壳的成本构成分析见表5-21。

表5-21　镁合金笔记本电脑外壳的成本构成　　　　　　　　（％）

成 本 构 成	A 公司	B 公司
原材料	11	18
压　铸	10.4	18
整形、去飞边	5.9	11.2
表面精加工	10.8	5.5
机械加工	13	8.3
化学表面处理	8.2	11.2
涂　装	40.7	27.8

5.4.2.2　镁合金压铸经济性分析

镁合金压铸的经济性分析如下：

（1）从单位质量价格。镁合金比铝合金贵，镁合金为1.8万元/t左右。

（2）从相同体积的汽车零件。镁合金用量是铝合金的2/3，材料成本比铝合金低。

（3）从制造过程耗能。同等强度制品，每1kg制品耗电量：镁合金为35.7kW·h；铝合金为41.1kW·h。由于镁合金的动力学黏度低，相同流体状态下的充型速度远大于铝合金；镁合金熔点、比热容、相变潜热均比铝合金低，因此镁合金熔化耗能比铝合金少。

（4）加工成本。在所有金属材料中，镁合金是最易加工的。其特点是低切削力、高的切削效率、长的刀具寿命、低的表面粗糙度、小切削。可以干切削，省去冷却与润滑剂。

（5）模具寿命。镁合金与铁的亲和力小，固溶铁的能力低，因而不容易粘连模具表面。镁合金模具300000模次；铝合金模具100000模次。

（6）性能比较。作汽车方向盘，采用镁合金，可减轻质量，减轻汽车运行中噪声和振动，特别是发生意外时，镁合金方向盘可吸收更多能量，有利于驾驶员的安全。作手机的芯板、外壳及手提电脑外壳，使强度增加、散热快、产品更轻，并具有电磁波屏蔽性能，从电器安全要求更有利。

（7）压铸件平均价格比较。据调查，铝合金压铸件为3万多元，镁合金压铸件为7万多元。

（8）对设备要求。由于镁的易燃性，生产过程特别强调安全。因此对压铸机和熔炼、保温设备要求比铝合金要高，在这方面费用成本比铝合金高。由于镁合金凝固快，内浇口充填速度可达90~100m/s。填充时间比铝合金短30％，这就要求压铸机性能要好，压铸机空压射速度大于8m/s。镁合金易氧化，在压铸过程中必须采用惰性气体保护，即在熔化和保温炉中，常用保护气体：0.2％SF_6 + 干燥空气。

因此，由于镁合金压铸投入费用巨大，主要应用于生产高品质、高性能、高要求的产品。

复习思考题

5-1 简述镁合金压铸件的技术条件。

5-2 压铸件的结构单元有哪些?

5-3 简述镁合金压铸件的壁厚、孔、加强肋的设计要点。

5-4 简述压铸件结构设计的工艺性。

5-5 简述镁合金压铸产品设计。

5-6 结合实际简述产品的设计思路。

5-7 简述镁合金压铸产品经济分析。

6 压铸模设计基础

压铸模结构的合理性和技术的先进性以及模具的制造质量在很大程度上决定了能否顺利进行压铸生产、压铸件质量的优劣、压铸成形效率以及综合成本等。金属压铸模在压铸生产过程中的作用是：

（1）确定浇注系统，特别是内浇口位置和导流方向以及排溢系统的位置，它们决定着熔融金属的填充条件和成形状况；

（2）压铸模是压铸件的翻版，它决定了压铸件的形状和精度；

（3）模具成形表面的质量影响压铸件的表面质量以及压铸件脱模阻力的大小；

（4）压铸件在压铸成形后，能否易于从压铸模中脱出，在推出模体后，应无变形、破损等现象的发生；

（5）模具的强度和刚度能承受压射比压及以内浇口速度对模具的冲击；

（6）控制和调节在压铸过程中模具的热交换和热平衡；

（7）压铸机成形效率的最大发挥。

在压铸生产中，压铸模与压铸工艺、生产操作存在着相互制约、相互影响的密切关系。所以，金属压铸模的设计，实质上是对压铸生产过程中预计产生的结构和可能出现各种问题的综合反映。因此，在设计过程中，必须通过分析压铸件的结构特点，了解压铸工艺参数能够实施的可能程度，掌握在不同情况下的填充条件以及考虑对经济效果的影响等因素，设计出结构合理、运行可靠、满足生产要求的压铸模来。

6.1 压铸模成形基本结构

一般来说，一副压铸模是由定模和动模两部分组成的。定模部分固定在压铸机的固定模板上，定模上有直浇道与压铸机的喷嘴或压室相连接；动模部分固定在压铸机的移动模板上，并随移动模板做开合模移动。模具的定模与动模靠导向机构（一般为导柱和导套）导向并且对中合一。合模时，动模与定模闭合构成型腔和浇注系统，金属液在高压下通过模具浇注系统充填型腔；开模时，动模与定模分开，压铸机上的顶出机构带动模具上的推出机构将压铸件推出模外。

6.1.1 压铸模的基本结构组成

图 6-1 所示为一副典型的压铸模具。

按照模具上各零件所起的作用不同，压铸模的结构组成可以分成以下几个部分：

（1）成形零件设计部分。它是模具决定压铸件几何形状和尺寸精度的部位。成形压铸件外表面的零件称为型腔，成形压铸件内表面的零件称为型芯。如图 6-1 中的零件动模镶块 13、侧型芯 14、定模镶块 15 和型芯 21 等。

（2）浇道系统。它是沟通模具型腔与压铸机压室的部分，亦即金属液进入型腔的通道。图 6-1 中的动模镶块 13、定模镶块 15 和浇口套 18 等零件组成浇道系统。

（3）排溢系统。它是溢流系统和排气系统的总称，是根据金属液在模具内的填充情况而开

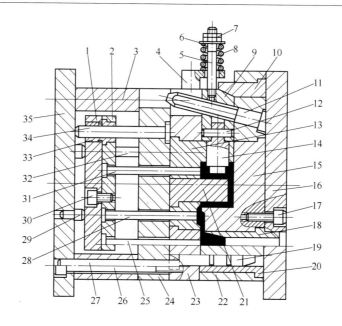

图 6-1 压铸模的结构组成

1—推板；2—推杆固定板；3—垫块；4—限位挡块；5—拉杆；6—垫片；7—螺母；8—弹簧；9—侧滑块；
10—楔紧块；11—斜销；12，27—圆柱销；13—动模镶块；14—侧型芯；15—定模镶块；16—定模
座板；17，26，30—内六角螺钉；18—浇口套；19—导柱；20—导套；21—型芯；
22—定模套板；23—动模套板；24—支承板；25，28，31—推杆；29—限位钉；
32—复位杆；33—推板导套；34—推板导柱；35—动模座板

设的。排溢系统一般开设在成形零件上。

（4）推出机构。它是将压铸件从模具中推出的机构。图 6-1 中的推板 1，推杆固定板 2，推杆 25、28、31，推板导套 33 和推板导柱 34 等零件组成推出机构。

（5）侧抽芯机构。它是抽动与开合模方向运动不一致的成形零件的机构，在压铸件推出前完成抽芯动作。图 6-1 中的侧滑块 9、楔紧块 10、斜销 11、侧型芯 14 和限位挡块 4、拉杆 5、垫片 6、螺母 7、弹簧 8 等零件组成侧抽芯机构。

（6）导向零件。它是引导定模和动模在开模与合模时可靠地按照一定方向进行运动的零件。由图 6-1 中的导柱 19 和导套 20 等零件组成。

（7）支承部分。它是模具各部分按一定的规律和位置组合和固定后，安装到压铸机上的零件。由图 6-1 中的垫块 3、定模座板 16、定模套板 22、动模套板 23、支承板 24 和动模座板 35 等零件组成。

（8）其他。除前述各部分零件外，模具内还有其他紧固件、定位件等。如螺钉、销钉、限位钉等。除上述各部分外，有些模具还设有安全装置、冷却系统和加热系统等。

6.1.2 热压室压铸机压铸模基本结构

热压室压铸机用压铸模的基本结构如图 6-2 所示。采用热压室压铸机的压铸模主要适用于部分镁合金产品和锌合金、锡铅合金等压铸件的生产。该类模具一般采用中心浇口，浇口套的端面凸出模具的定模座板端面，压铸机的喷嘴球面顶在浇口套的凹形球面上。

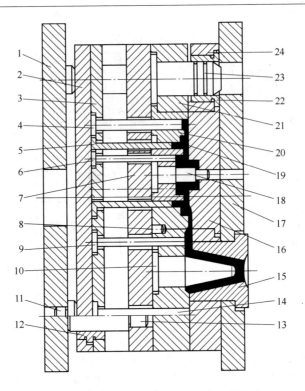

图 6-2　热压室压铸机用压铸模的基本结构

1—动模座板；2—推板；3—推杆固定板；4，6，9—推杆；5—扇形推杆；7—支承板；8—止转销；

10—分流锥；11—限位钉；12—推板导套；13—推板导柱；14—复位杆；15—浇口套；

16—定模镶块；17—定模座板；18，19—型芯；20—动模镶块；

21—动模套板；22—导套；23—导柱；24—定模套板

6.1.3　卧式冷压室压铸机用压铸模基本结构

卧式冷压室压铸机用压铸模的基本结构如图 6-1 所示。由于实际压铸生产中使用的压铸机绝大部分是卧式冷压室压铸机，故该类压铸机所用的模具是最为普遍使用的一类模具。一般情况下，卧式冷压室压铸机的压室是向下偏置的，所以与压室所配置的浇口套在模具的下方，型腔在浇口套上方。压室的偏置量在压铸机的技术规格范围内选用。

压铸机的压室是凸出压铸机固定板一定距离的，故模具的定模座板在浇口套与压室连接的地方要凹下一定尺寸，并与压室有一定的配合要求。

图 6-1 所示的是带有侧向抽芯机构的压铸模，压铸结束开模时，动模部分向后移动，浇注系统余料在压射冲头向前作用下，从浇口套 18 中脱出留在动模。同时，在斜销 11 的作用下，侧滑块 9 带着侧型芯 14 做侧向抽芯。抽芯结束，脱离斜销的侧滑块在弹簧 8 的作用下紧靠在限位挡块 4 上定位。开模行程结束，推出机构开始工作，推杆 25、28 和 31 分别将压铸件和浇注系统凝料从动模中推出。喷刷涂料后合模，复位杆使推出机构复位，斜销使侧滑块复位，楔紧块将侧滑块锁紧。

卧式冷压室压铸机采用中心浇口压铸模的基本结构如图 6-3 所示。这类模具使用的压铸机压室可以不偏置，但浇注系统的直浇道小端一定要设置在浇口套的上方，防止合金液注入压室而压射冲头尚未工作时流入模具型腔。此外，这类模具为了取出浇口套中的余料，开模时，必

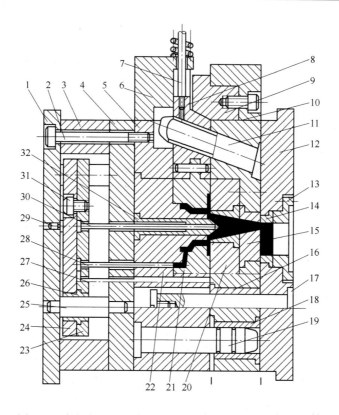

图 6-3 卧式冷压室压铸机采用中心浇口压铸模的基本结构

1—动模座板；2，31—螺钉；3—垫块；4—支承板；5—动模套板；6—限位挡板；7—拉杆；8，21—侧滑块；
9—楔紧块；10—定模套板；11—斜销；12—定模座板；13—浇口套；14—螺旋槽浇口套；15—浇道镶块；
16，18—导套；17—定模导柱拉杆；19—动模导柱；20—定模镶块；22—动模镶块；23—推杆
固定板；24—推板；25—推板导柱；26—推板导套；27—复位杆；28—推杆；
29—限位钉；30—中心推杆；32—分流锥

须采用余料的切断措施（该模具采用浇口套中制出螺旋槽，推出时使余料扭断的措施），并在定模部分做定距分型。

6.1.4 立式冷压室压铸机压铸模基本结构

立式冷压室压铸机用压铸模的基本结构如图 6-4 所示。立式冷压室压铸机用的压铸模一般采用中心浇口。压铸机的喷嘴也高出其定模固定板，这也要求压铸模的定模座板上凹下一定的尺寸与喷嘴配合，喷嘴及浇口套中流道的截面是呈小角度的圆锥形。另外，该模具是带有齿条齿轮侧向抽芯的压铸模，动模部分是安装在压铸机的通用模座上。

压铸结束开模时，动模部分从分型面分型并向后移动，压铸件包在型芯上随动模一起后移，浇注系统凝料也从浇口套中脱出留在动模，同时在传动齿条 2 的作用下，齿轮 5 带动齿条滑块 7 和侧型芯 29 做斜侧方向抽芯。抽芯结束，推出机构开始工作，推杆将压铸件从动模中脱出。

6.1.5 全立式冷压室压铸机压铸模基本结构

全立式冷压室压铸机用压铸模的基本结构如图 6-5 所示。该模具为冲头上压式压铸模，浇

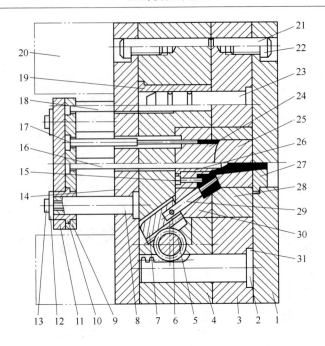

图 6-4　立式冷压室压铸机用压铸模的基本结构

1—定模座板；2—传动齿条；3—定模套板；4—动模套板；5—齿轮；6，21—圆柱销；7—齿条滑块；
8—推板导柱；9—推杆固定板；10—推板导套；11—推板；12—限位圈；13，22—螺钉；14—动模
支承板；15，26—型芯；16—分流锥；17—推杆；18—复位杆；19—导套；20—通用模座；
23—导柱；24，30—动模镶块；25，28—定模镶块；27—浇口套；29—侧型芯；31—止转键

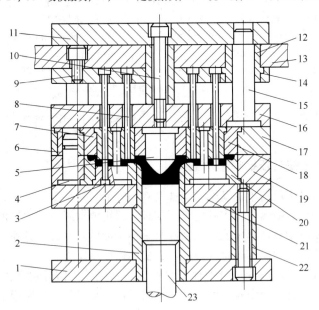

图 6-5　全立式冷压室压铸机用压铸模的基本结构

1—下模座板；2—浇口套（压室）；3—型芯；4—导柱；5—分流锥；6—导套；7，18—动模镶块；
8—推杆；9，10—螺钉；11—动模座板；12—推板导套；13—推板；14—推杆固定板；
15—推板导柱；16—动模支承板；17—动模套板；19—定模套板；20—定模镶块；
21—定模支承板；22—垫块；23—压射冲头

口套 2（即压室）设置在下模。压机上工作台带动动模（上模）部分向上移动，模具分型面打开，定量的金属液注入浇口套中后，动模部分向下移动合模，复位杆使推出机构复位（图中复位杆未画出），与压铸机下液压缸连接的压射冲头 23 向上移动，金属充填模具型腔，压铸结束，上工作台向上移动，压铸件包在动模型芯上一起随动模向上移动，在移动过程中，压铸机上的固定顶杆（图中未画出）与压铸模推板 13 接触，带动推杆 8 将压铸件推出模外。

6.2　压铸模设计步骤

压铸模设计的依据有：产品图纸和生产纲领、产品技术条件和压铸材料、压铸机规格、生产批量。

压铸模设计步骤一般包括以下几个方面：

（1）收集必要的资料和数据。设计前，设计者必须向模具用户取得如下资料和数据：

1）压铸件的零件图。图中零件的尺寸、尺寸公差、形位公差、表面粗糙度、材质、热处理要求以及其他技术要求等应该齐全。

2）压铸件的生产数量及交货期限。

3）压铸件生产单位的设备情况。

4）模具加工单位的加工能力和设备条件。

5）用户的其他要求。

（2）进行压铸件的结构工艺、合金材料的性能及技术要求分析：

1）分析压铸件的结构能否保证铸件质量及有利于成形。如压铸件的壁厚是否均匀合理，壁的转角处是否有圆角，孔的直径和深度比例是否合适，要求的尺寸精度和表面粗糙度是否恰当，是否要另加脱模斜度，有没有嵌件等。

2）分析压铸件合金材料对模具材料的要求及适用的压铸机。

对有不合理或不恰当的结构和要求，提出修改意见与用户商榷。产品设计、模具设计、模具制造与产品生产几方面很好地结合，才能得到质量完美的压铸件。

（3）计算确定型腔数目，选择分型面及浇注系统、排溢系统：

1）根据压铸机及压铸件生产批量初步确定压铸模的型腔数目。

2）合理选择分型面的位置。

3）根据铸件的结构特点，合理选择浇注系统类型及浇口位置，使铸件有最佳的成形条件。

4）决定排溢系统的形式、位置。

（4）选择压铸机型号。根据压铸件的质量、压铸件在分型面上的投影面积计算所需的锁模力并结合压铸件生产单位实际拥有的压铸机情况，初步选择压铸机。

（5）确定模具结构组成。在分型面与浇注系统、排溢系统确定后，需考虑以下几方面：

1）确定成形零件的结构形式。如果是镶拼式，确定镶块、型芯的组合形式和固定形式。

2）根据侧孔、侧凹的形状特点，确定抽芯机构的结构形式和结构组成。

3）确定导向机构的形式、布置。

4）根据压铸件结构特点选择推出机构的类型；确定压铸件的推出部位及推出机构的复位和导向形式。

5）决定温度调节系统的形式，初步考虑冷却通道的布置（有待于模具总装图中各机构组成的位置、大小确定之后才能最后决定冷却通道的位置和尺寸大小）。

6）在考虑模具各机构组成时，要兼顾零件的加工性能。

（6）选择模具零件材料及热处理工艺。

（7）绘制模具结构草图。绘制模具结构草图可以检查所考虑的结构相互间的协调关系。对经验不足的设计人员来说，以此草图征求模具制造和模具操作人员的意见，以便将他们丰富实践经验引入设计中。

（8）参数的计算与校核：

1）计算成形零件成形尺寸；

2）计算校核成形零件型腔侧壁与底板厚度，以决定模板的尺寸（也可由图、表查得）；

3）计算抽芯力、抽芯距离、抽芯所需开模行程及斜销尺寸；

4）推杆抗压失稳校核；

5）压铸机有关参数的校核，如锁模力、压室容量、开模行程及模具安装尺寸；

6）计算温度调节系统参数（也可选用经验数据）。

（9）绘制压铸模装配图。压铸模装配图除需表明各零件之间的装配关系之外，还应注明：

1）模具最大外形尺寸、安装尺寸；

2）选用的压铸机型号；

3）最小开模行程及推出机构推出行程；

4）铸件浇注系统及其主要尺寸；

5）特殊机构动作过程；

6）模具零件的名称、数量、材料、规格；

7）压铸模装配技术要求。

（10）绘制压铸模零件图。绘制压铸模零件图应从成形零件开始，再设计动定模套板、滑块、斜销等结构零件。模具零件图应正确反映零件形状、标明零件尺寸、尺寸公差、形位公差、表面粗糙度、技术要求和材料热处理要求。

6.3　分型面选择

模具内成形部分位置的分布和安排是决定模具在生产使用时的优劣情况的先决条件，也是获得优质铸件的基本条件之一。

铸件要从密闭的模具内取出，就一定要将模具适当地分成两个或若干个主要部分（通常分成两个部分）。这两个可分离的部分就是定模部分和动模部分。定模和动模的接触表面称为分型面。

当构成铸件外形某一表面的成形部分分别处在定模和动模时，分型面会使铸件外形的该表面轮廓产生合模的印痕。所以，在选定分型面时，常常使之与铸件的某一表面重合，这样，就可以避免这种现象发生。

6.3.1　分型面的类型

分型面虽然不是模具的一个完整的结构单元，但它与铸件相应的位置和方向一经确定后，就对下列几方面有较大影响：

（1）铸件在模具内的位置安排；

（2）确定定模和动模各自所包含的成形部分；

（3）铸件几何形状及铸造斜度的方向；

（4）浇注系统的布置及内浇口的位置和导流方式；

（5）排溢系统的布置、排气条件的优劣；

（6）很大程度上限制模具结构方案；

（7）模具成形零件的镶拼方法；

（8）铸件尺寸精度的保证程度，特别是从分型面算起的或被分型面截过的尺寸的精度；

（9）铸件表面的美观和修整工作；

（10）生产时对模具的清理工作及效果。

由此可见，分型面的设置是模具设计工作的第一步。但在设计铸件时，应该考虑到为设置最适宜的分型面提供有利条件，这样，才能得出较理想的分型面。分型面的类型具体介绍如下：

（1）按分型面与型腔的相对位置来分，有三种基本形式，如图6-6所示，图中箭头所指方向为开模方向。

第一种，型腔全部在定模内，如图6-6（a）所示。第二种，型腔被分型面截开，分别处于定模和动模内，如图6-6（b）所示。第三种，型腔全部在动模内，如图6-6（c）所示。

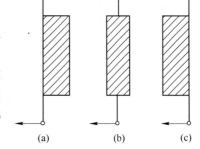

（a）　　（b）　　（c）

图6-6　分型面的基本形式
（按分型面与型腔的相对位置划分）

这三种基本形式的选择是按铸件的特点以及模具内各结构单元的特点而定的。不能对某一种基本形式任意指定其优劣。模具通常只设置一个分型面，这样，可使模具结构尽量简单，生产操作比较方便，铸件的尺寸精度容易保证。

（2）根据铸件的结构和形状特点不同，可将分型面分为直线分型面、倾斜分型面、折线分型面和曲线分型面等。如图6-7所示，图中箭头所指方向为动模的移动方向。一般分型面是与压铸机开模方向相垂直的平面，但也有将分型面设计成倾斜的平面、阶梯面或曲面（见图6-7），以使模具制造简化。

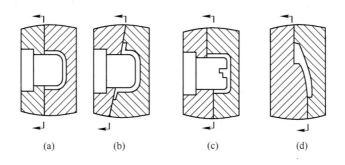

（a）　　　　　（b）　　　　　（c）　　　　　（d）

图6-7　分型面的形式（根据铸件的结构和形状特点划分）
（a）平直分型面；（b）倾斜分型面；（c）阶梯分型面；（d）曲面分型面

（3）根据分型面的数量不同，可将分型面分为：单分型面、双分型面、三分型面和组合分型面等。如图6-8所示，图中箭头所指方向为动模的移动方向。

6.3.2　分型面的选择原则

压铸件上位于模具分型面处的面也就是压铸件上的分型面。分型面与铸件在模具中的位置、浇注系统及排溢系统的布置、模具的结构、压铸件的精度等有密切关系。选择分型面应符合以下原则：

（1）分型面应选在压铸件外形轮廓尺寸最大的截面处。这是选择分型面最基本的一个原

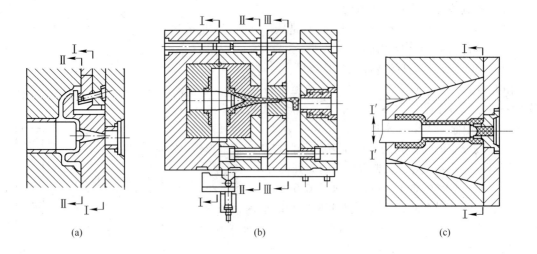

图6-8　分型面的类型（根据分型面的数量不同划分）

（a）双分型面；（b）三分型面；（c）组合分型面

则，否则，开模后压铸件就无法从模具型腔中取出。

（2）选择的分型面应使压铸件在开模后留在动模。由于压铸模动模部分设有推出装置，因此，开模后必须保证压铸件脱出定模随着动模移动。为了达到这一点，设计时应使动模部分被压铸件包住的成形表面多于定模部分。

若采用图6-9（a）所示分型面，由于压铸件凝固冷却后包住定模型芯的力大于包住动模型芯的力，分型时压铸件会留在定模而无法脱出，若改用图6-9（b）所示的分型面，就能满足脱出定模型腔的要求。

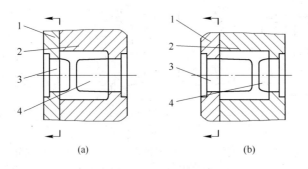

图 6-9　分型面对脱模的影响

1—动模；2—定模；3—动模型芯；4—定模型芯

（3）分型面选择应保证压铸件的尺寸精度和表面质量。同轴度要求高的压铸件选择分型面时最好把有同轴度要求的部分放在模具的同一侧。如图6-10所示的压铸件，两个外圆柱面与中间小孔要求有较高的同轴度，若采用图6-10（a）的形式，型腔分别在动、定模两块模板上加工出来，内孔分别由两个单支点固定的型芯成形，精度不易保证；而采用图6-10（b）形式，型腔同在定模内加工出，内孔用一个双支点固定的型芯成形，精度容易保证。由于分型面不可避免地会使压铸件表面留下合模痕迹，严重的会产生较厚的飞边，因此，通常不在要求光滑的表面或带圆弧的转角处分型。如图6-11所示，若采用图6-11（a）形式会影响压铸件外

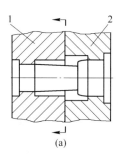
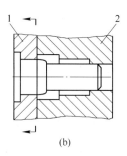

图6-10 分型面对同轴度的影响

1—动模；2—定模

观，而采用图6-11（b）形式比较合理。另外，与分型面有关的合模方向尺寸精度也不易保证。如图6-12所示，若采用图6-12（a）所示的分型面，$10_{-0.039}^{0}$mm的尺寸精度难以达到，采用图6-12（b）的形式，尺寸精度就较容易保证。

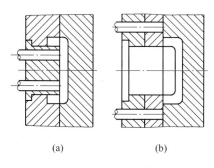
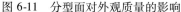

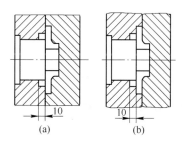

图6-11 分型面对外观质量的影响

图6-12 分型面对尺寸精度的影响

（4）分型面应尽量设置在金属液流动方向的末端。在确定分型面时，应与浇注系统的设计同时考虑。为了使型腔有良好的溢流和排气条件，分型面应尽可能设置在金属液流动方向的末端。若采用图6-13（a）的形式，金属液从中心浇口流入，首先封住分型面，型腔深处的气体就不易排出；而采用图6-13（b）的形式，分型面处最后充填，创造了良好的排气条件。

（5）分型面选择应便于模具加工。分型面选择应考虑模具加工工艺的可行性、可靠性及方便性，尽量选择平直分型面，对于是否需要曲面分型应慎重考虑。如图6-14所示的压铸件，底部端面是球面，若采用图6-14（a）所示的曲面分型，动、定模板的加工十分困难，而采用图6-14（b）所示的平直分型面形式，只需在动模镶块上加工出球面，动、定模板的加工非常

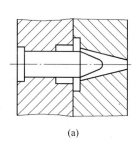
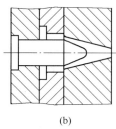

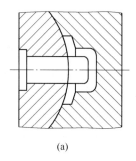
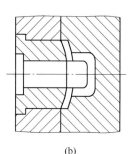

图6-13 分型面对排气的影响

图6-14 分型面对模具加工的影响

简单方便。

6.3.3 分型面的结构实例

6.3.3.1 多阶梯分型面的结构实例

采用多阶梯分型面的结构形式如图 6-15 所示。它的特点是根据压铸件的结构特征，采用多次折线形式形成分型面，使压铸模便于制造和成形。该图可供实践中参考。

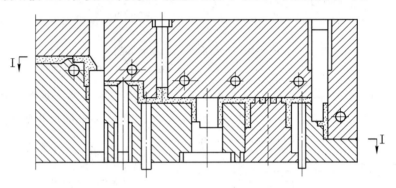

图 6-15 多阶梯分型面的结构形式

6.3.3.2 矩形手柄分型面的实例

图 6-16 所示为真空泵矩形手柄的零件示意图。

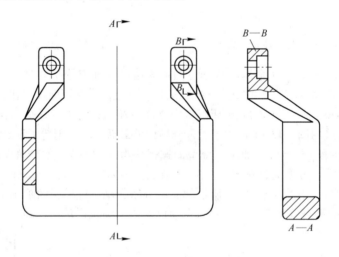

图 6-16 真空泵矩形手柄零件示意图

据手柄的使用需求，手触部位均要求光滑整洁，无伤人尖角。实践中采用阶梯分型面，如图 6-17 所示，外部形状在底部外圆角的切线 A 处分型，内部形状则在顶部内圆角的切线 B 处分型。型芯 2 从动模镶块 1 的底部压入，与定模镶块 3 配合，并围成成形空腔。矩形手柄压铸模采用这种综合的分型面这样做有以下优点：

（1）合理地分布压铸件在定模和动模中的成形位置，使定模和动模所受到的包紧力分配得当，开模时，压铸件留在动模一侧，并顺利推出。

（2）保证了在使用部位的圆弧连接，使压铸件表面整洁美观。

（3）内浇口开设在压铸件的壁厚处，有利于补缩压力的传递。

（4）金属液流动的终端与分型面重合，很方便地设置排溢系统，在分型面各部均有良好的排气条件，使金属液流动畅通，成形效果好。

（5）简化了模具结构，消除了深腔加工的不利因素，使压铸模结构紧凑。

（6）易于加工、研磨、热处理和抛光。

因此，在压铸生产实践中取得了满意的效果。

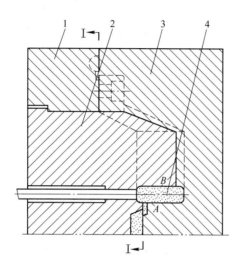

图 6-17 矩形手柄压铸模分型面
1—动模镶块；2—型芯；3—定模镶块；4—压铸件

复习思考题

6-1 简述压铸模的基本结构组成。

6-2 简述卧式冷压室压铸机压铸模基本结构。

6-3 简述热压室压铸机压铸模基本结构。

6-4 简述立式冷压室压铸机压铸模基本结构。

6-5 简述全立式冷压室压铸机压铸模基本结构。

6-6 结合实际，简述压铸模设计步骤。

6-7 简述分型面选择原则。

7 压铸模结构设计

7.1 浇注系统设计

金属压铸模浇注系统是将压铸机压室内熔融的金属液在高温高压高速状态下，填充入压铸模型腔的通道。它们在引导金属液填充型腔过程中，对金属液的流动状态、速度和压力的传递及压铸模的热平衡状态等各方面都起着重要的控制和调节作用。因此，浇注系统是决定压铸件表面质量以及内部显微组织状态的重要因素。同时，浇注系统对压铸生产的效率和模具的寿命也有直接影响。

浇注系统的设计是压铸模设计的重要环节。它既要从理论上对压铸件的结构特点进行压铸工艺的分析，又要有实践积累经验的应用。因此，浇注系统的设计必须采取理论与实践相结合的方法。

7.1.1 浇注系统的结构

根据压铸机的形式和引入金属液的方式不同，压铸模浇注系统的组成形式也有所不同，大体分热压室、立式冷压室、全立式冷压室和卧式冷压室几种。各种压铸机上所用的压铸模浇注系统的组成如图7-1所示。

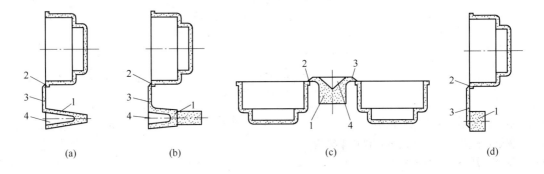

图 7-1 浇注系统的组成
（a）热压室；（b）立式冷压室；（c）全立式冷压室；（d）卧式冷压室
1—直浇道；2—内浇道；3—横浇道；4—分流锥

图7-1（a）所示为热压室压铸模的浇注系统，由直浇道、内浇口、横浇道、分流锥组成。由于压室放置在坩埚内，在压射完毕后，压射冲头的上移压室内形成负压，将未注入的金属液吸回鹅颈通道，产生的浇注余料较少。图7-1（b）所示为立式冷压室压铸模的浇注系统，它与图7-1（a）有些类似，只是有料饼产生。图7-1（c）所示为全立式冷压室压铸模的浇注系统，由于它是从下面进料，料饼出现在浇注系统的下部，分流锥则在上部。图7-1（d）所示为卧式冷压室压铸模的浇注系统，这是实践中最常用的一种形式。它由直浇道、横浇道、内浇口组成，料饼与直浇道为一体。

7.1.2 内浇口的设计

内浇口是引导熔融的金属液以一定的速度、压力和时间填充成形型腔的通道。它的重要作用是形成良好的填充压铸型腔所需要的最佳流动状态。因此，设计内浇口时，主要是确定内浇口的位置和方向以及内浇口的截面尺寸，预计金属液在填充过程中的流态，并分析可能出现的死角区或裹气部位，从而在适当部位设置有效的溢流槽和排气槽。

7.1.2.1 内浇口的基本类型及其应用

内浇口的基本分类和各类型的基本结构如图7-2和图7-3所示。

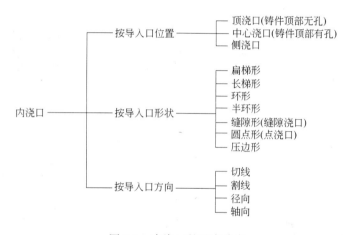

图 7-2 内浇口的基本分类

根据压铸件的外形和结构特点以及金属液填充流向的需要，浇口形式也出现演变形式。下面就常见的几种浇口做些说明。

A 端面侧浇口

端面侧浇口的形式如图7-4所示。它的特点是：避免金属液正面冲击成形零件，并使气体有序排出。如图7-4（a）所示的盒类压铸件，采用端面侧浇口，使金属流首先填充可能存留气体的型腔底侧，将底部的气体排出后，再逐步充满型腔，避免压铸件中气孔缺陷的产生。如图7-4（b）所示的环状压铸件，为了避免金属液正面冲击型腔，可采用从孔的中心处进料，使模具结构紧凑；在填充过程中，也可使型腔内的气体有序地排出。

B 扁平侧浇口

扁平侧浇口是最常见的内浇口形式，如图7-5所示。扁平侧浇口适用于多种压铸件，特别适用于平板形的压铸件，如图7-5（a）所示。当环状或框状压铸件的内孔有足够的位置时，可将内浇口布置在压铸件的内部，既可使模具结构紧凑，又可保证模具的热平衡，如图7-5（b）所示。

C 切向内浇口

中、小型的环形压铸件多采用切向内浇口，如图7-6所示。切向内浇口是指浇口的内边线1与型芯的外径和外边线2与型腔的内径均呈切线走向，如图7-6（a）所示。但对于薄壁的压铸件，这种形式常常导致金属流冲击型芯，而产生冲蚀型芯或产生严重的黏附现象。这时浇口的内边线应向外偏离一个距离 S，而外边线2也应外移一个距离，在端点用圆弧与型腔外壁相交，如图7-6（b）所示。但在这种情况下，应考虑浇口余料的清除问题。当环形压铸件的高度较大时，为提高填充效果，将内浇口搭在端面上，如图7-6（c）所示。这种形式的浇口即

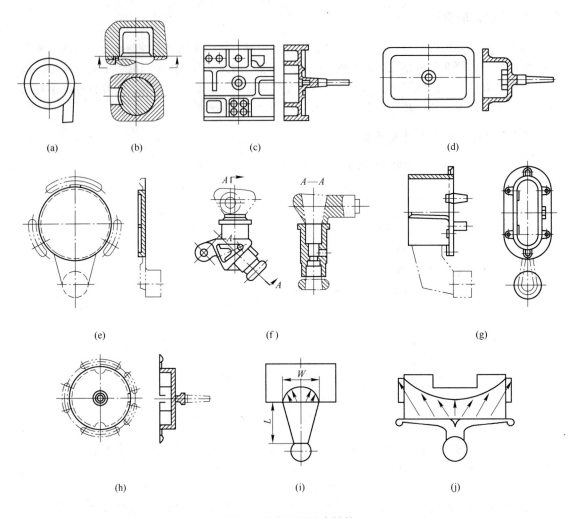

图 7-3　内浇口的基本结构

(a) 切向浇口；(b) 径向浇口；(c) 中心浇口；(d) 顶浇口；(e) 侧浇口；
(f) 环形浇口；(g) 缝隙浇口；(h) 点浇口；
(i) 扇形浇道系统；(j) 锥形切线浇道系统

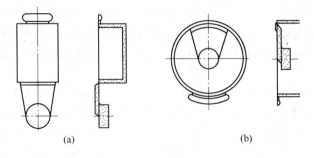

图 7-4　端面侧浇口

(a) 盒类压铸件；(b) 环状压铸件

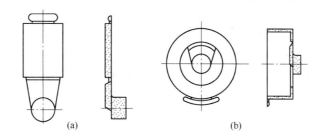

图 7-5 扁平侧浇口

（a）平板形压铸件；（b）环状或框状压铸件

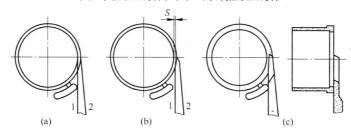

图 7-6 切向内浇口

1—内边线；2—外边线

为端面切向内浇口。

切向内浇口的优点如下：

（1）金属液不直接冲击成形零件，提高了使用寿命。

（2）金属液从切线方向进入型腔，沿环形方向有序地填充。如在填充的终端部位设置排溢系统，使排溢效果良好，料流顺畅，提高压铸件的质量。

（3）克服了由正面进料时两股金属流在温度下降的状况下相遇而产生冷隔的压铸缺陷。

D 环形内浇口

如图 7-7 所示，在圆筒形压铸件一端的整个圆周的端部开设环形内浇口，也可以将环形内浇口沿环形浇口分隔成若干段或只有一两段，在压铸件的另一端则开设与此相对应的溢流槽。环形内浇口的特点是：金属液从型腔的一端沿型壁注入，可避免正面冲击型芯和型腔，将气体有序地排出，使填充条件良好。同时，在内浇口或溢流槽处可设置推杆，使压铸件上不留推杆痕迹。环形内浇口多在深腔的管状压铸件上应用。环形内浇口的浇口余料的切除比较麻烦。

E 中心内浇口

当压铸件的几何中心带有通孔时，将内浇口开在通孔上，在成形孔的型芯上设置分流锥，金属液从型腔中心部位导入。在清除浇口凝料时，为保持压铸件内孔的完整，一般使分流锥的直面高出压铸件端面（h）0.5～1mm，如图 7-8 所示。

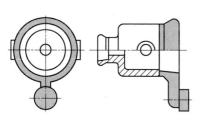

图 7-7 环形内浇口

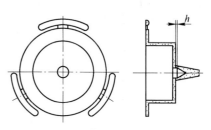

图 7-8 中心内浇口

中心内浇口的特点如下：

（1）金属液流流程短，而各部的流动距离也较为接近，可缩短金属液的填充时间和凝固时间。

（2）减少模具分型面上的投影面积，并改善压铸机的受力状况。

（3）模具结构紧凑。

（4）周边的溢流槽可聚集不良冷污的金属液，并有利于排气，提高填充效果。

  F　轮辐式内浇口

当压铸件的中心孔直径较大时，可采用轮辐式内浇口。为获得最佳的填充流束，按梳状内浇口的原理，将内浇口分成几个分浇口，如图7-9所示。它是中心浇口的变通形式，具有中心浇口的优点。

由于这种形式是多股进料，在各股金属液的相遇处易产生冷隔缺陷，因此必须设置溢流槽。溢流槽开设的部位应与内浇口的位置错开，即设在金属液相遇而可能产生冷隔的部位。

  G　点浇口

对于结构对称、壁厚均匀的罩壳类压铸件，也可以采用点浇口。点浇口也是中心浇口的特殊形式，如图7-10所示。

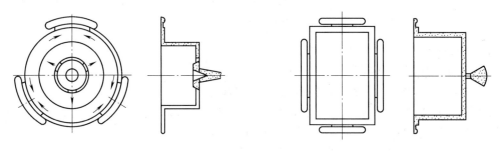

图7-9　轮辐式内浇口   图7-10　点浇口

综上所述，高速的金属流在冲击型芯后，立即弥散并形成雾状，对填充产生不利的影响。同时，高速的金属流对型芯的冲击使其局部温度升高，模具产生较大的温差，对压铸件的表面质量也有一定影响。在浇口附近的局部区域表面质量较好，而远离浇口的区域表面质量则越来越差，以致出现表面疏松、冷纹和冷隔等压铸缺陷。这种现象只有在模具温度达到平衡状态时才能得到改善。

由于点浇口的直径相对较小，使金属液流过内浇口的速度增大，它猛烈地冲击着型芯一个极小的区域，使该区域出现严重黏附或出现过早的冲蚀现象，因此这个局部区域应设计成可以更换的镶块结构。

从中心进料的内浇口多用于热压室和立式冷压室的压铸模。当用于卧式冷压室压铸模时，必须增设一个辅助分型面，以便于取出余料。

7.1.2.2　内浇口的设计原则

内浇口的设计原则有：

（1）金属液从铸件厚壁处向薄壁处填充。

（2）内浇口的设置要使进入型腔的金属液先流向远离浇口的部位。

（3）金属液进入型腔后不宜立即封闭分型面、溢流槽和排气槽。

（4）从内浇口进入型腔的金属液，不宜正面冲击型芯。

（5）浇口的设置应便于切除。

（6）内浇口的位置应有利于金属液的流动。带有加强肋和散热片以及带有螺纹或齿轮的压铸件，内浇口的位置应使金属液流在进入型腔后顺着它们的方向流动，以防产生较大的流动阻力。

（7）避免在浇口部位产生热节。

（8）选择内浇口位置时，应使金属液流程尽可能短。对于形状复杂的大件最好设置中心浇口。

（9）采用多股内浇道时，要注意防止金属液进入型腔后从几路汇合，相击，产生涡流、裹气和氧化夹渣等缺陷。

（10）薄壁压铸件内浇口的厚度要小一些，以保持必要的充填速度。

（11）根据铸件的技术要求，凡精度、表面粗糙度要求较高且不再加工的，不宜设置内浇口。

（12）管形铸件最好围绕型芯设置环形浇口。

（13）浇口位置应使金属液流至型腔各部位的距离尽量相等，以达到各个分割的远离部位同时填满和同时凝固。

7.1.2.3 内浇口截面积的计算

A 流量法

目前，在实践中，计算内浇口的截面积以流量法为主。

熔融金属以速度 $v_n(\text{cm/s})$ 流过截面积为 $F_n(\text{cm}^2)$ 的内浇口，所流过的金属以流量 $Q(\text{cm}^3/\text{s})$ 表示，即

$$Q = F_n v_n$$

在内浇口处，时间 $t(\text{s})$ 内所流过的金属体积 $v(\text{cm}^3)$，同样也可以用流量 Q 来表示，即

$$Q = V/t$$

于是便有

$$F_n v_n = V/t$$

若金属体积 V 用铸件质量 $m(\text{g})$ 来代替，当金属密度为 $\rho(\text{g/cm}^3)$ 时，则：

$$V = m/\rho$$

所以

$$F_n v_n = m/(\rho t)$$

于是，内浇口截面积 F_n 就可写成：

$$F_n = m/(\rho v_n t)$$

因此，内浇口速度 v_n 和填充时间 t 就是确定 F_n 的工艺参数。液态金属密度 ρ 的数值列于表 7-1 中，推荐使用的 v_n 和 t 的数值列于表 7-2 和表 7-3 中。

表 7-1 液态金属的密度值

合金种类	铅合金	锡合金	锌合金	铝合金	镁合金	铜合金
$\rho/\text{g} \cdot \text{cm}^{-3}$	8 ~ 10	6.6 ~ 7.3	6.4	2.4	1.65	7.5

表 7-2 充填速度推荐值

合金种类	铝合金	锌合金	镁合金	黄　铜
充填速度 $v_n/m \cdot s^{-1}$	20 ~ 60	30 ~ 50	40 ~ 90	20 ~ 50

注：1. 当铸件的壁很薄，并且表面质量要求较高时，选用较高的充填速度值；

　　2. 对力学性能，如抗拉强度和致密度要求较高时选用较低的值。

表 7-3　填充时间推荐值

铸件平均壁厚 b/mm	型腔充填时间 t/s	铸件平均壁厚 b/mm	型腔充填时间 t/s
1.5	0.01 ~ 0.03	3.0	0.05 ~ 0.10
1.8	0.02 ~ 0.04	3.8	0.05 ~ 0.12
2.0	0.02 ~ 0.06	5.0	0.06 ~ 0.20
2.3	0.03 ~ 0.07	6.4	0.08 ~ 0.30
2.5	0.04 ~ 0.09		

注：1. 铸件平均壁厚 t 计算如下：

$$t = \frac{b_1 S_1 + b_2 S_2 + b_3 S_3 + \cdots}{S_1 + S_2 + S_3 + \cdots}$$

式中　b_1，b_2，b_3，…——铸件某个部位的壁厚，mm；

　　　S_1，S_2，S_3，…——壁厚为 b_1、b_2、b_3、…部位的面积，mm^2。

2. 铝合金取较大的值，锌合金取中间值，镁合金取较小的值。

　B　计算内浇口截面积的经验公式

计算内浇口截面积的经验公式很多，西方压铸公司提出的公式以供参考：

$$L = \frac{0.0268 V^{0.745}}{T}$$

式中　L——内浇口宽度，cm；

　　　T——内浇口厚度，cm；

　　　V——铸件和溢流槽体积，cm^3。

该公式适用于所有压铸合金。

7.1.2.4　内浇口厚度

　　内浇口形状除点浇口、顶浇口是圆形，中心浇口和环形浇口是环形之外，其余的基本上是矩形。通过对充填理论的研究可知，内浇口厚度极大地影响着充填形式，也即影响压铸件内在质量。因此，内浇口厚度是一个重要尺寸。

　　内浇口的厚度对金属液的充型影响较大。一般情况下最小厚度为 0.15mm。当内浇道过薄时，会使内浇道处金属液凝固过快，在压铸件凝固期间压射系统的压力不能有效地传递到压铸件上。如果内浇口过厚，充填速度过低而降温大，可能导致铸件轮廓不清，切除内浇口困难。内浇口的最大厚度一般不大于相连的压铸件壁厚的一半。内浇口厚度的经验数据见表 7-4。

7.1.2.5　内浇口宽度和长度

　　A　内浇口宽度

　　内浇口宽度应适当选取，宽度太大或太小，会使金属液直冲浇口对面的型壁产生紊流，将空气和杂质包住而产生废品。根据内浇口的截面积即可计算出内浇道的宽度。根据经验，矩形压铸件内浇口宽度一般取边长的 0.6 ~ 0.8 倍，圆形压铸件一般取直径的 0.4 ~ 0.6 倍。

表 7-4 内浇口厚度经验数据 （mm）

合金种类	压铸件壁厚						
	0.6 ~ 1.5		>1.5 ~ 3		>3 ~ 6		>6
	复杂件	简单件	复杂件	简单件	复杂件	简单件	为压铸件壁厚的百分数/%
铅、锡合金	0.4 ~ 0.8	0.4 ~ 1.0	0.6 ~ 1.2	0.8 ~ 1.5	1.0 ~ 2.0	1.5 ~ 2.0	20 ~ 40
锌合金	0.4 ~ 0.8	0.4 ~ 1.0	0.6 ~ 1.2	0.8 ~ 1.5	1.0 ~ 2.0	1.5 ~ 2.0	20 ~ 40
铝、镁合金	0.6 ~ 1.0	0.6 ~ 1.2	0.8 ~ 1.5	1.0 ~ 1.8	1.5 ~ 2.5	1.8 ~ 3.0	40 ~ 60
铜合金	—	0.8 ~ 1.2	1.0 ~ 1.8	1.0 ~ 2.0	1.8 ~ 3.0	2.0 ~ 4.0	40 ~ 60

B 内浇口长度

内浇口长度直接影响铸件质量。内浇口太长，影响压力传递，铸件表面易成冷隔花纹等；内浇口太短，进口处温度容易升高，加快内浇口磨损，产生喷射现象。一般取 2 ~ 3mm。

内浇口宽度和长度的经验数据见表 7-5。

表 7-5 内浇口宽度和长度的经验数据

内浇口进口部件铸件形状	内浇口宽度	内浇口长度/mm	说 明
矩形板件	铸件边长的 0.6 ~ 0.8 倍	2 ~ 3	指从铸件中轴线处侧向注入，如离轴线一侧的端浇口或点浇口则不受此限
圆形板件	铸件外径的 0.4 ~ 0.6 倍		内浇口以割线注入
圆环件、圆筒件	铸件外径或内径的 0.25 ~ 0.3 倍		内浇口以切线注入
方框件	铸件边长的 0.6 ~ 0.8 倍		内浇口以侧壁注入

7.1.2.6 内浇道与压铸件、横浇道的连接方式

图 7-11 所示为内浇口与压铸件、横浇道的连接方式。

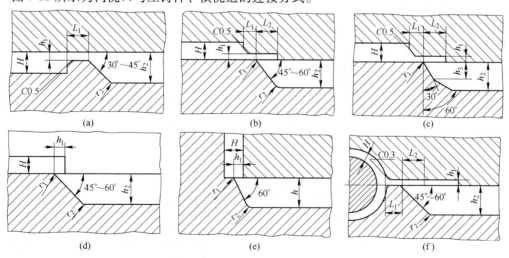

图 7-11 内浇口与压铸件、横浇道的连接方式

L_1—内浇道长度；L_2—内浇道延伸段长度；H—压铸件厚度；h_1—内浇道的厚度；h_2—横浇道厚度；

h_3—横浇道过渡段厚度；r_1，r_2—圆角半径；$L_1 = 23mm$，$L_2 = 3L_1$；

$L_1 + L_2 = 8 ~ 10mm$；$h_2 = 2H$；$h_3 = 2L_1$；$h_1 = r_1$；$r_2 = h_2/2$

图 7-11(a)所示为内浇道、横浇道和压铸件在同一侧的形式；图 7-11(b)所示为内浇道和压铸件在一侧，横浇道在另一侧的形式；图 7-11（c）与图 7-11(b)类似，只是在横浇道上增加了一个折角；图 7-11(d)中，内浇道设在压铸件与横浇道的接合处，称为搭接式内浇道；图 7-11(e)的形式与图 7-11(d)相类似，搭接处角度增大至 60°，适用于深型腔的压铸件；图 7-11(f)的形式适用于管状压铸件。

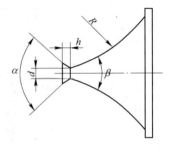

图 7-12　点浇口的结构

7.1.2.7　点浇口的设计

对于结构对称、壁厚均匀的罩壳类零件，可采用点浇口。点浇口的结构和直径如图 7-12 和表 7-6 所示。

表 7-6　点浇口直径的选择

铸件投影面积 F/mm^2		≤80	>80~150	>150~300	>300~500	>500~750	>750~1000
直径 d/mm	简单铸件	2.8	3.0	3.2	3.5	4.0	5.0
	中等复杂铸件	3.0	3.2	3.5	4.0	5.0	6.5
	复杂铸件	3.2	3.5	4.0	5.0	6.0	7.5

注：表中数值适用于铸件壁厚在 2.0~3.5mm 范围内的铸件。

点浇口其他部分尺寸的选择见表 7-7。

表 7-7　点浇口其他部分尺寸的选择

直径 d/mm	<4	<6	<8	进口角度 $\beta/(°)$	45~60
厚度 h/mm	3	4	5	圆弧半径 R/mm	30
出口角度 $\alpha/(°)$		60~90			

注：尺寸符号见图 7-12。

7.1.3　直浇道的设计

直浇道的结构与所选的压铸类型有关，分为卧式冷压室、立式冷压室和热压室压铸机用三种直浇道。

7.1.3.1　卧式冷压室压铸机用直浇道

卧式冷压室压铸机用直浇道一般由压铸机上的压室和压铸模上的浇口套组成，结构如图 7-13 所示。

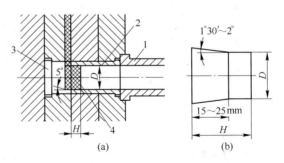

图 7-13　卧式冷压室压铸机用直浇道
1—压室；2—浇口套；3—分流器；4—料饼

压室和浇口套可以制造成整体，也可以分别制造，目前后者应用较多。卧式冷压室压铸机用直浇道的设计要点如下：

（1）根据所需要的压射比压、金属液的总容量以及压室的充满度，选择适宜的压室直径。

（2）直浇道的厚度 H 一般取 $(1/3 \sim 1/2)D$。

（3）直浇道的脱模斜度取 $1°30' \sim 2°$，长度取 $15 \sim 25\text{mm}$，开设在浇口套靠近分型面一端的孔上。

（4）浇口套的长度应小于压铸机压射冲头的跟踪距离，以便于在开模后浇注余料从直浇道中完全推出。

（5）为了便于浇注余料从浇口套中顺利脱模，直浇道前端应有一段斜度为 5° 左右的圆锥面。

（6）在一般情况下，直浇道应开在横浇道入口处下方，其下沉距离应大于直浇道直径的 2/3 以上，以防止在压铸前金属液的预填充。

（7）浇口套与浇道镶块均与高温的金属液接触，都应采用耐热钢制造。如选用 3Cr2W8，其热处理硬度 HRC 为 $44 \sim 48$。

（8）直浇道的内孔应在热处理和精磨后，再沿着脱模的方向研磨，其表面粗糙度 $R_a \le 0.2\mu\text{m}$。

7.1.3.2 立式冷压室压铸机用直浇道

立式冷压室压铸机用直浇道一般由压铸机上的喷嘴和压铸模上的浇口套、定模镶块和分流锥组成，其结构如图 7-14 所示。

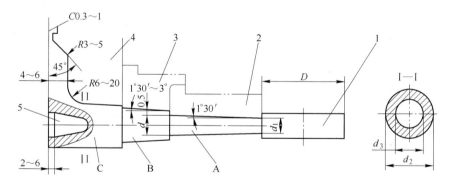

图 7-14 立式冷压室压铸机用直浇道

1—料饼；2—喷嘴；3—浇口套；4—定模镶块；5—分流锥

从喷嘴导入口至最小环形截面（Ⅰ—Ⅰ 截面）为整个直浇道。直浇道的 A 段由喷嘴形成，B 段由浇道套形成，C 段由定模镶块形成，Ⅰ—Ⅰ 截面处的空腔由分流锥形成，直浇道在 d_1 处与料饼相连。喷嘴是压铸机的附件，备有多种规格以供选用。

立式冷压室压铸机用直浇道的设计要点如下：

（1）根据内浇口的截面积选择喷嘴导入口直径。喷嘴导入口小端截面积一般为内浇口截面积的 $1.2 \sim 1.4$ 倍：

$$d_1 = 2\sqrt{\frac{(1.2 - 1.4)A_n}{\pi}}$$

式中 d_1——喷嘴导入口小端直径，mm；

A_n——内浇口截面积，mm^2。

（2）A、B、C 各段均有脱模斜度。A 喷嘴部分的出模斜度取 1°30″；B 浇口套的出模斜度取 1°30″~3°；C 段脱模斜度根据镶块厚度来确定，镶块厚则脱模斜度小，镶块薄则脱模斜度大。

（3）位于浇口套部分直浇道的直径应比喷嘴部分直浇道的直径每边放大 0.5~1mm。

（4）由定模镶块与分流锥形成的环形通道截面积一般为喷嘴导入口截面积的 1.2 倍左右，直浇道底部分流锥的直径 d_3 一般可按下式计算：

$$d_3 = \sqrt{d_2^2 - (1.1 \sim 1.3)d_1^2}$$

式中　d_2——直浇道底部环形截面处的外径，mm。

并且要求：

$$\frac{d_2 - d_3}{2} \geqslant 3$$

（5）直浇道与横浇道连接处要求圆滑过渡，圆角半径 R 一般取 5~20mm，以使金属液流动平稳顺畅。

（6）直浇道部分浇口套的结构形式见表 7-8。

表 7-8　直浇道部分浇口套的结构形式

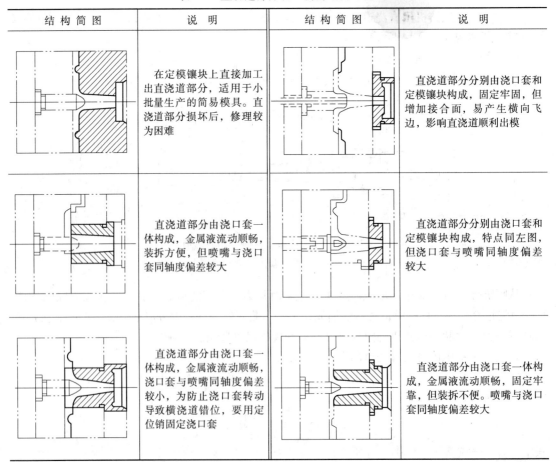

结 构 简 图	说　明	结 构 简 图	说　明
	在定模镶块上直接加工出直浇道部分，适用于小批量生产的简易模具。直浇道部分损坏后，修理较为困难		直浇道部分分别由浇口套和定模镶块构成，固定牢固，但增加接合面，易产生横向飞边，影响直浇道顺利出模
	直浇道部分由浇口套一体构成，金属液流动顺畅，装拆方便，但喷嘴与浇口套同轴度偏差较大		直浇道部分分别由浇口套和定模镶块构成，特点同左图，但浇口套与喷嘴同轴度偏差较大
	直浇道部分由浇口套一体构成，金属液流动顺畅，浇口套与喷嘴同轴度偏差较小，为防止浇口套转动导致横浇道错位，要用定位销固定浇口套		直浇道部分由浇口套一体构成，金属液流动顺畅，固定牢靠，但装拆不便。喷嘴与浇口套同轴度偏差较大

（7）分流锥的结构形式见表7-9。

表7-9 分流锥的结构形式

结 构 简 图	说 明	结 构 简 图	说 明
	圆锥形分流锥导向效果好，结构简单，应用较为广泛		分流锥中心设置推杆，有利于推出直浇道，推杆形成的间隙有利于排气
	在圆锥面上设置凹槽的分流锥，增大金属液冷凝收缩时包紧力，有助于将直浇道从定模中带出		偏心圆锥形分流锥适用于单型腔侧浇口

7.1.3.3 热压室压铸机用直浇道

一般由压铸机上的喷嘴和压铸模上的浇口套、分流锥组成，其结构如图7-15所示。

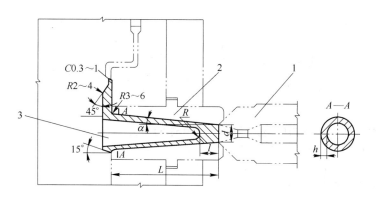

图 7-15 热压室压铸机用直浇道
1—喷嘴；2—浇口套；3—分流锥

热压室压铸机用直浇道的分流锥比较长，用于调整直浇道的截面积，控制金属液的流向及减少浇注系统金属的消耗量。热压室压铸机用直浇道设计要点如下：

（1）根据压铸件的结构和质量选择压室尺寸。

（2）根据内浇道截面积选择喷嘴出口小端直径 d。一般喷嘴出口小端截面积为内浇道截面积的 $1.1 \sim 1.2$ 倍。

（3）直浇道环形截面 A—A 处的壁厚，对于小型压铸件取 $2 \sim 3mm$，中型压铸件取 $3 \sim 5mm$。

（4）直浇道的单边斜度，一般取 $2° \sim 6°$，浇口套内孔表面粗糙度 $R_a \leqslant 0.2\mu m$。

（5）为适应热压室压铸机高效率生产的需要，通常在浇口套和分流锥内部设置冷却水道。

7.1.4　横浇道的设计

横浇道是从直浇道末端至内浇口之间的一段通道。横浇道的作用是将金属液从直浇道引入内浇口，同时横浇道中的金属液还能改善模具热平衡，在压铸件冷却凝固时起到补缩和传递静压力的作用。

7.1.4.1　横浇道的结构形式

横浇道的结构形式和尺寸主要取决于压铸件的形状、大小、型腔个数以及内浇口的形式、位置、方向和流入口的宽度等因素。

卧式冷压室压铸机采用的横浇道的结构形式如图 7-16 所示。

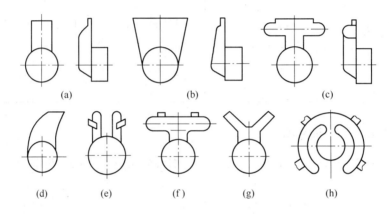

图 7-16　卧式冷压室压铸机用横浇道的结构形式
（a）平直式；（b）扇形式（扩张式）；（c）"T"形式；（d）圆弧收缩式；
（e）平直分支式；（f）"T"形分支式；（g）分叉式；（h）圆周多支式

卧式冷压室压铸机采用的横浇道设置在直浇道的上方。其中，图 7-16(a)～(d)适用于单型腔模具，图 7-16(e)～(h)适用于多型腔模具。

7.1.4.2　横浇道的设计要点

槽浇道的设计要点有：

（1）模具上横浇道部分，应顺着金属液的流动方向研磨，其表面粗糙度 $R_a \leqslant 0.2\mu m$。

（2）横浇道截面积应该从直浇道起向内浇口方向逐渐缩小。如果在横浇道中出现截面积扩大的现象，则金属液流过时会产生负压，必然会吸入分型面上的空气，从而增加金属液流动过程中的涡流。

（3）横浇道截面积在任何情况下都不应小于内浇口的截面积。多腔压铸模主横浇道截面积应大于各分支横浇道截面积之和。

（4）横浇道应具有一定的厚度和长度。横浇道过薄，热量损失大；过厚，则冷却速度慢，生产效率低。横浇道具有一定的长度，可以起到稳定和导向金属流的作用。

（5）金属液通过横浇道时的热量损失应尽可能小，以保证横浇道在压铸件和内浇口之后凝固。

（6）根据工艺上的需要可布置盲浇道，以达到改善模具热平衡条件，容纳冷污金属液、涂料残渣和气体的目的。

7.1.4.3 横浇道的截面形状和尺寸

横浇道的截面形状如图 7-17 所示。图 7-17（a）为扁平形，金属液热量损失少，加工方便，应用广泛。图 7-17（b）为长梯形，适用于浇道部位狭窄、金属液流程长以及多型腔的分支浇道。图 7-17（c）为双扁梯形，金属液热量损失少，适用于流程特别长的浇道。图 7-17（d）为圆形，热量损失最少，但加工困难。横浇道的截面尺寸的选择见表 7-10。

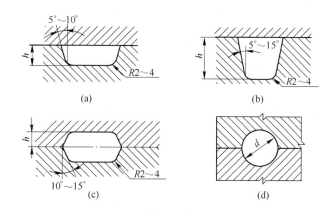

图 7-17　横浇道的截面形状

（a）扁平形；（b）长梯形；（c）双扁梯形；（d）圆形

表 7-10　横浇道的截面尺寸

截 面 形 状	计 算 公 式	说 明
（图）	$b = 3A_n/h$（一般） $b = (1.25 \sim 1.6)A_n/h$（最小） $h \geqslant (1.5 \sim 2)H$ $\alpha = 10° \sim 15°$ $r = 2 \sim 3$	b——横浇道长边尺寸，mm； h——横浇道深度，mm； A_n——内浇口截面积，mm²； H——压铸件平均壁厚，mm； α——脱模斜度，(°)； r——圆角半径，mm

7.2　排溢系统的设计

7.2.1　排溢系统的组成及其作用

排溢系统是熔融的金属液在填充型腔过程中，排除气体、冷污金属液以及氧化夹杂物的通道和储存器，用以控制金属液的填充流态，消除某些压铸缺陷，是浇注系统中不可或缺的重要组成部分。

7.2.1.1　排溢系统的组成

排溢系统包括溢流槽和排气道两个部分，如图 7-18 所示，主要由溢流口 1、溢流槽 2 和排气道 4 组成。当溢流槽开设在动模一侧时，为使溢流余料与压铸件一起脱模，也可在溢流槽处设置推杆 3。

7.2.1.2 排溢系统的功能

排溢系统的功能为：

（1）有序地排出型腔中的气体和排除并容纳冷污的金属液以及其他氧化夹杂物，防止在压铸件的局部产生涡流气泡、缩孔、疏松以及冷隔等压铸缺陷。

（2）与内浇口配合，共同起到控制金属液填充流动状态的作用。例如，假设将型腔按照填充的流动距离分隔成若干同等的部分时，在适当的位置设置溢流槽，有利于满足同时结束填充和同时凝固的辅助作用。

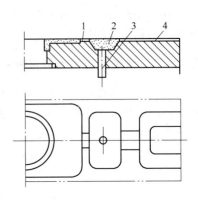

图 7-18　排溢系统的组成
1—溢流口；2—溢流槽；
3—推杆；4—排气道

（3）将缩孔、疏松、冷隔等压铸缺陷引导并转移到无关紧要的部位。

（4）溢流槽中高温的金属液可视为热源的一部分，可调节模具各部位的温度，改善模具成形区域热平衡状态，减少压铸件流痕、冷隔或填充不足等现象的产生。特别是对薄壁的压铸件，不但使其表面质量得以提高，更重要的是为选用适宜的填充时间提供了条件。

（5）在自动化生产时，溢流槽余料（俗称溢流包）可作为传递装挂支承的附加部分；在机械加工时，又可作为加工基准和装夹定位的工艺部位。

（6）必要时，溢流槽余料可作为压铸件以外的脱模推出位置，防止压铸件变形或避免在压铸件上留有推杆痕迹，以及消除结构件相对移动产生的干涉现象。

7.2.2 溢流槽的设计要点

溢流槽的设计要点如图 7-19 所示。

具体介绍如下：

（1）设在金属流最初冲击的地方，以排除端部进入型腔的冷凝金属流。其容积比该冷凝

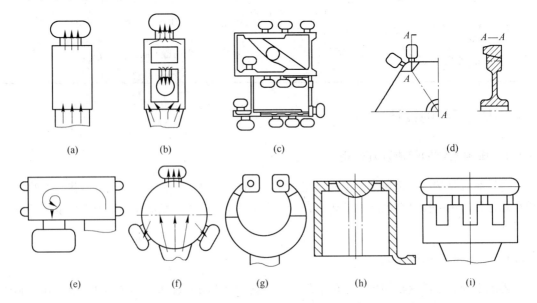

（a）　　　　　（b）　　　　　（c）　　　　　（d）

（e）　　　　　（f）　　　　　（g）　　　　　（h）　　　　　（i）

图 7-19　溢流槽的设计要点

金属流稍大一些（见图7-19(a)）。

（2）设在两股金属流汇合的地方，以消除压铸件的冷隔。其容积相当于出现冷隔范围部位的金属容积（见图7-19(b)）。

（3）布置在型腔周围，其容积应能足够排除混有气体的金属液及型腔中的气体（见图7-19(c)）。

（4）设在压铸件的厚实部位处，其容积相当于热节或出现缩孔缺陷部位的容积的2～3倍（见图7-19（d））。

（5）设在容易出现涡流的地方，其容积相当于产生涡流部分的型腔容积（见图7-19(e)）。

（6）设在模具温度较低的部位，其容积大小以取得改善模具温度分布为宜（见图7-19(f)）。

（7）设在内浇口两侧的死角处，其容积相当于出现压铸件缺陷处的容积（见图7-19(g)）。

（8）设在排气不畅的部位，设置后兼设推杆（见图7-19（h））。

（9）设置整体溢流槽，以防止压铸件变形（见图7-19（i））。

7.2.3　溢流槽的尺寸计算

溢流槽的容积见表7-11。单个溢流槽的尺寸见表7-12。

表7-11　溢流槽的容积

使　用　条　件	容　积　范　围	说　　明
消除压铸件局部热节处缩孔缺陷	为热节的3～4倍或为缺陷部位体积的2～2.5倍	如作为平衡模具温度的热源或用于改善金属液充填流态，则应再加大其容积
溢流槽的总容积	不少于压铸件体积的20%	小型压铸件比值更大

表7-12　单个溢流槽的尺寸

简　图	经　验　数　据			
		铅合金、锡合金、锌合金	铝合金、镁合金	铜合金、黑色金属
形式1 形式2 形式3	溢流口宽度 h	6～12	8～12	8～12
	溢流槽半径 r	4～6	5～10	6～12
	溢流口长度 l	2～3	2～3	2～3
	溢流口厚度 b	0.4～0.5	0.5～0.8	0.6～1.2
	溢流槽长度中心距 H	$>(1.5～2)h$	$>(1.5～2)h$	$>(1.5～2)h$

注：1. 一般情况下采用形式1、形式2及形式3容积较大，常用于改善模具热平衡或其他需要采用大容积溢流槽的部位。

2. 溢流口总截面积一般为内浇口截面积的50%～70%。如果溢流口过大，则与型腔同时充满，不能充分发挥溢流、排气作用，故溢流口厚度和截面积应小于内浇口的厚度和截面积。

3. 溢流口的截面积一般为排气槽截面积的50%，以保证溢流槽有效地排出气体。

7.2.4　排气槽的设计

排气槽一般与溢流槽配合，布置在溢流槽后端以加强溢流和排气效果。在某些情况下也可在型腔的必要部位单独布置排气槽。

设置排气槽的目的是为了能排除浇道、型腔及溢流槽内的混合气体，以利于填充、减少和防止压铸件中气孔缺陷的产生。

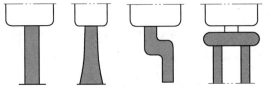

图 7-20　分型面上布置排气槽

通常，排气槽设在分型面上，如图 7-20 所示。由分型面上直接从型腔中引出平直、曲折的排气槽，也可在溢流槽后端部位布置排气槽。型腔深处可在型芯上开设排气槽或特设推杆排气。排气槽不能被金属流堵塞，排气槽相互间不应连通。

排气槽的尺寸见表 7-13。

表 7-13　排气槽的尺寸

合金种类	排气槽深度/mm	排气槽宽度/mm	说　明
铅合金	0.05 ~ 0.10		（1）排气槽在离开型腔 20 ~ 30mm 距离后，可将其深度增大到 0.3 ~ 0.4mm，以提高其排气效果； （2）排气槽的总截面积一般应不小于内浇口截面积的 50%，但不得超过内浇口截面积； （3）在需要增大排气槽截面积时，以增大排气槽的宽度和槽数为宜，不宜过分增加其厚度，以防止金属液溅出
锌合金	0.05 ~ 0.12		
铝合金	0.10 ~ 0.15	8 ~ 25	
镁合金	0.10 ~ 0.15		
铜合金	0.15 ~ 0.20		
黑色金属	0.20 ~ 0.30		

7.3　成形零件的结构设计

压铸模结构中构成型腔以形成压铸件形状的零件称为成形零件。一般地，浇注系统、排溢系统也在成形零件上加工而成。这些零件直接与金属液接触，承受高速金属液流的冲刷和高温、高压的作用。成形零件的质量决定了压铸件的精度和质量，也决定了模具的寿命。压铸模的成形零件主要是指型芯和镶块。

7.3.1　成形零件的结构形式

成形零件的结构形式分为整体式和镶拼式两种。

7.3.1.1　整体式结构

整体式结构如图 7-21 所示，其型腔直接在模块上加工成形，使模块和型腔构成一个整体。整体式结构的特点为：

（1）强度高，刚性好；

（2）与镶拼式结构相比，压铸件成形后光滑平整；

（3）易于设置冷却水道；

（4）可提高压铸高熔点合金的模具寿命。

整体式结构适用的场合为：

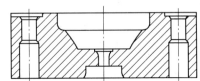

图 7-21　整体式结构

（1）型腔较浅的小型单型腔模或型腔加工较简单的模具；

（2）压铸件形状简单、精度要求低的模具；

（3）生产批量小的模具；

（4）压铸机拉杆空间尺寸不大时，为减小模具外形尺寸，可选用整体式结构。

7.3.1.2 镶拼式结构

镶拼式结构如图 7-22 所示，成形部分的型腔和型芯由镶块镶拼而成。镶块装入模具的套板内加以固定，构成动（定）模型腔。这种结构形式在压铸模中广泛采用。

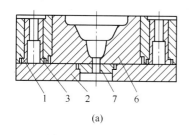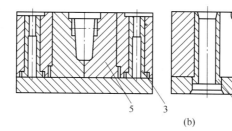

图 7-22　镶拼式结构

（a）整体镶块式；（b）组合镶块式

1—定模套板；2—定模座板；3—导套；4—浇口套；5—组合镶块；6—整体镶块；7—浇道镶块

镶拼式结构的特点为：

（1）对于复杂的成形表面，可用机械加工代替钳工操作，以简化加工工艺，保证加工精度；

（2）能够合理地使用模具钢，降低成本；

（3）可减小热处理变形和开裂；

（4）有利于易损件的更换和修理，延长模具寿命；

（5）拼合处的适当间隙有利于型腔排气；

（6）过多的镶块拼合面则会增加装配时的困难，且难以满足较高的组合尺寸精度；

（7）镶拼处的缝隙易产生飞边，既影响模具使用寿命，又会增加铸件去毛刺的工作量；

（8）冷却通道开设不方便。

镶拼式结构通常用于多型腔或深型腔的大型压铸模及压铸件表面复杂、做成整体结构不易加工的压铸模。

随着电加工、冷挤压、陶瓷型精密铸造等新工艺的不断发展，在加工条件许可的情况下，除为了满足压铸工艺要求排除深腔内的气体或便于更换易损部分而采用组合镶块外，其余成形部分应尽可能采用整体镶块。

设计镶拼式结构时，要保证镶块定位准确、紧固，不允许发生位移。镶块要便于加工、保证压铸件尺寸精度和脱模方便。

7.3.2 镶拼式结构的设计

设计镶块、型芯应符合如下要求：

（1）便于机械加工，以达到成形部位的尺寸精度和组合部位的配合精度。图 7-23（a）所示的结构加工困难，图 7-23（b）所示的结构则加工方便。

（2）镶拼间隙方向与出模方向应一致，以免影响脱模。如图 7-24（a）所示的镶拼形式会在铸件上产生与脱模方向不一致的披缝，图 7-24（b）所示的结构披缝不影响脱模。

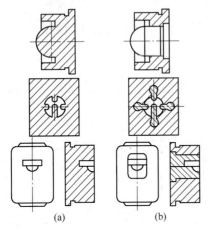

图 7-23　镶拼结构对加工的影响

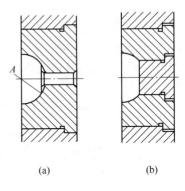

图 7-24　避免锐角的镶拼

（3）不应产生锐角和薄壁，以免在模具加工、热处理及压铸件生产过程中产生变形和裂纹。如图 7-25（a）所示两个型芯全镶拼，加工虽较简单，但型芯之间的镶块壁很薄，强度较差，易出现材料热疲劳，热处理后易变形和产生裂纹。改为如图 7-25（b）所示的结构，镶块强度高，使用寿命长。图 7-24（a）中镶块边缘 A 处有锐角影响镶块寿命，改为如图 7-24（b）所示结构则镶块强度高。

（4）提高镶块、型芯与模板相对位置的稳定性。如图 7-26（a）所示型芯细长一端固定，稳定性差，易弯曲甚至断裂。而图 7-26（b）所示的型芯两端固定就避免了上述问题。

（5）镶块、型芯应便于维修和调换。

（6）不妨碍铸件外观，有利飞边去除。

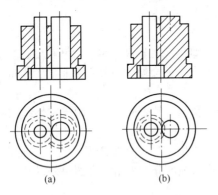

图 7-25　避免产生薄壁的结构

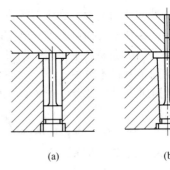

图 7-26　提高稳定性的结构

7.3.3　成形零件的固定

成形零件时必须保持与相关的构件有足够的稳定性，还要求便于加工和装卸。

7.3.3.1　镶块的固定

镶块一般均安装在套板或卸料板内，其安装形式有不通孔和通孔两种。

　　如图 7-27 所示，不通孔的套板结构简单，强度较高，镶块用螺钉和套板直接紧固，不用座板或支承板，节约钢材，减轻模具重量。当动、定模均为不通孔时尤其对于一模多腔的模具要保持动、定模镶块安装孔的同轴度以及深度尺寸全部一致比较困难。

　　通孔的套板用台阶固定或用螺钉和座板紧固，在动、定模上镶块的安装孔的形状和大小都应该一致，便于组合加工，容易保证同轴度。图 7-28 所示为通孔台阶式，用于型腔较深的或一模多腔的模具，以及对于狭小的镶块不便用螺钉紧固的模具，为了保持镶块稳定性，在接近镶块的台阶边缘处需用螺钉将套板和支承板（或座板）紧固。又如图 7-29 所示的通孔无台阶式，用于镶块与支承板（或座板）直接用螺钉紧固的情况，在调整镶块的厚度时，不受台阶的影响，加工更为简便。

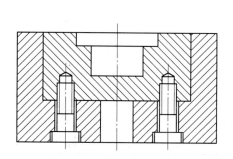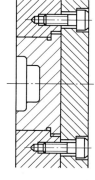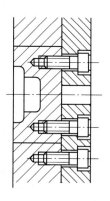

图 7-27　镶块在盲孔套板中的固定形式　　　图 7-28　通孔套板台阶固定　　　图 7-29　通孔无台阶固定

7.3.3.2　型芯固定

　　型芯固定时必须保持与相关构件之间有足够的强度、稳定性以及便于机械加工和装卸，在金属液的冲击下或铸件卸除包紧力时不发生位移、弹性变形和弯曲断裂现象。

　　型芯大多采用台阶式的固定方式。型芯靠台阶固定在镶块、滑块或动模套板内，制造和装配都很方便（见图 7-30）。此外，也可采用螺钉式（见图 7-31）、螺塞式（见图 7-32）、销钉式（见图 7-33）、键固定式（见图 7-34）等。

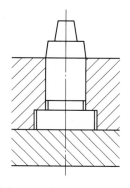

图 7-30　台阶式固定型芯

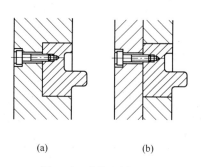

(a)　　　　　　(b)

图 7-31　螺钉固定型芯

7.3.3.3　镶块、型芯的止转

　　圆柱形镶块或型芯的成形部分为非回转体时，为了保持动、定模镶块和其他零件的相关位置，

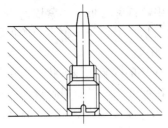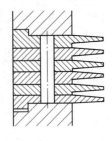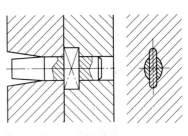

图 7-32　螺塞固定型芯　　　图 7-33　销钉固定型芯　　　图 7-34　键固定型芯

必须采用止转措施。常用的止转形式是采用销钉止转和平键止转（见图 7-35 和图 7-36）。销钉止转形式加工方便，应用范围较广，但因接触面小，经多次拆卸后装配精度会下降，而平键止转形式因接触面大故精度较高。

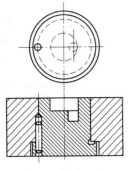　　　　　　　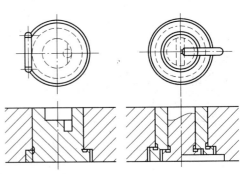

图 7-35　销钉止转形式　　　　　　　　图 7-36　平键止转形式

7.3.4　成形零件制造尺寸计算

成形零件的尺寸包括成形零件结构尺寸和成形尺寸。

7.3.4.1　成形零件结构尺寸

镶块结构尺寸主要包括镶块壁的厚度、镶块底的厚度、台阶的高度及宽度等。镶块壁厚尺寸推荐值见表 7-14。

表 7-14　镶块壁厚尺寸推荐值　　　　　　　　　　　　（mm）

	型腔长边尺寸 L	型腔深度 H_1	镶块壁厚 h	镶块底厚 H
	≤80	5 ~ 50	15 ~ 30	≥15
	>80 ~ 120	10 ~ 60	20 ~ 35	≥20
	>120 ~ 160	15 ~ 80	25 ~ 40	≥25
	>160 ~ 220	20 ~ 100	30 ~ 45	≥30
	>220 ~ 300	30 ~ 120	35 ~ 50	≥35
	>300 ~ 400	40 ~ 140	40 ~ 60	≥40
	>400 ~ 500	50 ~ 160	45 ~ 80	≥45

注：1. 型腔长边尺寸 L 及深度尺寸 H_1 是指整个型腔侧面的大部分面积，对局部较小的凹坑 A，在查表时不应计算在型腔尺寸范围内。
　　2. 镶块壁厚尺寸 h 与型腔的侧面积（$L×H_1$）成正比，凡深度 H_1 较大，几何形状复杂易变形的，h 应取较大值。
　　3. 镶块底部壁厚尺寸 H 与型腔底部投影面积和深度 H_1 成正比，当型腔短边尺寸 B 小于 $1/3L$ 时，表中 H 值应当减小。
　　4. 当套板中的镶块安装孔为通孔结构时，深度 H_1 较小的型腔应保持镶块高度与套板厚度一致，H 值可相应增加不受限制。
　　5. 在镶块内设有水冷或电加热装置时，其壁厚根据实际需要，适当增加。

整体镶块的台阶推荐值见表7-15。

表7-15 台阶推荐值 （mm）

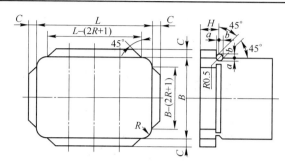

公称尺寸 L	厚度 H	宽度 C	沉割槽深度	沉割槽宽度	圆角半径 R
≤60	8~10	3.5	0.5	1	8
>60~150					10
>150~250	12~15	4.5	1		12
>250~360				1.5	15
>360~500	18~20	6			20
>500~630	20~25	8	1.5	2	25

注：1. 根据受力状态台阶可设在四侧或长边的两侧。

2. 组合镶块台阶的 H 和 C，根据需要也可选取表内尺寸系列，如在同一套板安装孔内的组合镶块，其公称尺寸 L 是指装配后全部组合镶块的总外形尺寸。

3. 对薄片状的组合镶块，为提高强度，可取 H≥15mm，但不应大于套板高度的1/3。

组合式成形镶块固定部分长度推荐值见表7-16。

表7-16 组合式成形镶块固定部分长度推荐值 （mm）

简　图	成形部分长度 l	固定部分短边尺寸 B	固定部分长度 L
	≤20	≤20	>20
		>20	>15
	>20~30	≤20	>25
		20~40	>25
		>40	>20
	>30~50	≤20	>30
		20~40	>25
		>40	>20
	>50~80	≤20	>40
		20~40	>35
		>40	>30
	>80~120	≤20	>45
		20~50	>40
		>50	>35

圆柱型芯推荐值见表7-17。

表7-17　圆柱型芯推荐值　　　　　　　　（mm）

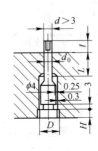 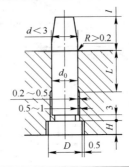

成形段直径 d	配合段直径 d_0	台阶直径 D	台阶厚度 H	配合段长度 L（不小于）
≤3	4	8	5	6～10
>3～10		d_0+4	8	10～20
>10～18				15～25
>18～30		d_0+5	10	20～30
>30～50				25～40
>50～80	$d+(0.4～1)$	d_0+6	12	30～50
>80～120				40～60
>120～180		d_0+8	15	50～80
>180～260				70～100
>260～360		d_0+10	20	90～120

注：1. 为了便于应用标准工具加工孔径 d_0，公称尺寸应取整数或取标准铰刀的尺寸规格。

　　2. 为了防止卸料板机构中的型芯表面与相应配合件的孔之间的擦伤，d_0 部位应大于 d。

　　3. d 和 d_0 两段不同直径的交界处采用圆角或45°倒角过渡。

　　4. 配合段长度 L 的具体数值，可按成形部分长度 l 选定，如 l 段较长（$l≥2～3d$）的型芯，L 值应取较大值。

圆型芯成形部分长度、固定部分的长度和螺孔直径见表7-18。

表7-18　圆型芯成形部分长度、固定部分的长度和螺孔直径　　　　　　　（mm）

成形段直径 d	成形部分长度 l	固定部分长度 L	螺孔数量和直径 d_0	简　图
10～20	约15	15	M8	
>20～25	约10	20	M8	
	>10～20	25	M10	
>25～30	约10	20	M10	
	>10～20	25	M12	
>30～40	约10	25	M12 或 3×M6	
	>10～20	30	M12 或 3×M6	
>40～55	<10	25	M16 或 3×M8	
	>10～15	30	M16 或 3×M18	
	>15～20	35	M16 或 3×M8	
>55～70	<10	30	M16 或 3×M10	
	>15～20	35	M16 或 3×M10	
	>20～25	40	M16 或 3×M10	
>70～90	<15	40	M20 或 3×M12	
	>15～20	45	M20 或 3×M12	
	>20～30	50	M24 或 3×M16	

7.3.4.2 成形尺寸

成形零件上构成铸件形状的工作部分的尺寸，即为成形尺寸。成形尺寸的确定直接影响铸件的精度。成形尺寸主要分为：型腔尺寸（包括型腔径向尺寸和深度尺寸）、型芯尺寸（包括型芯径向尺寸和高度尺寸）、成形部分的中心距和位置尺寸、螺纹型芯尺寸和螺纹型环尺寸等。

A 影响压铸件尺寸精度的因素

a 压铸件的收缩率

压铸件的实际收缩率 $\varphi_{实}$ 是指室温时的模具成形尺寸减去压铸件实际尺寸的差与模具成形尺寸之比，即

$$\varphi_{实} = \frac{A_{型} - A_{实}}{A_{型}}$$

式中 $A_{型}$——室温下模具成形尺寸，mm；

$A_{实}$——室温下压铸件实际尺寸，mm。

设计模具时，计算成形零件所采用的收缩率为计算收缩率 φ，它包括了铸件收缩值及模具成形零件在工作温度时的体积膨胀值，计算如下：

$$\varphi = \frac{A' - A}{A}$$

式中 A'——计算的模具成形零件的尺寸，mm；

A——铸件的基本尺寸，mm。

常见的各种合金在计算模具成形尺寸时的计算收缩率见表7-19。

表 7-19 各种合金压铸件计算收缩率推荐值

合金种类	收缩条件		
	阻碍收缩	混合收缩	自由收缩
	计算收缩率/%		
铅锡合金	0.2 ~ 0.3	0.3 ~ 0.4	0.4 ~ 0.5
锌合金	0.3 ~ 0.4	0.4 ~ 0.6	0.6 ~ 0.8
铝硅合金	0.3 ~ 0.5	0.5 ~ 0.7	0.7 ~ 0.9
铝硅铜合金、铝镁合金、镁合金	0.4 ~ 0.6	0.6 ~ 0.8	0.8 ~ 1.0
黄 铜	0.5 ~ 0.7	0.7 ~ 0.9	0.9 ~ 1.1
铝青铜	0.6 ~ 0.8	0.8 ~ 1.0	1.0 ~ 1.2

注：1. L_1，L_3—自由收缩；L_2—阻碍收缩。

2. 表中数据是指模具温度、浇注温度等工艺参数为正常时的收缩率。

3. 在收缩条件特殊的情况下，可按表中推荐值适当增减。

压铸件的收缩率应根据铸件结构特点、阻碍收缩的条件、收缩方向、铸件壁厚、合金成分以及有关工艺因素等确定。其一般规律如下：

（1）铸件结构复杂、型芯多、阻碍收缩大时，则收缩率较小，反之收缩较大。

（2）铸件包住型芯的径向尺寸处在受阻碍方向，收缩率较小；与型芯线平行方向的尺寸处在自由收缩方向，收缩率较大。

（3）薄壁铸件收缩率较小，厚壁铸件收缩率较大。

（4）铸件出模时温度越高，铸件同室温的温差越大，则收缩率也大。

（5）包容嵌件部分的铸件尺寸在收缩时由于受到嵌件的阻碍，收缩率小。

（6）铸件的收缩率也受模具热平衡的影响。同一铸件的不同部位，即使收缩受阻的条件相同，由于温度的不均衡，收缩率也不一致，近浇口端铸件温度高，收缩率较大，离浇口远的一端，温度低，则收缩率较小。对于尺寸较大的铸件尤为显著。

b　制造公差的影响

型腔和型芯尺寸的制造偏差 Δ' 按下列规定选取：

（1）当压铸件尺寸精度为 IT11～IT13 级时，Δ' 取 1/5 压铸件的偏差值 Δ。

（2）当压铸件尺寸精度为 IT14～IT16 级时，Δ' 取 1/4 压铸件的偏差值 Δ。

中心距离、位置尺寸的制造偏差 Δ' 按下列规定选取：

（1）当压铸件尺寸精度为 IT11～IT14 级时，Δ' 取 1/5 压铸件的偏差值 Δ。

（2）当压铸件尺寸精度为 IT15～IT6 级时，Δ' 取 1/4 压铸件的偏差值 Δ。

c　模具结构及压铸工艺的影响

对于同一个压铸件，分型面选取不同，压铸件在模具中的位置就不同，压铸件上同一部位的尺寸精度就有差异。另外，选用活动型芯还是固定型芯，抽芯部位及滑动部位的形式与配合精度对压铸件在该部位的尺寸精度也有影响。在压射过程中，采用较大的压射比压时，有可能使分型面胀开而出现微小的缝隙，因而从分型面算起的尺寸将会增大。涂料涂刷的方式、涂料涂刷的量及其均匀程度也会影响压铸件尺寸精度。

B　成形尺寸标注形式及偏差分布

计算成形尺寸的目的是保证压铸件的尺寸精度。根据上述影响压铸件尺寸精度的主要因素分析可知，对成形尺寸进行精确计算是比较困难的。为了保证使压铸件的尺寸精度在所规定的公差范围内，在计算成形尺寸时，主要以压铸件的偏差值以及偏差方向作为计算的调整值，以补偿因收缩率变化而引起的尺寸误差，并考虑到试模时有修正的余地以及在正常生产过程中模具的磨损。

成形尺寸的计算要点有：

（1）型腔磨损后尺寸增大，故计算型腔尺寸时应使压铸件外形接近于最小极限尺寸。

（2）型芯磨损后尺寸减小，故计算型芯尺寸时应使压铸件内型接近于最大极限尺寸。

（3）两个型芯或型腔之间的中心距离和位置尺寸与磨损量无关，应使压铸件尺寸接近于最大和最小两个极限尺寸的平均值。

上述三类成形尺寸分别采用三种不同的计算方法。为了简化计算公式，对标注形式及偏差分布做出如下的规定：

（1）压铸件的外形尺寸采用单向负偏差，公称尺寸为最大值；与之相应的型腔尺寸采用单向正偏差，公称尺寸为最小值。

（2）压铸件的内型尺寸采用单向正偏差，公称尺寸为最小值；与之相应的型芯尺寸采用单向负偏差，公称尺寸为最大值。

（3）压铸件的中心距离、位置尺寸采用双向等值正、负偏差，公称尺寸为平均值；与之相应的模具中心距尺寸也采用双向等值正、负偏差，公称尺寸为平均值。若压铸件标注的偏差不符合规定，应在不改变压铸件尺寸极值的条件下变换其公称尺寸及偏差值，使之符合规定，以适应计算公式。

凡是有脱模斜度的各类成型尺寸，首先应保证与铸件图上所规定尺寸的大小端的部位一致。如铸件图上未明确规定尺寸的大小端的部位时，则视铸件尺寸是否留有加工余量而定（见图7-37）。对无加工余量的铸件尺寸，以保证铸件装配时不受阻碍为原则，对留有加工余量的铸件尺寸，以保证切削加工时有足够的加工余量为原则。故做如下规定：

（1）无加工余量的铸件尺寸（见图7-37（a））。型腔尺寸以大端为基准，另一端按脱模斜度相应减小；型芯尺寸以小端为基准，另一端按脱模斜度相应增大；螺纹型环、螺纹型芯成形部分的螺纹外径、中径及小径尺寸均以大端为基准。

（2）两面留有加工余量的铸件尺寸（见图7-37（b））。型腔尺寸以小端为基准；型芯尺寸以大端为基准。

（3）单面留有加工余量的铸件尺寸（见图7-37（c））。型腔尺寸以非加工面的大端为基准，加上斜度值及加工余量，另一端按脱模斜度值相应减小；型芯尺寸以非加工面的小端为基准，减去斜度值及加工余量，另一端按脱模斜度值相应增大。

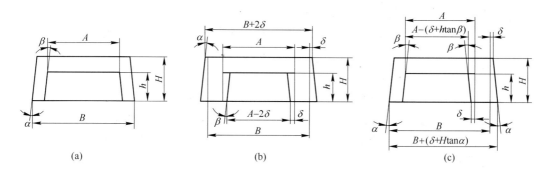

图 7-37 有脱模斜度的各类成形尺寸检验时的测量点位置
（a）无加工余量的铸件；（b）两面留有加工余量的铸件；（c）单面留有加工余量的铸件
A—铸件孔径向尺寸；B—铸件轴径向尺寸；h—铸件内孔深度；H—铸件外形高度；
α—外表面脱模斜度；β—内表面脱模斜度；δ—机械加工余量

一般铸件的尺寸公差应不包括因脱模斜度而造成的尺寸误差。

在计算与分型面垂直且有关联的压铸件尺寸时，往往要将计算后的尺寸加以修正。因为在压射时，分型面会有胀开的趋势，胀开的大小与压铸件在分型面上投影面积、金属液的充填压力及锁模力的大小有关。在一般情况下，胀开的数值在0.05~0.2mm之间，所以在计算这一类型腔尺寸时，将计算结果减小0.05~0.2mm，同时适当提高制造精度。

C 成形尺寸计算公式

压铸件尺寸和模具尺寸如图7-38所示。

a 型腔、型芯径向尺寸计算

$$L_{m0}^{+\Delta'} = \left[(1 + \overline{\varphi}) L_z - x\Delta \right]_0^{+\Delta'}$$

$$l_{m-\Delta'}^{0} = \left[(1 + \overline{\varphi}) l_z + x\Delta \right]_{-\Delta}^{0}$$

式中 $\overline{\varphi}$——压铸件平均计算收缩率；

L_m，l_m——模具型腔径向尺寸或型芯成形部分径向尺寸；

L_z，l_z——压铸件外形径向尺寸或内型径向尺寸；

Δ——压铸件公称尺寸的偏差；

Δ'——成形部分公称尺寸的制造偏差；

x——修正系数，$x = 0.5 \sim 0.7$，当压铸尺寸大，精度低时，取小值，反之取大值。

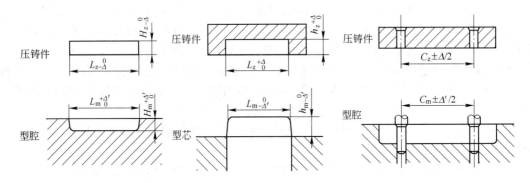

图 7-38　压铸件尺寸和模具尺寸

　　b　型腔深度、型芯高度尺寸计算公式

$$H_{m0}^{+\Delta'} = \left[(1 + \overline{\varphi}) H_z - x'\Delta \right]_0^{+\Delta'}$$

$$h_{m-\Delta'}^{0} = \left[(1 + \overline{\varphi}) h_z + x'\Delta \right]_{-\Delta'}^{0}$$

式中　　H_m，h_m——模具型腔深度尺寸或型芯成形部分高度尺寸；

　　　　H_z，h_z——压铸件外形高度尺寸或内型深度尺寸；

　　　　x'——修正系数，可推知为 $x' = 0.5 \sim 0.6$，当压铸件尺寸大而精度要求较低时，取小值，反之则取大值。

　　c　中心距尺寸计算

$$C_m \pm \frac{\Delta'}{2} = (1 + \overline{\varphi}) C_z \pm \frac{\Delta'}{2}$$

式中　　C_m——模具成形部分中心距离，位置的平均尺寸；

　　　　C_z——压铸件中心距离，位置的平均尺寸。

　　d　螺纹型环和螺纹型芯的成形尺寸计算

　　螺纹连接中的几个主要几何参数是螺纹大径、螺纹中径、螺纹小径、螺距和螺纹的牙尖角。

　　为了便于在普通机床上加工型环或型芯的螺纹，一般的设计中不考虑螺距的收缩率，而是适当减小螺纹型环的径向尺寸和适当增大螺纹型芯的径向尺寸，以增大压铸螺纹使用时的配合间隙，弥补因螺距收缩而引起的螺纹旋合误差。同时尽量减短螺纹的旋合长度，防止旋合过长而产生内外螺纹的干涉从而破坏螺纹。一般螺纹旋合不超过 6～7 牙。为了保证压铸件的外螺纹小径在旋合后与内螺纹小径有间隙，应考虑最小配合间隙 X_{min}。一般 X_{min} 取螺距 p 的 0.02～0.04 倍。为了便于将螺纹型芯和整体式螺纹型环从压铸件中退出，通常必须设置脱模斜度，脱模斜度一般取 0.5°。

　　如果压铸件均匀地收缩，一般不会改变螺纹的牙顶角。同时，如果在压铸过程中牙顶角的标准角度有些偏离，也不可能用改变螺距的方法来弥补，这样只会降低可旋合性。因此，在设计制造中，螺纹的牙顶角不变。

螺纹型环与螺纹型芯的成形尺寸计算参考图 7-39。

螺纹型环成形尺寸计算：

$$D_{m大} = \left[(1 + \overline{\varphi}) D_{z大} - 0.75a \right]_0^{+a/4}$$

$$D_{m中} = \left[(1 + \overline{\varphi}) D_{z中} - 0.75b \right]_0^{+b/4} = \left[(1 + \overline{\varphi}) (D_{z大} - 0.6495p) - 0.75b \right]_0^{+b/4}$$

$$D_{m小} = \left[(1 + \overline{\varphi}) (D_{z小} - X_{min}) - 0.75b \right]_0^{+b/4}$$

$$= \left[(1 + \overline{\varphi}) (D_{z大} - 1.0825p - X_{min}) - 0.75b \right]_0^{+b/4}$$

式中　　$D_{m大}$，$D_{m中}$，$D_{m小}$——螺纹型环大径、中径、小径尺寸；

　　　　$D_{z大}$，$D_{z中}$，$D_{z小}$——压铸件外螺纹大径、中径、小径尺寸；

　　　　　　　　　　a——压铸件外螺纹大径偏差；

　　　　　　　　　　b——压铸件外螺纹中径偏差；

　　　　　　　X_{min}——螺纹小径的最小配合间隙，$X_{min} = (0.02 \sim 0.04)p$；

　　　　　　　　　　p——螺距尺寸；

　　　　　　　　　　$\overline{\varphi}$——压铸件平均收缩率。

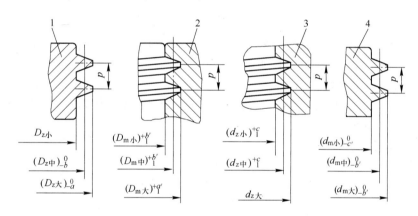

图 7-39　螺纹型环和螺纹型芯成形尺寸

1—压铸件外螺纹；2—螺纹型环；3—压铸件内螺纹；4—螺纹型芯

螺纹型芯成形尺寸计算：

$$d_{m大} = \left[(1 + \overline{\varphi}) d_{z大} + 0.75b \right]_{-b/4}^0$$

$$d_{m中} = \left[(1 + \overline{\varphi}) d_{z中} + 0.75b \right]_{-b/4}^0 = \left[(1 + \overline{\varphi}) (d_{z大} - 0.6495p) + 0.75b \right]_{-b/4}^0$$

$$d_{m小} = \left[(1 + \overline{\varphi}) d_{z小} + 0.75c \right]_{-c/4}^0 = \left[(1 + \overline{\varphi}) (d_{z大} - 1.0825p) + 0.75c \right]_{-c/4}^0$$

式中　　$d_{m大}$，$d_{m中}$，$d_{m小}$——螺纹型芯大径、中径、小径尺寸；

　　　　$d_{z大}$，$d_{z中}$，$d_{z小}$——压铸件内螺纹大径、中径、小径尺寸；

　　　　　　　　　　b——压铸件内螺纹中径偏差；

　　　　　　　　　　c——压铸件内螺纹小径偏差。

e　成形尺寸计算举例

铸件尺寸及模具结构如图 7-40 所示，未注公差为 IT9 级，材料为 ZL102。选择平均计算收缩率 $\overline{\varphi}$ 为 0.6%。

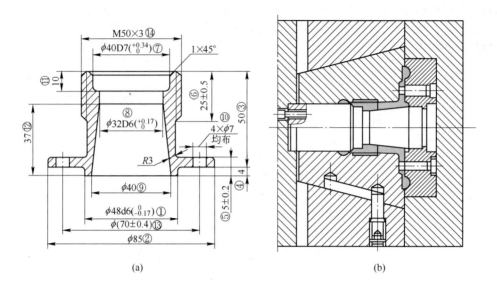

(a)　　　　　　　　　　　　　　　(b)

图 7-40　成形尺寸计算实例

(a) 支座压铸件；(b) 模具结构

图 7-40 (a) 中铸件的成形尺寸分类为：①、②属于型腔径向尺寸；③、④、⑤、⑥属于型腔深度尺寸；⑦、⑧、⑨、⑩属于型芯径向尺寸；⑪、⑫属于型芯高度尺寸；⑬属于中心距离、位置尺寸；⑭属于螺纹型环尺寸。

按图 7-40 (b) 的模具结构分析，②、③、⑤、⑭属于受分型面影响而增大的尺寸。

型腔尺寸计算如下：

(1) $\phi 48^{0}_{-0.17}$ 时：

$$
\begin{aligned}
L_{m0}^{+\Delta'} &= \left[(1 + \overline{\varphi}) L_z - 0.7\Delta \right]_{0}^{+\Delta/4} \\
&= \left[(1 + 0.6\%) \times 48 - 0.7 \times 0.17 \right]_{0}^{+0.17/4} \\
&= 48.17_{0}^{+0.043} \ (\text{mm})
\end{aligned}
$$

(2) $\phi 85^{0}_{-0.87}$ 时：

$$
L_{m0}^{+\Delta'} = \left[(1 + 0.6\%) \times 85 - 0.7 \times 0.87 \right]_{0}^{+0.87/4} = 84.9_{0}^{+0.218} \ (\text{mm})
$$

这个尺寸因属于受滑块的附加分型面影响而增大的尺寸，所以将计算所得尺寸再减去 0.05mm，并适当提高模具制造公差的精度，故取 $84.85_{0}^{+0.15}$ (mm)。

(3) $50^{0}_{-0.62}$ 时：

$$
\begin{aligned}
H_{m0}^{+\Delta'} &= \left[(1 + \overline{\varphi}) H_z - 0.6\Delta \right]_{0}^{+\Delta/4} \\
&= \left[(1 + 0.6\%) \times 50 - 0.6 \times 0.62 \right]_{0}^{+0.62/4} \\
&= 49.93_{0}^{+0.155} \ (\text{mm})
\end{aligned}
$$

这个尺寸因属于受分型面影响而增大的尺寸，与 (2) 同理，故取 $49.88_{0}^{+0.10}$ (mm)。

(4) $4^{0}_{-0.30}$ 时

$$
\begin{aligned}
H_{m0}^{+\Delta'} &= \left[(1 + 0.6\%) \times 4 - 0.6 \times 0.30 \right]_{0}^{+0.30/4} \\
&= 3.84_{0}^{+0.076} \ (\text{mm})
\end{aligned}
$$

（5）5 ± 0.20 变换为 $5.2_{-0.40}^{0}$ 时：

$$H_{m0}^{+\Delta'} = \left[(1 + 0.6\%) \times 5.2 - 0.6 \times 0.40 \right]_{0}^{+0.40/4}$$

$$= 4.99_{0}^{+0.10} (\text{mm})$$

这个尺寸属于受分型面影响而增大的尺寸，与（2）同理，故取 $4.94_{0}^{+0.050}(\text{mm})$。

（6）25 ± 0.5 变换成 $25.5_{-1.00}^{0}$ 时：

$$H_{m0}^{+\Delta'} = \left[(1 + 0.6\%) \times 2.55 - 0.6 \times 1 \right]_{0}^{+1/4}$$

$$= 25.05_{0}^{0.25} (\text{mm})$$

型芯尺寸计算：

（1）$\phi 40_{0}^{+0.34}$ 时：

$$l_{m-\Delta'}^{0} = \left[(1 + \overline{\varphi}) l_{z} + 0.7\Delta \right]_{\Delta/4}^{0}$$

$$= \left[(1 + 0.6\%) \times 40 + 0.7 \times 0.34 \right]_{-0.34/4}^{0}$$

$$= 40.48_{-0.085}^{0} (\text{mm})$$

（2）$\phi 32_{0}^{+0.17}$ 时：

$$l_{m-\Delta'}^{0} = \left[(1 + 0.6\%) \times 32 + 0.7 \times 0.17 \right]_{0.17}^{0}$$

$$= 32.31_{-0.046}^{0} (\text{mm})$$

（3）$\phi 40_{0}^{+0.62}$ 时：

$$l_{m-\Delta'}^{0} = \left[(1 + 0.6\%) \times 40 + 0.7 \times 0.62 \right]_{-0.36/4}^{0}$$

$$= 40.67_{-0.155}^{0} (\text{mm})$$

（4）$\phi 7_{0}^{+0.36}$ 时：

$$l_{m-\Delta'}^{0} = \left[(1 + 0.6\%) \times 7 + 0.7 \times 0.36 \right]_{-0.36/4}^{0}$$

$$= 7.29_{-0.09}^{0} (\text{mm})$$

（5）$10_{0}^{+0.36}$ 时：

$$h_{m-\Delta'}^{0} = \left[(1 + \overline{\varphi}) h_{z} + 0.6\Delta \right]_{-\Delta'}^{0}$$

$$= \left[(1 + 0.6\%) \times 10 + 0.6 \times 0.36 \right]_{-0.36/4}^{0}$$

$$= 10.28_{-0.09}^{0} (\text{mm})$$

（6）$37_{0}^{+0.62}$ 时：

$$h_{m-\Delta'}^{0} = \left[(1 + 0.6\%) \times 37 + 0.6 \times 0.62 \right]_{-0.62/4}^{0}$$

$$= 37.66_{-0.155}^{0} (\text{mm})$$

中心距尺寸、位置尺寸计算：

当 $\phi 70 \pm 0.40$ 时：

$$C_{m} \pm \Delta'/2 = (1 + \overline{\varphi}) C_{z} \pm \Delta'/2$$

$$= (1 + 0.6\%) \times 70 \pm (1/5 \times 1/2 \times 0.40)$$

$$= 70.42 \pm 0.04 (\text{mm})$$

螺纹型环尺寸计算：

外螺纹 M50×3，由 GB 196—81 及 GB 2516—81 得 $a = -0.52\text{mm}$，$D_{z中} = 48.052\text{mm}$，$b =$

-0.31mm，$D_{z小} = 46.752\text{mm}$。则：

$$D_{m大} = \left[(1 + \overline{\varphi}) D_{z大} - 0.75a \right]_0^{+\Delta'/4}$$
$$= \left[(1 + 0.6\%) \times 50 - 0.75 \times 0.52 \right]_0^{+0.52/4}$$
$$= 49.91_0^{+0.13} (\text{mm})$$

$$D_{m中} = \left[(1 + 0.6\%) \times 48.052 - 0.75 \times 0.31 \right]_0^{+0.31/4}$$
$$= 48.11_0^{+0.078} (\text{mm})$$

$$D_{m小} = \left[(1 + \overline{\varphi})(D_{z小} - X_{\min}) - 0.75b \right]_0^{+\Delta'/4}$$
$$= \left[(1 + 0.6\%)(46.752 - 0.03 \times 3) - 0.75 \times 0.31 \right]_0^{+0.31/4}$$
$$= 46.71_0^{+0.078} (\text{mm})$$

这 3 个尺寸都因受分型面影响而增大，故分别取：$D_{m大} = 49.86_0^{+0.08}\text{mm}$，$D_{m大} = 48.06_0^{+0.05}\text{mm}$，$D_{m小} = 46.66_0^{+0.05}\text{mm}$。螺距 $p = (3 \pm 0.02)\text{mm}$。

7.4　模体的形式与设计

压铸模模体是将镶块、型芯、抽芯机构和导向机构等加以组合和固定，使之成为模具，并能安装在压铸机上进行生产的部分。模体包括动、定模套板、支承板、动定模座板及合模导向机构等。

7.4.1　模体结构件的作用

模体结构件的作用见表 7-20。

表 7-20　模体结构件的作用

名　称	说　明
定模座板	(1) 直接与压铸机的定模板固定，并对准压铸机压室，使定模部分紧固在压铸机上； (2) 在通孔台阶式镶块的模具上，与定模套板连接，以压紧镶块及导滑零件等，构成定模部分；在不通孔套板的模具上不采用
动、定模套板	(1) 固定成形镶块、型芯、导滑零件及浇道镶块等； (2) 设置抽芯机构； (3) 对不通孔的动、定模架兼起到定模座板及支承板的作用； (4) 推出结构为推杆形式时，动模套板上设置复位杆； (5) 压室或浇口套均设置在定模套板
卸料板	(1) 推出结构为卸料板形式时，用以直接推出铸件不致变形； (2) 构成抽芯机构的导滑部位
支承板	(1) 用于通孔套板的模架中作压紧动模镶块、型芯和导滑零件等； (2) 设置推板、导柱； (3) 与动模套或卸料板组成一体后形成动模部分，支承板承受金属液充填时的反压力，是模具中受力较大的零件
定位销钉和紧固螺钉	对需要固定连接的模板起定位和紧固作用，以保持连接构件的相对位置和连接强度

7.4.2　模体设计的要点

模体设计的要点如下：

（1）模体不宜过于笨重，以便装卸、修理和搬运，并减轻压铸机负荷。

（2）模体应有足够的刚性，在承受压铸机锁模力的情况下，不发生变形。

（3）型腔的反压力中心应尽可能接近压铸机合模力的中心，以防压铸机受力不均，造成锁模不严。

（4）模体在压铸机上的安装位置应与压铸机规格或通用模座规格一致。安装要求牢固可靠，推出机构受力中心要求与压铸机的推出装置基本一致。当推出机构偏心时，应加强推板导柱的刚性，以保持推板推出时平稳。

（5）为便于模体的吊运和装配，在动、定模模架上应有吊环螺钉。对中、大型模具，在模板的两侧均钻有螺孔，以拧入握柄或吊环螺钉。

（6）镶块到模架边缘的模面上需留有足够的部位设置导柱、导套、销钉、紧固螺钉的位置。当镶块为组合式时，模架边缘的宽度应进行验算。对设有抽芯机构的模具、模板边框应满足导滑长度和设置楔紧块的要求。

（7）连接模板用的紧固螺钉和定位销钉的直径和数量，应根据受力大小选取，位置分布均匀。

（8）模具的总厚度必须大于所选用压铸机的最小合模间距。

7.4.3　镶块在分型面上的布置

镶块是型腔的基体。在一般情况下凡金属液冲刷或流经的部位均采用热作模具钢制成，以提高模具使用寿命。在成形加工结束，经热处理后镶入套板内。设计镶块时应考虑以下几点：

（1）镶块在套板内必须稳固，其外形应根据型腔的几何形状来确定，除了复杂镶块和一模多腔的镶块外，一般均为圆形、方形和矩形。

（2）根据铸件的生产批量、复杂程度、抽芯数量和方向以及在压铸机锁模力的许可条件下，确定成形镶块的数量和位置。

（3）在一模多腔生产同一种铸件的模具上，一个镶块上只宜布置一个型腔，以利于机械加工和减少热处理变形的影响，也便于镶块在制造和压铸生产中损坏时的更换。

（4）在一模多腔生产不同种类铸件的模具上，不应将壁厚、体积和复杂程度相差很多的各种铸件布置在一副模具内（尤其是铸件质量要求较高的条件下），以避免同一工艺参数不适应各类不同特性铸件的要求。

（5）成形镶块的排列应为模体各部位创造热平衡条件，并留有调整的余地。

（6）凡金属液流经的部位（如浇道，溢流槽处）均应在镶块范围内。凡受金属液强烈冲刷的部位，宜设置单独组合镶块，以备更换。

压铸模镶块在分型面上的基本布置按压铸机类型不同有如图 7-41 和图 7-42 所示几种。

7.4.4　模板设计

压铸模的模板是整副模具的装配基础，压铸模的模板通常都是平板形的，而装镶件的模板则由于装固镶件的方式不同，并且在结构、工艺和强度上对模板的形式和尺寸都应有一定的要求。同时，由于定模和动模合拢时，必须准确地重合在规定的中心或有关位置上，故通常都有导向零件，而导向零件也装在模板上。

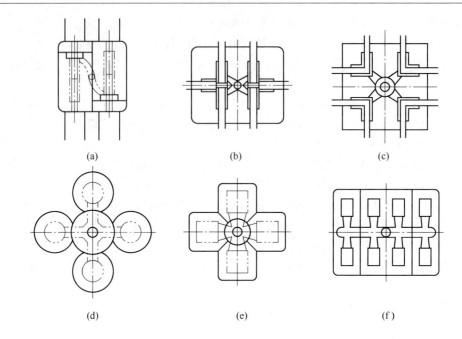

图 7-41　镶块在热室压铸机分型面上基本布置形式

（a）一模两腔，两侧抽芯；（b）一模四腔，四侧抽芯；（c）一模四腔，四侧抽芯（设浇道镶块）；

（d）一模四腔，圆形镶块（设浇道镶块）；（e）一模四腔，异型镶块（设浇道镶块）；（f）多型腔模

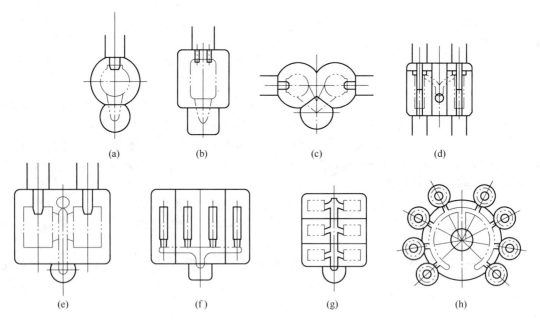

图 7-42　镶块在冷室压铸机分型面上基本布置形式

（a）一模一腔（圆形镶块）一侧抽芯（设浇道镶块）；（b）一模一腔，一侧抽芯（设浇道镶块）；

（c）一模两腔（圆形镶块），两侧抽芯（设浇道镶块）；（d）一模两腔，两侧抽芯

（设浇道镶块）；（e）一模两腔，一侧抽芯（设浇道镶块）；（f）一模四腔（设浇道镶块）；

（g）多型腔模（设浇道镶块）；（h）多型腔模，圆形镶块（设浇道镶块）

7.4.4.1　动、定模套板的设计

A　圆形套板

套板为盲孔时，圆形套板边框厚度如图 7-43 所示。

套板边框厚度计算如下：

$$S \geqslant \frac{DpH_1}{2[\sigma]H}$$

式中　S——套板边框厚度，m；

　　　D——镶块外径，m；

　　　p——压射比压，Pa；

　　　H_1——镶块高度，m；

　　　H——套板厚度，m；

　　$[\sigma]$——套板材料许用抗拉强度，Pa，45 钢的 $[\sigma]=(820\sim1000)\times10^5$ Pa，45 钢调质后 $[\sigma]=(2000\sim2500)\times10^5$ Pa。

套板为通孔时，即 $H=H_1$，圆形套板边框厚度按下式计算：

$$S \geqslant \frac{Dp}{2[\sigma]}$$

B　矩形套板

矩形套板边框厚度计算如图 7-44 所示。

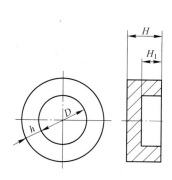

图 7-43　圆形套板边框厚度

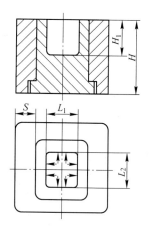

图 7-44　矩形套板边框厚度

动、定模套板边框厚度经验数据见表 7-21。

$$S = \frac{F_2 + \sqrt{F_2^2 + 8H[\sigma]F_1L_1}}{4H[\sigma]}$$

式中　F_1——边框长侧面受的总压力，N，$F_1=pL_1H_1$；

　　　F_2——边框短侧面受的总压力，N，$F_2=pL_2H_2$；

　　　L_1——型腔长侧面长度，m；

　　　L_2——型腔短侧面长度，m。

表 7-21　动、定模套板边框厚度推荐尺寸　　　　　　　　　（mm）

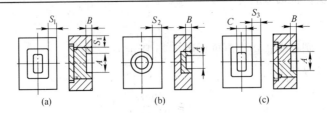

$A \times B$	套板边框厚度		
	S_1	S_2	S_3
$< 80 \times 35$	$40 \sim 50$	$30 \sim 40$	$50 \sim 65$
$< 120 \times 45$	$45 \sim 65$	$35 \sim 45$	$60 \sim 75$
$< 160 \times 50$	$50 \sim 75$	$45 \sim 55$	$70 \sim 85$
$< 200 \times 55$	$55 \sim 80$	$50 \sim 65$	$80 \sim 95$
$< 250 \times 60$	$65 \sim 85$	$55 \sim 75$	$90 \sim 105$
$< 300 \times 65$	$70 \sim 95$	$60 \sim 85$	$100 \sim 125$
$< 350 \times 70$	$80 \sim 110$	$70 \sim 100$	$120 \sim 140$
$< 400 \times 100$	$100 \sim 120$	$80 \sim 110$	$130 \sim 160$
$< 500 \times 150$	$120 \sim 150$	$110 \sim 140$	$140 \sim 180$
$< 600 \times 180$	$140 \sim 170$	$140 \sim 160$	$170 \sim 200$
$< 700 \times 190$	$160 \sim 180$	150×170	190×220
$< 800 \times 200$	$170 \sim 200$	$160 \sim 180$	$210 \sim 250$

7.4.4.2　动模支承板厚度计算

由图 7-45 可知，动模支承板受力后主要产生弯曲变形，支承板的厚度应随作用力 F 和垫块之间距离 L 增大而增厚。

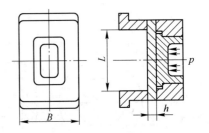

A　动模支承板厚度计算

动模支承板厚度可按下式计算：

$$h = \sqrt{\frac{FL}{2B[\sigma]_\mathrm{w}}}$$

图 7-45　支承板在动模中位置
及其受力示意图

式中　h——动模支承板厚度，m；

　　　F——动模支承板所受总压力，N，$F = pA$，其中 p 为压射比压，Pa；A 为压铸件、浇注系统和溢流槽在分型面上投影面积之和，m²；

　　　L——垫块之间距离，m；

　　　B——动模支承板宽度，m；

　$[\sigma]_\mathrm{w}$——支承板材料许用抗弯强度，Pa，支承板材料一般为 45 钢，回火状态，静载弯曲时可根据支承板结构情况，$[\sigma]_\mathrm{w}$ 一般按 135MPa、100MPa、90MPa 三种情况选取。

由于动模支承板与动模镶块、动模套板及动模座板连成一体，故压力并非全部作用在支承板上，因此，确定动模支承板厚度时可考虑乘一系数 K。这样，动模支承板厚度计算公式为：

$$h = K \sqrt{\frac{FL}{2B[\sigma]_{\mathrm{W}}}}$$

式中 K——系数，$K = 0.6 \sim 0.7$。

B 动模支承板的加强措施

当压铸件及浇注系统在分型面上投影面积较大而垫块的间距较长或动模支承板厚度较小时，为了加强支承板刚度，可以在支承板和动模座板之间设置与垫块等高的支柱，也可以借助推板导柱加强对支承板的支撑作用，如图 7-46 所示。图 7-46（a）所示为支柱固定于支承板上；图 7-46（b）所示为支柱固定于动模座板上；图 7-46（c）所示为推板导柱兼作支承板支柱，为提高压铸件推出时推板导柱的刚度，防止推出过程中卡住，推板导柱两端固定。动模支承板厚度推荐值见表 7-22。

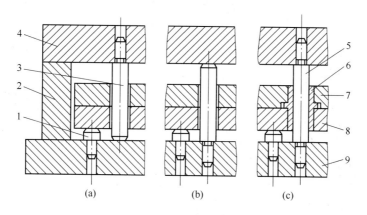

图 7-46 动模支承板的加强形式

1—支承钉；2—垫块；3—支柱；4—动模支承板；5—推板导柱；
6—推板导套；7—推杆固定板；8—推板；9—动模座板

表 7-22 动模支撑板厚度推荐值

支承板所受总压力 p/kN	支承板厚度 h/mm
160 ~ 250	25、30、35
250 ~ 630	30、35、40
630 ~ 1000	35、40、50
1000 ~ 1250	50、55、60
1250 ~ 2500	60、65、70
2500 ~ 4000	75、85、90
4000 ~ 6300	85、90、100

7.4.4.3 动、定模座板设计

要留出紧固螺钉或安装压板的位置，借此使动、定模固定在压铸机的动、定模安装板上；浇口套安装孔的位置与尺寸要与所选用的压铸机精确配合。

A 定模座板设计

定模座板与定模套板构成压铸模定模部分的模体。由于定模座板与压铸机上的定模安装板

贴紧，一般不做强度计算，其厚度根据压铸机型号在表7-23中选取。

表7-23　定模座板推荐尺寸　　　　　　　　　　（mm）

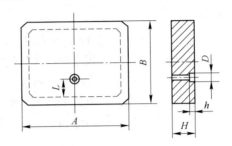

压铸机型号	尺 寸 代 号					
	$A \times B$		H	D	h	L
	最大	最小				
J113	240×330	200×300	15～20	$\phi65^{+0.30}$	$10^{+0.022}$	50～55
J116	260×450	240×230		$\phi70^{+0.030}$	$8^{+0.022}$	55～60
J1113	450×450	300×300	20～30	$\phi110^{+0.035}$	$10^{+0.022}$	70～90
J1113A	450×450	300×300				
J1113B	410×410	260×260				
J1125	510×410	360×320	30～40		$12^{+0.027}$	
J1125A	510×410	360×320				
J1140	760×660	530×480	40～50	$\phi150^{+0.010}$	$15^{+0.027}$	100～120
J1163	900×800	660×480	45～60	$\phi180^{+0.010}$	$25^{+0.033}$	135～150
J1512	600×350	250×250	25～35	$\phi55^{+0.030}$	$15^{+0.027}$	—
J1513	410×410	260×260	25～35			—
J2213	260×260	200×200	20～25	$\phi28$	10	—
J2113	410×410	260×260	25～35	$\phi55^{+0.030}$	$15^{+0.027}$	—

注：1. 尺寸 $A \times B$ 指模板中心与压铸机定模板中心重合时的数据；

　　2. 定模座板与定模套板的连接螺钉，当用在小于J1512型的压铸机时，不少于6个，大于J1512型时，不少
　　　于8个。

定模座板上的孔 D（见表7-23）是压铸模在压铸机上安装时的定位孔，浇口套安放在此。安装模具时，压铸机压室端面或喷嘴端面与模具上的浇口套端面相吻合，设计时要精确计算模具上浇口套与压室或喷嘴之间的配合尺寸。

定模座板上要留出安装压板或紧固螺钉的位置（表7-23图中虚线到轮廓线的距离，取30～60mm），可以沿座板四周留出位置，也可以在相对的两边留出位置，以便将定模压紧固定在压铸机上，虚线处可以是定模座板的外形尺寸。当定模套板上安装镶块的孔是盲孔，即以定模套板替代定模座板时，仍然需要留出安装压板或紧固螺钉的位置。

　　B　模座的设计

动模座板与垫块一起构成模座。模座与动模套板、动模支承板及推出机构组成压铸模动模部分模体。垫块是支承模体承受机器压力的构件。垫块的一端与动模的支承板相连，另一端则

紧固在压铸机的动模安装板上。垫块的两端在压
铸生产过程中承受压铸机的锁模力，在推出铸件
时又承受较大的推出反力，因此，垫块与动模座
板的紧固形式必须稳固可靠。在模体较小的情况
下，垫块还可以用来调整模具的总厚度，满足最
小压铸模厚度（压铸机的参数）的要求。垫块
还应满足推出机构和推出行程的要求。模座的基
本形式有角架式、组合式和整体式三种，如图
7-47 所示。

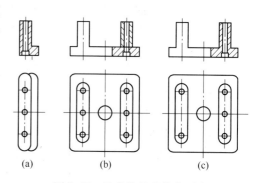

图 7-47　几种常见的模座形式
(a)角架式模座；(b)组合式模座；(c)整体式模座

　　角架式模座结构简单、制造方便、质量轻、
节省材料，适用于小型模具，如图 7-47（a）所
示。组合式模座由垫块和动模座板组合而成，使用较普遍，适用于中小型模具，如图 7-47
（b）所示。整体式模座是整体铸出的，强度、刚度都较高，适用于大中型模具，如图 7-47
（c）所示。垫块高度由推出机构和推出行程决定。厚度通常为 40～60mm。

　　C　垫块的设计要点

　　a　垫块的标准尺寸系列

　　垫块的标准尺寸系列见表 7-24。

表 7-24　垫块的标准尺寸系列　　　　　　　　　　　　　　（mm）

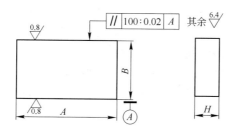

H	32	40	50		63			80				
$B^{+8.10}$					A							
	200	200	250	315	355	400	450	500	560	630	710	800
80	×	×	×									
100	×	×	×	×								
125	×	×	×					×	×	×		
140			×	×	×	×		×	×	×	×	
160				×	×	×	×	×	×	×	×	×
180					×	×	×		×	×	×	×
200							×				×	×
250												×

注：全部倒角 2×45°。

　　b　垫块承压面积的核算

垫块在压铸机合模时承受合模力而产生压缩变形。一般情况下，变形量应小于 0.005mm，如垫块的变形量过大应增大其受压面积。变形量计算如下：

$$\Delta B = \frac{PB}{EF} \times 10^3$$

式中　ΔB——垫块高度的变形量，mm；

　　　　P——压铸机的合模力，kN；

　　　　B——垫块的高度，mm；

　　　　E——弹性模量，$E = 2 \times 10^5$ MPa；

　　　　F——垫块的受压面积，mm^2，$F = LH$，其中 L 为垫块受压面的总长度，mm；H 为垫块受压面的宽度，mm。

7.4.5　导向机构

模架的导向即动模和定模的导向。导向机构的作用：一是导向作用，引导动模按规定的方向移动，以保证在安装和合模时动模运动方向准确。二是定位作用，保证动、定模两大部分之间精确对合，从而保证压铸件形状和尺寸精度，并避免模具内各种零件发生碰撞。

7.4.5.1　导柱和导套设计的基本要求

导柱和导套设计的基本要求有：

（1）应具有一定的刚度引导动模按一定的方向移动，保证动、定模在安装和合模时的正确位置。在合模过程中保持导柱，导套首先起定向作用，防止型腔、型芯错位。

（2）导柱应高出型芯高度，以避免模具搬运时型芯受到损坏。

（3）为了便于取出铸件，导柱一般装置在定模上。

（4）如模具采用卸料板卸料时，导柱必须安装在动模上。

（5）在卧式压铸机上采用中心浇口的模具，则导柱必须安装在定模座板上。

7.4.5.2　导柱、导套的设计

A　导柱的结构和尺寸

导柱的典型结构如图 7-48 所示。其中 A 型导柱适用于简单模具和小批量生产的模具。B 型导柱固定部位尺寸与导套外径一致，便于加工，能保证精度，适用于压铸件精度要求高及生

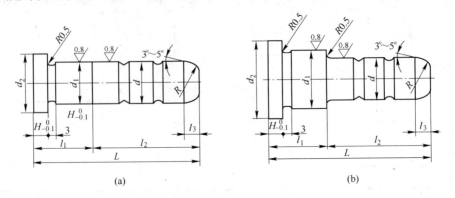

(a)　　　　　　　　　　　　　　　(b)

图 7-48　导柱的结构

（a）A 型；（b）B 型

产量大的模具。

导柱的尺寸如下：

（1）导柱导滑段直径 d。除很小的模具用 2 根导柱，圆形模具用 3 根导柱之外，一般模具均设 4 根导柱。当模具设 4 根导柱时，计算导柱直径的经验公式如下：

$$d = K\sqrt{A}$$

式中　d——导柱导向段直径，mm；

　　　A——模具分型面的表面积，mm^2；

　　　K——比例系数，一般为 0.07 ~ 0.09，当 $A > 2 \times 10^5 mm^2$ 时，K 取 0.07；当 $A = 0.4 \times 10^5 ~ 2 \times 10^5 mm^2$ 时，K 取 0.08；当 $A < 0.4 \times 10^5 mm^2$ 时，K 取 0.09。

导柱导滑段部分在合模过程中插入导套内起导向作用，为了加强润滑效果，可在导滑段上开设油槽。

（2）导滑段长度 l_2。最小长度取 $l_2 = (1.5 ~ 2.0)d$，一般高出型芯高度 12 ~ 20mm 计算。

（3）导柱固定段直径 d_1。$d_1 = d + (6 ~ 10)mm$。

（4）固定段长度 l_1。与装配模板厚度一致，$l_1 \geqslant 1.5d_1$。

（5）导柱台阶直径 d_2。$d_2 = d_1 + (6 ~ 8)mm$。

（6）导柱台阶厚度 h。$h = 6 ~ 20mm$。

（7）引导段长度 l_3。$l_3 = 6 ~ 12mm$。

B　导套的结构与尺寸

导套的典型结构如图 7-49 所示。A 型用于动、定模板较厚或用于套板后无动模支承板或定模座板的情况；B 型常用于动模后面有支承板或定模后有定模座板的情况。

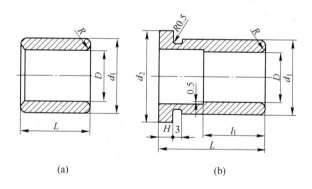

图 7-49　导套的结构
（a）A 型；（b）B 型

导套导向段长度 l_1 通常取导向孔直径的 1.5 ~ 2 倍，孔径小取上限，孔径大取下限。A 型导套总长 L 即为导向长度。B 型导套总长要比装配它的模板厚度少 3 ~ 5mm。

C　导柱与导套的配合形式

导柱与导套的配合形式如图 7-50 所示。图 7-50（a）和（d）两种形式便于配合加工，保证同轴度，应用最多。

导柱与导套导向部分的配合精度常用 H7/e8；导柱与模板固定部分配合精度常用 H7/m6；导套与模板固定部分配合精度常用 H7/k8。导柱与导套结构形式和公差配合见表 7-25。

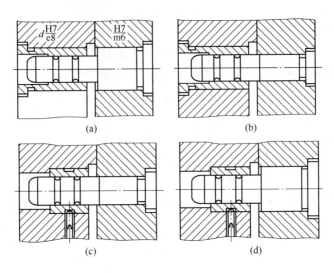

图 7-50　导柱与导套的配合形式

表 7-25　导柱与导套结构形式和公差配合

装配简图	说明	装配简图	说明
$d\left(\dfrac{H8}{e7}\right)$　$d_1\left(\dfrac{H7}{m6}\right)$　$d_2\dfrac{H7}{k6}$	导柱、导套经过热处理淬硬，不易磨损，寿命长。 导柱与导套的固定部位外径应一致，便于加工，保证精度		采用锁圈或弹性卡环固定导柱，制造简单，节省材料。 孔的加工要保证同轴度
$d_2\left(\dfrac{H7}{k6}\right)$　$d_1\left(\dfrac{H7}{m6}\right)$	导柱与导套外径不一致，导柱省材料，但孔的加工，如采用一般方法难于保证装配精度		导柱、导套兼起定位销作用。 4 块板孔可组合后加工，易保证同轴度
$d\left(\dfrac{H8}{e7}\right)$　$d_1\left(\dfrac{H7}{k6}\right)$　$d_2\dfrac{H7}{k6}$	采用紧固螺钉固定。 适用于动、定模模板较厚或无座板压紧的场合	$d\left(\dfrac{M7}{h7}\right)$	带有锥度台阶的导柱，用料较省。 孔的加工要保证同轴度

D 导柱导套在模板上的布置

导柱导套一般都布置在模板的4个角上，以保持导柱之间有较大间距，如图7-51所示。为防止动、定模在合模时错位，可将其中一根导柱取不等分分布。

对于圆形模具，一般可采用3根导柱。3根导柱的位置为不等分分布，如图7-52所示。对于大型模具，由于导柱导套的中心距离较大，会因动、定模受热条件不同而使膨胀量有差异，因而影响动、定模的正常配合。为此采用方形导柱、导套，并在膨胀差异量大的配合面上留有0.5~1m的间隙，如图7-53所示。方形导柱和导套应布置在模具的对称轴线上，如图7-54所示，避免由于动、定模温差造成热膨胀不一致而影响配合精度。

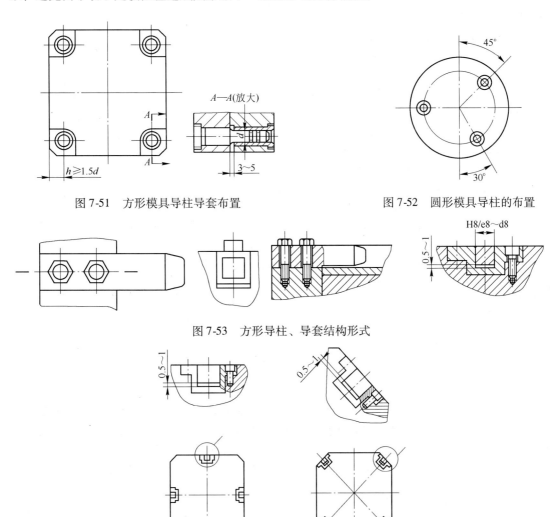

图7-51 方形模具导柱导套布置   图7-52 圆形模具导柱的布置

图7-53 方形导柱、导套结构形式

图7-54 方形导柱、导套在模板上的位置
(a) 布置在模板四侧对称中心线上；(b) 布置在模板四角对称中心线上

导柱、导套中心偏离模板边缘的距离可取导套外径的1.25~1.5倍。导套周围模板应低于分型面3~5mm，作为分模时的撬口。

导柱可以固定在动模上，也可固定在定模上。为了便于取出压铸件，导柱一般装在定模上。如模具采用推件板脱模时，导柱必须安装在动模部分。在卧式压铸机上采用中心浇口时，导柱就必须安装在定模部分。但如果卧式压铸机上既采用中心浇口，又用推件板脱模，则动、定模上都要设置导柱。

7.5　抽芯机构的设计

阻碍压铸件从模具中沿着垂直于分型面方向取出的成形部分，都必须在开模前或开模过程中脱离压铸件。模具结构中，使这种阻碍压铸件脱模的成形部分在开模动作完成前脱离压铸件的机构，称为抽芯机构。

7.5.1　抽芯机构组成及其分类

抽芯机构的组成，如图 7-55 所示。

组成抽芯机构的零件根据作用可分为以下几类：

（1）成形零件。成形压铸件的侧孔、侧向凹凸表面。

（2）运动元件。连接型芯或型块并在模板的导滑槽内运动，如滑块、斜滑块。

（3）传动元件。带动运动元件做抽芯和插芯动作，如斜销、齿轮齿条、液压抽芯器等。

（4）锁紧元件。合模后，压紧运动元件，防止压射时成形零件产生位移，如楔紧块、楔紧锥等。

（5）限位元件。使运动元件开模后停留在所要求的位置上，保证合模时运动元件顺利工作，如限位块、限位钉等。

图 7-55　斜导柱抽芯机构的组成
1—定模套板；2—楔紧块；3—斜导柱；
4—滑块；5—螺母；6—垫圈；7—弹簧；
8—限位块；9—螺栓；10—活动型芯；
11—动模套板；12—销钉

常用的抽芯机构分为机械抽芯机构、液压机构和其他抽芯机构三大类，其中，机械抽芯机构又分为斜销抽芯机构、弯销抽芯机构、齿轮齿条抽芯机构和斜滑块抽芯机构。

7.5.2　抽芯力

压铸时，金属液充填型腔，冷凝收缩后，对活动型芯的成形部分产生包紧力，抽芯时需克服由压铸件收缩产生的包紧力和抽芯机构运动时的各种阻力，两者的合力即为抽芯力。开始抽芯的瞬间所作用的力，称为起始抽芯力。最后，为了使活动成形部分全部抽出至不妨碍铸件取出的位置，仍须继续进行抽芯，这时所作用的力为相继抽芯力。通常所指的抽芯力为起始抽芯力。

7.5.2.1　影响抽芯力的主要因素

在一般情况下，抽芯机构自身的传动力在抽芯时，往往是足够的，包紧力的大小可不作为重点考虑，然而，也存在着包紧力较大的情况，这时，包紧力的计算就成为重要的工作。影响包紧力的因素很多，归纳如下：

（1）铸件包住型芯的表面面积的大小。表面积越大，包紧力越大。

（2）压铸材料的化学成分不同，线收缩率也不同。收缩率大的材料需要的抽芯力较大。

（3）铸件包紧型芯处的壁厚。壁越厚，金属凝固收缩越大，包紧力越大。

（4）活动型芯的截面形状。当为非圆形时，其包紧力比圆形的要稍大些，形状越复杂，这一因素就越明显。

（5）在模具中喷洒脱模剂，可减少铸件对型芯的贴附力，减少抽芯力。

（6）压射压力高的铸件对型芯的包紧力大，所需的抽芯力也大。

（7）抽芯机构运动部分的间隙较小时，需要较大的抽芯力；若该间隙太大，则容易使金属液进入，从而导致抽芯力的增大。

（8）抽芯时的温度。金属温度与型芯温度的差值越大，包紧力越大；抽芯时的铸件温度越低，包紧力越大。

7.5.2.2 抽芯力的估算

抽芯时，型芯受力的状况如图 7-56 所示。

抽芯力计算如下：

$$F_m = \mu_m F_b$$
$$F_c = F_m \cos\alpha - F_b \sin\alpha = ALp(\mu\cos\alpha - \sin\alpha)$$

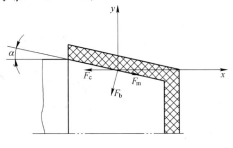

式中　F_m——抽芯阻力，N；

F_b——铸件冷却后对型芯产生的包紧力，N；

μ_m——考虑摩擦阻力的无量纲系数，一般取 0.2 ~ 0.25；

F_c——起始抽拔力，N；

L——铸件包紧活动成形部分的长度，mm；

A——铸件包紧活动成形部分的断面周长，m；

p——挤压应力，根据合金类别选取，对镁合金，p 取 7.5MPa；

α——型芯脱模斜度，（°）。

图 7-56　抽芯力分析

7.5.3 抽芯距离

抽芯后，活动型芯应完全脱离压铸件的成形表面，并使压铸件能顺利地推出型腔。抽芯距离的计算公式如下：

$$S = C + K$$

式中　S——抽芯距离，mm；

C——滑块型芯完全脱出成形处的移动距离，mm；

K——安全值，K 按抽芯距离长短及抽芯机构选定，见表 7-26。

表 7-26　常用抽芯距离的安全值　　　　　　　　　　　　　　　　　　（mm）

C	抽 芯 机 构			
	斜销、弯销、手动	齿轴齿条	斜滑块	液　压
<10	3 ~ 5	5 ~ 10（取整齿）	2 ~ 3	—
10 ~ 30			3 ~ 5	
30 ~ 80	3 ~ 8		—	8 ~ 10
80 ~ 180				10 ~ 15
180 ~ 360	8 ~ 12			>15

注：1. 斜销、弯销、斜滑块所取的安全值。
　　2. 所抽拔的型芯直径大于成形深度时，安全值 K 应按直径尺寸查取。
　　3. 同一抽芯滑块上有许多型芯时，安全值 K 应按型芯最大间距查取。

7.5.4　斜滑块抽芯机构

斜滑块抽芯机构的特点是抽芯与压铸件推出重合在一起同时完成。对抽芯距离较短，侧面凹凸形状较多但又不深（或不高）的中、小型压铸件，采用斜滑块抽芯机构比较合适。

7.5.4.1　组成与动作过程

在抽拔距离不大，并且加工条件具备时，采用斜滑块机构比较简便，如图 7-57 所示。

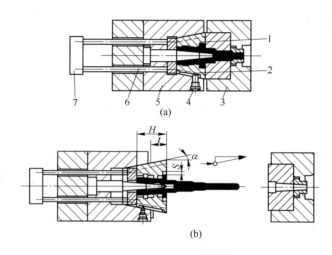

图 7-57　斜滑块机构

（a）合模位置；（b）开模的顶出抽芯状况

1，2—斜滑块；3—定模；4—挡钉；5—动模部分；6，7—顶出机构

斜滑块 1、2 在动模部分 5 内，开模时，通过铸件的顶出机构 6、7，使斜滑块沿动模内斜导槽滑动，即完成抽芯动作；合模时，斜滑块与定模 3 的分型面接触而回复原来的位置。挡钉 4 是为了避免滑块在顶出后滑出模具而设置的。

7.5.4.2　斜滑块机构的设计要点

斜滑块机构的设计要点有：

（1）通过合模后的锁模力，压紧斜滑块，在套板上产生一定的预应力，使各斜滑块侧向分型面间具有良好的密封性，防止压铸时金属液窜入滑块间隙中形成飞边，影响铸件的尺寸精度。斜滑块底面留有 0.5 ~ 1mm 的空隙。斜滑块端面需高出动模套板分型面 δ 值。δ 值的选用与斜滑块导向斜角有关，见表 7-27。

表 7-27　斜滑块端面高出分型面的 δ 值

导向斜角/(°)	5	8	10	12	15	18	20	22	25
δ/mm	0.55	0.35	0.28	0.21	0.18	0.16	0.14	0.12	0.10

注：1. 表内 δ 值的制造偏差取上限 +0.05mm。

　　2. 非表中所推荐的导向斜角相对应的 δ 值则可按增大值选取。

（2）在多块斜滑块的抽芯机构中，推出时要求同步，以防铸件由于受力不匀而产生变形。达到同步推出的具体措施如下：

1）在两块滑块上增加横向导销，强制斜滑块在推出时同步，如图 7-58（a）所示。

2）在推出机构的推杆前端增设导向套，使推板导向平稳，从而保证斜滑块推出时同步，如图 7-58（b）所示。

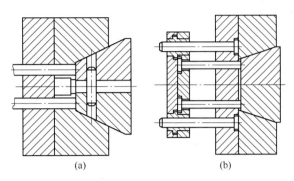

图 7-58 保证斜滑块同步推出的措施

（3）为了便于清除斜滑块底部残留的金属碎屑、涂料油污，应在斜滑块底部的动模支承板平面上开出深度为 3～4mm 的排屑槽（见图 7-59）。

（4）在定模型芯包紧力较大的情况下，开模时，斜滑块和压铸件可能被留在定模型芯上或斜滑块产生位移，使铸件变形。为此，应增设强制装置，确保开模后斜滑块稳定地留在动模套板内，如图 7-60 所示。图中限位销未抽出斜滑块前，斜滑块不能径向移动，被强制留在动模套板内。

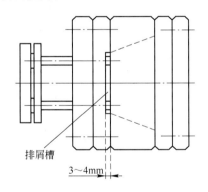

图 7-59 排屑槽位置示意图

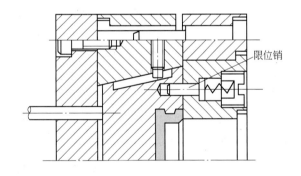

图 7-60 限位销强制斜滑块留在动模套板内示意图

（5）动模部分应设可靠的导向元件，使压铸件在承受侧向拉力时，仍能沿推出方向在导向元件上滑移，以防止铸件在抽芯时，由于斜滑块的抽芯力大小不同，将铸件拉向抽芯力大的一侧，造成取件困难（见图 7-61）。

（6）斜滑块端面上设置浇注系统时，要防止金属液窜入套板和斜滑块的配合间隙。垂直分型面上设置缝隙式浇口，则以不阻碍斜滑块径向顺利移动为原则。

7.5.4.3 斜滑块基本参数的确定

斜滑块主要参数如图 7-62 所示。

斜滑块主要参数的确定方法具体介绍如下：

（1）抽芯距离 S_c：

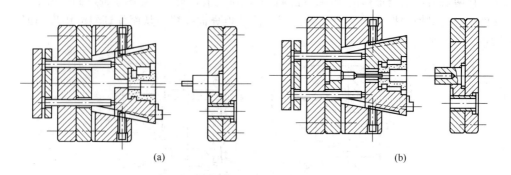

图 7-61   导向元件在斜滑块抽芯机构的作用

（a）无导向元件；（b）动模型芯作导向元件

$$S_c = S' + K$$

式中 S'——由斜滑块形成的压铸件凹腔深度，mm；

     K——安全值（见表7-26）。

（2）斜滑块推出高度 l。斜滑块抽芯机构具有抽芯与推出压铸件的双重功能，因此，当推出斜滑块的动作完成时，斜滑块在抽芯方向上移动的距离要大于抽芯距离，在推出高度上要能充分卸除压铸件对型芯的包紧力。另外，还要求滑块留在套板内的

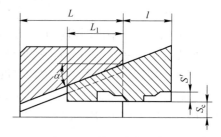

图 7-62   斜滑块主要参数

高度 L_1 大于 30mm。通常斜滑块的推出高度占滑块总高的 50% ~ 60%。导向角小时，推出距离可大些。

（3）导向斜角 α。根据已确定的抽芯距离 S_c 和推出高度 l，导向斜角 α 计算如下：

$$\alpha = \arctan \frac{S_c}{l}$$

按上式求得的值一般较小，应进位取整数值后再按推荐值选用。导向斜角 α 值与铸件承受推出的支承面强度有关。推荐导向斜角值见表7-28。

表 7-28   滑块导向斜角推荐值

导向斜角 α/(°)	适 用 范 围
5	侧面抽芯距离小，推出高度大，适用于抽芯力小，压铸件结构强度不高，推出承力面[1]较窄的深腔薄壁压铸件
8	
10	
12	抽芯距离及推出高度处于中等程度，压铸件具有一定的结构强度
15	
18	
20	侧向抽芯距离大，推出高度小，适用于结构强度高且具有较宽的推出承力面的压铸件
22	
25	

①推出承力面为压铸件上承受起始推出力的支承面。

（4）斜滑块的配合间隙。

斜滑块与模套的配合间隙按滑块宽度选取，见表7-29。

表7-29 斜滑块宽度方向的配合间隙 （mm）

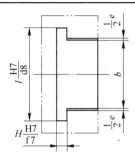

宽度 b	配合间隙 e	宽度 b	配合间隙 e
≤40	0.070 ~ 0.080	>100 ~ 120	0.185 ~ 0.210
>40 ~ 50	0.085 ~ 0.100	>120 ~ 140	0.215 ~ 0.245
>50 ~ 65	0.105 ~ 0.120	>140 ~ 160	0.250 ~ 0.275
>65 ~ 80	0.125 ~ 0.150	>160 ~ 180	0.280 ~ 0.310
>80 ~ 100	0.155 ~ 0.180	>180 ~ 220	0.315 ~ 0.355

注：锌合金 e 值取上限，铝、镁合金 e 值取下值。

7.5.4.4 斜滑块常用的基本形式

斜滑块常用的基本形式见表7-30。

表7-30 斜滑块常用的基本形式

形 式	简 图	特点及选用范围
T形槽		适用于抽芯和导向斜角较大的场合，模套的导向槽部位加工工作量虽大，但此种导向形式牢固可靠，广泛用于单斜滑块及双斜滑块模具
燕尾槽		
双圆柱销		适用于抽芯力和导向斜角中等的场合，导向部分加工方便，用于多块斜滑块模具
单圆柱销		适用于抽芯力和导向斜角较小的滑块及宽度较小的多块滑块的模具，导向部分结构简单，加工方便

形　式	简　图	特点及选用范围
斜导销		适用于抽芯力较小、导向斜角较大的场合,如抽拔铸件侧向要求无斜度或倒斜角度的模具型块。加工方便
斜滑块与推杆的组合		适用于推出高度较大或抽芯长度较长的场合,简图(a)中为斜滑块与推出元件制成一体,尾部设置滑轮,可减轻推板表面的摩擦力,这种结构形式能承受较大的推出力,可靠性好,但模具材料消耗大,简图(b)为(a)的镶拼形式,推杆部分用结构钢制成
斜滑块与推板连接		适用于内斜滑块和推出机构联动的场合。斜滑块尾部的滑轮装置在固定于推板上的滑轮座内,使滑块与推板动作同步

7.5.4.5　斜滑块导向部位参数

斜滑块导向部位参数见表 7-31。

表 7-31　斜滑块导向部位参数　　　　　　　　　　　　　　　　（mm）

斜滑块宽度 B	$30 \sim 50$	$50 \sim 80$	$80 \sim 120$	$120 \sim 160$	$160 \sim 200$
导向部位符号	各导向部分参数				
W	$8 \sim 10$	$10 \sim 14$	$14 \sim 18$	$18 \sim 20$	$20 \sim 22$
b_1	6	8	12	14	16
b_2	10	14	18	20	22
b_3	$20 \sim 40$	$40 \sim 60$	$60 \sim 100$	$100 \sim 130$	$130 \sim 170$
d	12	14	16	18	20
d_1	16	18	20		
δ	1	1.2	1.4	1.6	1.8
δ_1	1.4	1.6	1.8		

7.5.4.6　斜滑块的拼合形式

斜滑块的各拼合面间应有可靠的密封块，防止压铸时金属液窜入导滑部分，影响斜滑块的正常滑动。常用的密封形式见表 7-32。

表 7-32　斜滑块拼合密封形式及特点

滑块数	简　图	说　明	滑块数	简　图	说　明
双滑块		拼合面在铸件的圆弧面处，利用锁模力及斜滑块斜面，使 M 面严密封闭，适应于小形或中心浇口的模具	三滑块		利用锁模力使各滑块的侧面相互锁紧，各密封面 M 有良好的密封性
		拼合情况同上，由于侧浇口设在下方，导滑部分较近，在上、下方向设置带斜面的固定镶块，以加强 M 面的密封性能。由于斜滑块宽度大，两侧设有导向键，以平衡滑块上下的间隙量	四滑块		合模时，左、右滑块对上、下滑块产生阻碍，影响上、下滑块的滑移，在 A 面上容易产生拉伤现象
		拼合面在铸件的转角处，斜滑块设有斜边，合模时，与固定镶块的斜边密合，形成密封面 M，以加强密封性			四块滑块在各斜面间相互密合、形成良好的密封面 M，可降低导滑部分的配合要求
		斜滑块的导滑面在铸件轮廓的延长线上，用滑块的配合间隙达到密封。滑块的间隙因随模温而异，故容易窜入金属液	多滑块		适用于多滑块拼合形式，各滑块的斜边相互密合，形成良好密封面 M

7.5.5 斜销抽芯机构

7.5.5.1 斜销抽芯机构的工作过程

在利用开、合模动作进行传动的抽芯机构中，最简单的就是斜销机构，如图7-63所示。

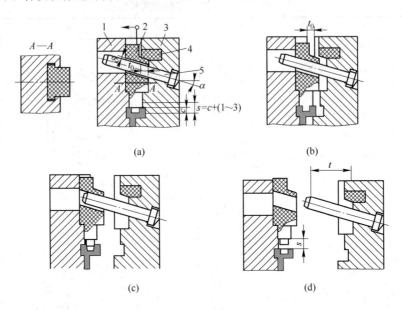

图7-63 斜销机构
1—动模；2—滑块；3—定模；4—楔紧块；5—斜销

图7-63（a）所示为合模位置。斜销5按斜角 α 固定在定模3内，并伸入动模1的滑块2的斜孔中，斜销与滑块斜孔有一个后空当 δ，合模时的工作位置由楔紧块4楔紧滑块来保证。

图7-63（b）所示为开模一小段行程 t_0 的状态。这时，后空当 δ 消除，但尚未抽芯。

图7-63（c）所示为抽芯过程。消除空当后，继续开模，带有"T"形凸台的滑块便在斜销的作用下，沿动模上的"T"形导槽做平行于分型面方向的移动，从而带动活动型芯进行抽芯动作。

图7-63（d）所示为抽芯动作完成，滑块在抽芯后的最终位置。滑块的最终位置由定位零件定位，以确保合模时斜销顺利插入滑块斜孔，在合模过程中，滑块便在斜销的作用下，进行抽芯动作，直至回复到图7-63（a）的合模位置为止。

7.5.5.2 斜销的各部分的作用

斜销的各部分的作用见表7-33。

7.5.5.3 斜销尺寸

斜销所受的力，主要取决于抽芯时作用于斜销上的弯曲力。斜销直径 d（mm）的估算公式如下：

表7-33 斜销其各部分的作用

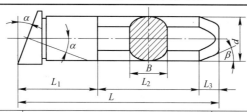

符 号	作 用	选用尺寸范围
α	强制滑块做抽芯运动	$10° \sim 25°$
d	承受抽芯力	$\phi10 \sim 40mm$
L_1	固定于模套内使斜销工作时稳固可靠	按需要进行计算
L_2	完成抽芯所需工作段的尺寸	按需要进行计算
L_3	插芯时保持斜销准确插入滑块斜孔	$\beta = \alpha + 2° \sim 3°$ 或 $\beta = 30°$
B	减少斜销工作时摩擦阻力	$B = 0.8d$

$$d \geqslant \sqrt[3]{\frac{F_w h}{3000\cos\alpha}} \quad \text{或} \quad d \geqslant \sqrt[3]{\frac{Fh}{3000\cos^2\alpha}}$$

式中 F_w——斜销承受的最大弯曲力，N；

      h——滑块端面至受力点的垂直距离，cm；

      F——抽芯力，N；

      α——斜销倾斜角度，(°)。

斜销长度的计算是根据抽芯距离 S_c、固定端模套板厚度 H、斜销直径 d 以及所采用的倾斜角度 α 的大小确定的，如图7-64所示。

斜销长度计算如下：

$$L = L_1 + L_2 + L_3 = 0.5(D - d)\tan\alpha + H/\cos\alpha + d\tan\alpha + S_c/\sin\alpha + (5 \sim 10)$$

式中 L_1——斜销固定端尺寸，mm；

      L_2——斜销工作段尺寸，mm；

      L_3——斜销工作引导端的尺寸，mm；

      S_c——抽芯距离，mm；

      H——斜销固定套板厚度，mm；

      α——斜导柱的倾斜角，(°)；

      d——斜销工作段直径，mm；

      D——斜销固定端台阶直径，mm。

常用的斜销形式如图7-65所示。图7-65（a）所示为圆形截面，加工、装配都比较方便。

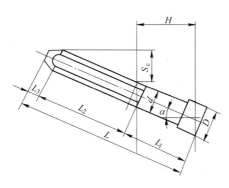

图7-64 斜销长度的计算

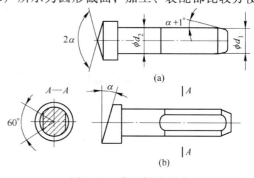

图7-65 常用斜销形式

（a）圆形截面；（b）带扁截面

图 7-65（b）所示为带扁截面。

7.5.5.4　斜销的尺寸与配合

斜销的尺寸与配合见表 7-34。

表 7-34　斜销固定端尺寸与配合

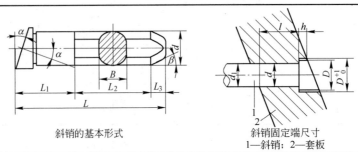

斜销的基本形式　　　　　斜销固定端尺寸
1—斜销；2—套板

配合部分	尺寸与精度	配合部分	尺寸与精度
固定端配合长度 l	与斜销直径有关 $l \geqslant 1.5d$	斜销与安装孔配合直径 d	选 H7/S6
固定端台阶外径 D	$D = d + (6 \sim 8)$	斜销与滑块斜孔配合直径 d_1	选 H11/h11[①]
固定端台阶高度 h	$h \geqslant 5$		

①—一般孔与模体组合加工。

7.5.5.5　斜销延时抽芯

斜销延时抽芯是依靠滑块斜孔在抽出方向上有一小段增长量来实现的，由于受到滑块长度的限制，这一段增长量不可能很大，因此延时抽芯行程较短，一般仅用于铸件对定模型芯的包紧力较大，或铸件分别对动、定模型芯的包紧力相等的场合，以保证在开模时铸件留在动模上。

A　延时抽芯动作过程

延时抽芯动作过程如图 7-66 所示。

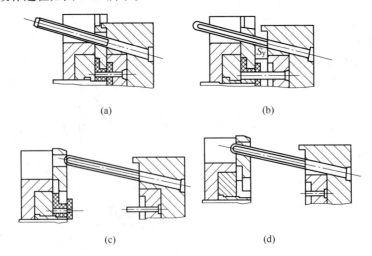

(a)　　　　　　　　　　(b)

(c)　　　　　　　　　　(d)

图 7-66　斜销延时抽芯过程
（a）合模状态；（b）开模过程；（c）抽芯结束；（d）合模插芯

图 7-66 (a) 所示为合模状态。定模上有较长的型芯，需借助抽芯滑块将铸件从定模上脱出。图 7-66 (b) 所示为开模过程。铸件已卸除对定模型芯包紧力，斜销移动一小段增长量，接触滑块孔面开始抽芯。图 7-66 (c) 所示为抽芯结束。斜销脱离滑块孔，抽芯结束，然后推出铸件。图 7-66 (d) 所示为合模插芯。合模时斜销插入滑块斜孔，由于斜孔有延时抽芯的增长量，合模达一定距离后（相当于抽芯时延时抽芯行程），滑块方可开始复位。

B 延时抽芯有关参数的计算

延时抽芯行程 S_y（见图 7-67）按设计需要确定。

滑块斜孔增长量按下式计算：

$$\delta = S_y \sin\alpha$$

式中 δ——滑块斜孔增长量，mm；

S_y——延时行程，mm；

α——斜销斜角，(°)。

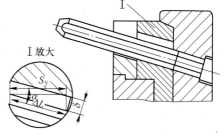

图 7-67 斜销延时抽芯有关参数

常用延时抽芯行程 S_y，与所需滑块斜孔增长量的关系见表 7-35。

表 7-35 滑块斜孔增长量

| 斜销斜角 α/(°) | 延时抽芯行程 S_y/mm | | | | | |
| | 5 | 10 | 15 | 20 | 25 | 30 |
	滑块斜孔增长量 δ/mm					
10	0.87	1.74	2.61	3.46	4.33	5.21
15	1.29	2.59	3.88	5.18	6.47	7.76
18	1.54	3.09	4.63	6.18	7.72	9.27
20	1.71	3.42	5.13	6.84	8.55	10.26
22	1.87	3.75	5.62	7.49	9.36	11.24
25	2.11	4.23	6.34	8.45	10.56	12.68

延时抽芯时斜销的总长度尺寸 L' 计算如下：

$$L' = L + \Delta L$$

式中 L——非延时抽芯时斜销总长度，mm；

ΔL——延时抽芯时斜销长度增长量，mm，见表 7-36。

表 7-36 斜销长度增长量

| 斜销斜角 α/(°) | 延时抽芯行程 S_y/mm | | | | | |
| | 5 | 10 | 15 | 20 | 25 | 30 |
	斜销长度增长量 ΔL/mm					
10	5.08	10.15	15.23	20.31	25.39	30.46
15	5.18	10.35	15.53	20.70	25.88	31.05
18	5.27	10.52	15.78	21.10	26.30	31.60
20	5.32	10.64	15.97	21.28	26.60	31.92
22	5.39	10.78	16.17	21.56	26.95	32.34
25	5.52	11.03	16.65	22.07	27.59	33.10

C   注意事项

设计斜销机构时，还应考虑下列问题。

（1）在合模位置时，活动成形零件的成形位置应由楔紧装置来保证，斜销不能作为楔紧之用。楔紧角度应比斜销斜角大3°，以免因制造上的误差造成楔紧角度小于斜销斜角，从而产生合模困难，甚至损坏零件。常用楔紧零件的形式和紧固方式如图7-68所示。其中以图7-68（a）、（b）所示两种最为常见。图7-68（c）所示形式与图7-68（a）相似，但在垂直于分型面方向上的紧固不如图7-68（a）所示形式。图7-68（d）所示形式是在楔紧块已高出定模板平面，但滑块却要承受较大的胀型力时采用。

（2）抽芯完成以后，滑块应确保处于最终位置不变，以保证合模的顺利进行。所采用的定位装置如图7-69所示。图7-69（a）所示形式适用于各种场合，当滑块位于模具上方时，则必须采用这种形式。图7-69（b）所示形式多用于模具左右两侧方向。图7-69（c）所示形式仅限于滑块在模具的下方时采用。

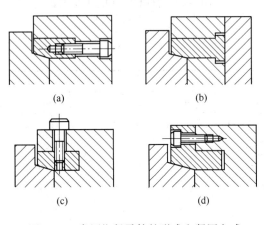

图 7-68   常用楔紧零件的形式和紧固方式

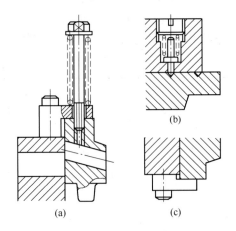

图 7-69   滑块定位装置

7.5.6 弯销抽芯机构

7.5.6.1 弯销抽芯机构的结构与抽芯过程

弯销抽芯机构的组成如图7-70所示，弯销的抽芯过程如图7-71所示。图7-71（a）所示为抽芯前的合模状态。图7-71（b）所示为抽芯前的开模过程。靠压铸机的开模力，卸除了压铸件对定模型芯的包紧力，楔紧块脱离了滑块，弯销开始进入抽芯状态。图7-71（c）中动、定模完全分开，抽芯过程结束，滑块由限位钉定位，以便再次合模。

压铸过程中弯销抽芯机构的滑块也会因胀模力而向模外移动，所以也要考虑设置锁紧装置。但因弯销为矩形截面，能承受较大弯矩，故当胀模力不大时，可直接用弯销锁紧滑块。当活动型芯受到的胀模力较大时，可在模套上加楔紧块，顶住弯销末端，以增加

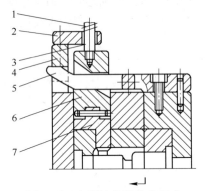

图 7-70   弯销抽芯机构的组成

1—弹簧；2—限位块；3—柱头螺钉；
4—楔紧块；5—弯销；6—滑块；7—型芯

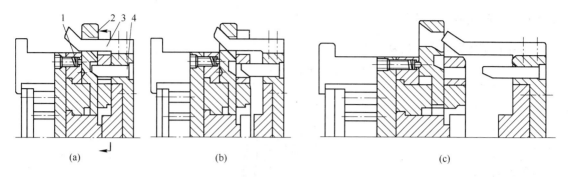

图 7-71　弯销抽芯过程

1—限位钉；2—型芯滑块；3—弯销；4—楔紧块

其刚度，如图 7-70 所示。如果胀模力很大，则另加楔紧块锁紧滑块，如图 7-71 所示。

7.5.6.2　弯销抽芯机构的特点

弯销抽芯机构的工作原理与斜销抽芯机构相近，与斜销抽芯机构相比，弯销抽芯机构具有以下特点：

（1）弯销的截面为矩形，能够承受较大的弯曲应力。

（2）将弯销的各工作段加工成不同的斜度或直段，可改变抽芯速度、抽芯力或实现延时抽芯等功能。在开模之初，可采用较小的斜度，以获得较大的抽芯力。然后，采用较大的斜角，以获得较大的抽芯距。当弯销具有多段时，弯销孔也应加工成相应的几段与之配合，配合间隙应为 0.5mm 或更大，以免弯销在孔内卡死。为减少摩擦力，可在滑孔内设置滚轮，以适应弯销的角度变化。

（3）当抽芯力较大或型芯离分型面较远时，可在弯销末端设置支承块，以增加弯销的强度。

（4）弯销抽芯机构的特点是弯销及弯销孔制造难度大、费用高。

7.5.6.3　弯销的结构形式

弯销的结构形式通常根据抽芯力的大小、抽芯距离的长短、是否需要延时抽芯等因素决定。弯销截面大，多为方形或矩形，见表 7-37。

表 7-37　弯销的基本形式

简　图	说　明	简　图	说　明
	刚性和受力情况比斜销好，但制造费用较大		无延时抽芯要求，抽拔离分型面垂直距离较近的型芯。弯销头部倒角便于合模时导入滑块孔内
	用于抽芯距离较小的场合，同时起导柱作用，模具结构紧凑		用于抽拔离分型面垂直距离较远和有延时抽芯要求的型芯

7.5.6.4　弯销的固定形式

常用弯销的固定形式见表7-38。

表7-38　常用弯销的固定形式

固定部位	简　图	说　明
固定于定模套外侧，模套强度高，结构紧凑，但滑块较长		用于抽芯距离较小的场合，装配方便，但螺钉易松动
		能承受较大的抽芯力，但加工装配较复杂
固定于模套内，为了保持模套的强度，适当加大模套外形尺寸		弯销插入模套后旋紧螺钉，通过A块斜面将弯销固定，用于抽芯力不大的场合
固定于动模支承板或推板上		用于抽芯距离较短，抽芯力不大的场合

7.5.6.5　弯销尺寸的确定

弯销尺寸包括以下几点：

（1）为了避免弯销在滑块孔内卡死，两者间的配合间隙可取 0.5mm 或更大，滑块孔取 $a+1$，如图 7-72 所示。

（2）用弯销抽芯时，弯销的倾斜角越大，抽芯距离 S_c 也越大，但弯销所承受的弯曲力也

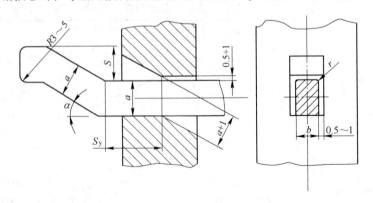

图 7-72　弯销与滑块孔的配合

越大。因此，抽芯距离短、抽芯力大时，弯销倾斜角 α 取小值；反之，取大值。常用 α 值为 $10°$、$15°$、$18°$、$20°$、$22°$、$25°$、$30°$。

（3）延时抽芯行程的确定。当有交叉型芯需顺序脱出时，按第一级抽芯所需抽芯行程求出第二级抽芯需要延时行程。当定模型芯包紧力较大时，需开模一定距离，先卸除对定模型芯的包紧力，再弯销抽芯。则此延时抽芯行程为：

$$S_y = \left(\frac{1}{3} - \frac{1}{2}\right)h$$

式中　S_y——延时抽芯行程，mm；

　　　h——定模型芯成形高度，mm。

若滑块楔紧角小于弯销斜角，开模时需先脱出楔紧块，再抽芯。此时延时抽芯行程为：

$$S_y \geqslant h'$$

式中　h'——楔紧块插入滑块的高度，mm。

（4）弯销截面尺寸的确定（见图 7-72）。弯销厚度 a 可由表 7-39 查得。

表 7-39　弯销厚度 a

抽芯角 $\alpha/(°)$	受力距离 S_1/mm	起始抽芯力 F（以 10N 计）									
		500	1000	1500	2000	2500	3000	3500	4000	4500	5000
		弯销厚度 a/mm									
10	20	16	20	23	25	27	29	30	31	32	33
	40	20	24	28	31	33	35	37	39	40	41
	60	23	28	32	35	38	40	42	44	46	47
	80	25	31	36	40	43	45	47	49	51	52
	100	27	33	38	42	45	48	50	52	54	56
20	20	17	21	24	26	28	30	31	32	33	34
	40	21	25	29	32	34	36	38	40	41	42
	60	24	29	33	36	39	41	43	45	47	48
	80	26	32	37	41	44	46	48	50	52	53
	100	28	34	39	43	46	49	51	53	55	57
30	20	18	22	25	27	29	31	32	33	34	35
	40	22	26	30	33	35	37	39	41	42	43
	60	25	30	34	37	40	42	44	46	48	49
	80	27	33	38	42	45	47	49	51	53	54
	100	29	35	40	44	47	50	52	54	56	58

注：受力距离 S_1 为弯销抽芯力作用点至弯销固定端部中点的距离。

为保持弯销工作的稳定性，弯销宽度 b 按下式计算：

$$b = \frac{2}{3}a$$

也可按斜销直径计算公式计算，根据算出的数据再进行修正。

7.5.6.6　变角弯销的特点与应用

图 7-73 所示为变角弯销的结构形式,用于抽拔较长且抽芯力较大的型芯。起始抽芯时采用 $\alpha = 15°$ 的抽芯角,以承受较大的弯曲力。抽出一定距离后,弯销仅带动滑块运动,采用 $\beta = 30°$ 的抽芯角,以满足较长的抽芯距离。变角弯销克服弯销受力与抽芯距离 S_c 矛盾,使弯销的截面和长度均可缩小,模具结构紧凑。在滑块孔内设置滚轮与弯销成滚动摩擦,适应弯销的角度变化和减小摩擦力。

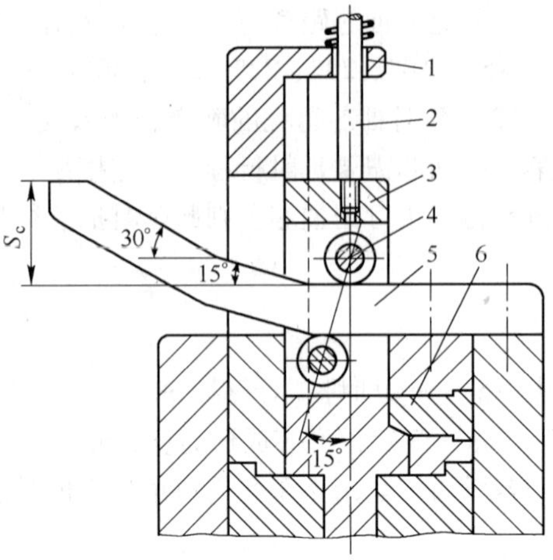

图 7-73　变角弯销抽芯机构

1—支承滑块的限位块;2—螺栓;3—滑块;
4—滚轮;5—变角弯销;6—楔紧块

7.5.7　液压抽芯结构

7.5.7.1　液压抽芯机构的工作过程与特点

液压抽芯机构是一种通用的抽芯装置,只要选用匹配,在很多场合下都可以采用,越来越广泛地应用于生产,特别是在大型铸件上更是如此。

常用液压抽芯机构的组成如图 7-74 所示。该机构通过联轴器 3 将活动型芯 7 与装在模具上的抽芯器 1 连成一体。抽芯器尾部通高压液,活塞推动活动型芯插入型腔。压射时,滑块靠定模楔紧块和抽芯器共同锁紧。开模时,楔紧块脱离滑块。开模中停片刻,高压液从抽芯器前腔进入,抽出活动型芯。而后继续开模,推出压铸件。

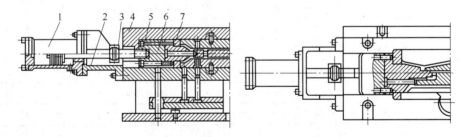

图 7-74　液压抽芯机构

1—抽芯器;2—抽芯器座;3—联轴器;4—定模套板;
5—拉杆;6—滑块;7—活动型芯

液压抽芯机构的特点有:

(1)以压力液为动力,并且抽拔力作用方向与滑块滑动方向一致,故抽拔动作平稳,抽芯距离比机械结构可以更长。

(2)模具结构简单、体积小、加工制造方便。

(3)在一般情况下,抽拔方向可以不限于平行于分型面的方向。

(4)由于电器已用于抽芯器上,程序可自动控制,连锁已不成为问题,抽拔距离也可任意调节和控制。

(5)当抽芯力足够大时,可以不设楔紧装置,并且很容易实现定模内的抽芯。

7.5.7.2　液压抽芯机构的设计要点

A　滑块受力计算

当抽芯器设置在动模上，活动型芯的成形投影面积较大时，为防止压铸时滑块后移，应设楔紧块。滑块的受力情况如图 7-75 所示。

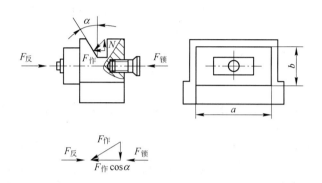

图 7-75　滑块的受力情况

楔紧滑块所需要的作用力 $F_作$ 计算如下：

$$F_作 \geqslant K \frac{F_反 - F_锁}{\cos\alpha} = K \frac{pA - F_锁}{\cos\alpha}$$

式中　$F_反$——压铸时的反压力，N；

p——压射比压，MPa；

A——受压铸反力的投影面积，mm^2；

K——安全值（取 1.25）；

$F_锁$——抽芯器锁芯力（见表 7-40）；

α——滑块楔紧角。

表 7-40　抽芯器锁芯力的计算

	抽芯时有背压	抽芯时无背压
简　图		
已知抽芯器活塞直径的计算公式	$F_锁 = p \dfrac{\pi d^2}{4}$	$F_锁 = p \dfrac{\pi D^2}{4}$
已知抽芯器活塞杆直径的计算公式		$F_锁 = F_抽 + p \dfrac{\pi d^2}{4}$
说　明	D——抽芯器活塞直径，mm；d——抽芯器活塞杆直径，mm；p——管路压力，MPa；$F_锁$——抽芯器锁芯力，N；$F_抽$——抽芯器抽芯力，N	

B　锁芯力的计算

液压抽芯机构中,当抽芯器设置在定模时,开模前须先抽芯,不得设置楔紧块,依靠抽芯器本身的锁芯力锁住滑块型芯,锁芯力的计算取决于抽芯器活塞的面积和管路压力,此外,还与压铸机的油路系统有关。当抽芯器的前腔有常压时,则锁芯力小;抽芯器的前腔道回油时,则锁芯力大。

当抽芯力及抽芯距离确定选用抽芯器时应按所算得的抽芯力乘以安全值。抽芯器不宜设置在操作者一侧,以防发生事故。无特殊要求时,不宜将抽芯器的插芯力作为锁紧力,需另设置楔紧块。

7.5.7.3　注意事项

注意事项有:

(1) 抽芯器安装要稳固,当固定支架的安装中心与抽芯器中心不重合时,要考虑抽拔时产生的力矩。

(2) 在与其他机械式抽芯机构联合对同一个活动型芯抽芯时,必须注意交接位置的定位准确无误。必要时,应增设能承受抽芯力的定位装置。常用的是斜销机构与抽芯器联合使用。

(3) 楔紧装置可采用与斜销机构相同的形式。无特殊要求不宜将抽芯器的抽芯力作为锁紧力,需另设锁紧装置。

(4) 抽芯器上应设行程开关,使其按一定程序进行工作,以防构件相互干扰。合模前应先使型芯复位,当抽芯器设在定模时,需先抽芯再开模。

(5) 合模前型芯需先复位,因此,活动型芯投影面积下一般不设推杆,以防止两者干扰。抽芯器不宜设置在操作者一侧,以防止发生事故。

7.5.8　滑套齿条齿轴抽芯机构

图 7-76 所示为开模状态。在开模初期阶段,固定于定模上的拉杆上有一段空行程 $S_{空}$,所

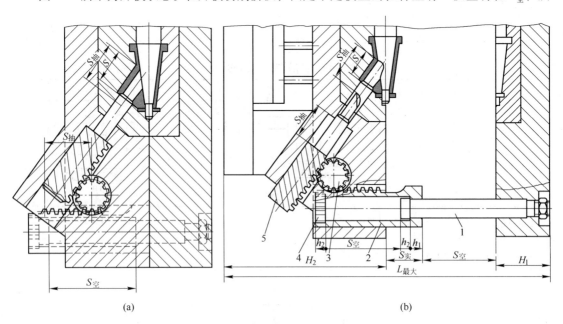

(a)　　　　　　　　　　　　　　(b)

图 7-76　滑套齿条齿轴轴芯机构

1—拉杆;2—滑套齿条;3—齿轴;4—螺塞;5—齿条滑块

以开模初期不抽芯。当拉杆头部的台阶与滑套齿条孔的上端面接触后，滑套齿条开始带动齿轴旋转，拨动齿条滑块开始抽芯，当达到压铸机最大开模行程时，型芯应全部脱离铸件。合模时，拉杆在滑套齿条内滑动一段空行程 $S_空$，待拉杆头部与滑套齿条内孔螺塞端面接触，滑套齿条开始推动齿轴旋转，拨动齿条滑块插芯到模具完全闭合时，完成插芯动作。

7.5.8.1 设计要点

滑套齿条抽芯工作段长度齿数按下式确定：

$$Z_1 = \frac{S'_抽}{\pi m}$$

式中 Z_1——滑套齿条抽芯工作段齿数（如小数增为整数）；

$S'_抽$——铸件预选抽芯行程，mm；

m——模数。

实际抽芯行程 $S_抽$ 根据求得的滑套齿条抽芯工作段齿数计算得出：

$$S_抽 = \pi m Z_1$$

开模距离 $S_开$ 按下式确定：

$$S_开 = L_{最大} - (H_1 - H_2)$$

式中 $L_{最大}$——压铸机的最大开模行程，mm；

H_1——定模厚度，mm；

H_2——动模包括模架、垫板等的厚度，mm。

拉杆空行程 $S_空$ 按下式确定：

$$S_空 = S_开 - S_实$$

式中 $S_实$——实际抽芯行程，mm。

滑套齿条的最少齿数按下式确定：

$$Z_滑 = Z_1 + 2$$

式中 $Z_滑$——滑套齿条上的最少齿数。

型芯齿条上的最少齿数 $Z_芯$ 和型芯齿条全长 $L_芯$ 按下式确定：

$$Z_芯 = Z_1 + 2$$

$$L_芯 = \pi m (Z_1 + 2)$$

7.5.8.2 特点

滑套齿条齿轴抽芯机构的特点是：抽芯过程及开、合模终止时，滑套齿条、齿轴和齿条滑块始终是啮合的，因此不需设置滑块限位装置。并且机构工作时，齿间啮合情况较好，不易产生碾齿现象。但滑套齿条过长时，会增加模具厚度，因此不能用于抽拔较长的型芯。

7.6 推出机构

金属液在模具型腔内冷却固化成形后，由于成形收缩等原因，压铸件会不同程度地包紧在成形零件的表面。使压铸件从模具中脱出的机构称为推出机构。

7.6.1　推出机构的组成

推出机构的组成，如图 7-77 所示。

推出机构的组成包括：

（1）推出元件。直接推动压铸件脱落，如推杆 3、推管 4 以及卸料板、成形推块等。

（2）复位元件。在合模过程中，驱动推出机构准确地回复到原来的位置，如复位杆 1 以及卸料板等。

（3）限位元件。调整和控制复位装置的位置，起止退、限位作用，并保证推出机构在压射过程中，受压射力作用时不改变位置，如限位钉 2 以及挡圈等。

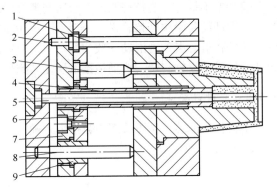

图 7-77　推出机构的组成
1—复位杆；2—限位钉；3—推杆；4—推管；
5—型芯；6—推杆固定板；7—推板；
8—推板导柱；9—推板导套

（4）导向元件。引导推出机构往复运动的移动方向，并承受推出机构等构件的重量，防止移动时倾斜，如推板导柱 8 和推板导套 9 等。

（5）结构元件。将推出机构各元件装配并固定成一体，如推杆固定板 6 和推板 7 以及其他辅助零件和螺栓等连接件。

7.6.2　推出机构的分类

根据压铸件的外形、壁厚及结构特点，压铸件的推出机构有多种类型，具体为：

（1）按推出机构的驱动方式分为机动推出、液压推出和手动推出。

（2）按推出元件的动作方向，推出机构可分为直线推出、斜向推出、摆动推出和旋转推出。

（3）按推出元件的结构特征，推出机构可分为推杆推出、推管推出、卸料板推出，推块推出和综合推出等推出形式。

（4）按推出机构的动作特点，又可分为一次推出、二次推出，多次顺序分型脱模机构以及定模推出机构等。

7.6.3　推出机构设计注意事项

推出机构设计注意事项有：

（1）开模时应使压铸件留在动模一侧。压铸机的顶出装置设在动模板一侧，在一般情况下，压铸模的推出机构也都设在动模一侧。因此，应设法使压铸件对动模的包紧力较大，以便在开模时，使压铸件留在动模一侧，这在选择分型面时就应充分考虑。

（2）推出机构不影响压铸件的外观要求。压铸件在成形推出后，特别是采用推杆推出时，都留有推出痕迹。因此，推出元件应避免设置在压铸件的重要表面上，以免留下推痕，影响压铸件的外观。

（3）选好推出作用点。推出元件应作用在脱模阻力大的部位，如成形部位的周边、侧旁或底端部。尽量选在强度较高的部位，如凸缘、加强肋等处。

（4）避免推出时变形或损伤。推出元件应分布对称、均匀，使推出力均衡，防止压铸件在推出过程中产生变形或损伤。

（5）推出机构应移动顺畅，灵活可靠。

（6）推出机构的结构件应有足够的强度和耐磨性能，保证在相当长的运作周期内平稳运行，无卡滞或干涉现象。

7.6.4 推出机构设计要点

推出机构设计要点有：

（1）推出距离一般根据动模上高出分型面的成形部分高度来决定（见图7-78）。

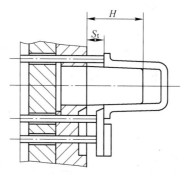

$H \leqslant 20\text{mm}$ 时，　　$S_t \geqslant H + K$

$H > 20\text{mm}$ 时，　　$\dfrac{1}{3}H \leqslant S_t \leqslant H$

使用斜推杆时，　　$S_t = H + 10$

式中　S_t——推出距离，mm；

　　　H——滞留压铸件的最大成形部分长度，mm；

　　　K——安全系数，$K = 3 \sim 5\text{mm}$。

图 7-78　推出距离计算

（2）推出力。推出时，铸件的强度应能够承受每个推杆所给予的压力。而铸件的强度，除了由铸件本身的合金种类、形状、结构和壁厚所决定以外，还与铸件的压铸质量和其他因素有关。有时，在必要的情况下，也从工艺上采取一定的措施，减少推出时铸件所承受的负荷。

推出时铸件能承受的单位面积上的压力 p_d 为：铝合金和铜合金为 50MPa，锌合金为 40MPa，镁合金为 30MPa。若铸件的包紧力 p_b 已知，即所需的推出力已知，则可根据 p_b 计算出需要的推杆的总面积 F_d，即

$$F_b = \frac{p_b}{p_d}$$

推出过程中，使铸件脱出成形零件时所需要的力，称为推出力。推出力按以下公式计算：

$$F_推 > KF_包$$
$$F_包 = pS$$

式中　$F_推$——推出力，N，机动推出时为压铸机的开模力，液压推出器推出时为液压推出器的推出力；

　　　$F_包$——铸件（包括浇注系统）对模具成形零件的包紧力及推出时铸件外形与型腔壁摩擦阻力；

　　　K——安全值，一般 $K = 1.2$；

　　　S——铸件包紧活动成形部分的表面积，mm^2；

　　　p——挤压应力，根据合金类别选取：锌合金一般取 $6 \sim 8\text{MPa}$，铝合金、镁合金取 $10 \sim 12\text{MPa}$，铜合金取 $12 \sim 16\text{MPa}$。

（3）推出部位的选择。推出部位是指压铸件上受推出元件作用的部位，这一部位的选择原则是要保证压铸件质量，具体介绍如下：

1）推出部位应设在受压铸件包紧的成形部分（如型芯）周围以及收缩后互相拉紧的孔或侧壁周围（见图 7-79）。

2）推出部位应设在脱模斜度较小或垂直于分型面方向的深凹处的成形表面附近（见图

7-80和图7-81）。

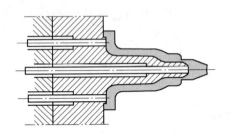

图 7-79　型芯周围及分流锥头部设置推杆

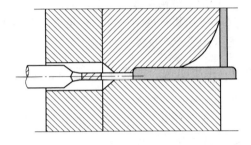

图 7-80　脱模斜度小且型腔较深处设推出元件

3）推出部位尽量设在压铸件的凸缘、加强肋及强度较高的部位（见图7-82）。

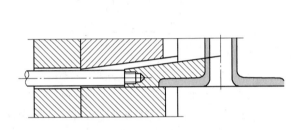

图 7-81　垂直分型面方向长度较大的
成形表面设推出元件

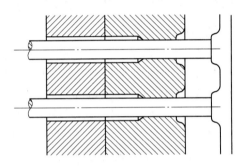

图 7-82　压铸件凸台处设推出元件

4）推出部位应位于动模浇道上或受压铸件包紧力较大的分流锥周围。

5）推出部位在压铸件上的分布应对称、均匀，防止推出时变形。

6）推出部位不设在铸件重要表面或基准面，防止在这些部位留下推痕。

7）设置推出元件应避免与活动型芯发生干扰。

7.6.5　推杆推出机构

7.6.5.1　推杆推出机构的特点

推杆推出机构的特点是：

（1）推出元件结构简单，便于加工和维修。

（2）推出动作安全可靠，不易发生运作故障。

（3）可根据压铸件对成形零件的包紧力大小，灵活选择推杆的位置、直径和数量，使推出力均衡。

（4）推杆兼有排气的作用，在容易聚集气体的部位或浇注终端设置推杆，可有效地排出型腔中的气体。

（5）在小型压铸模中，推杆可兼起复位杆的功能，简化模具结构。

（6）推杆头部制成特定形状后可兼承托嵌件之用。

（7）推杆端面可用来成形压铸件标记、图案。

（8）压铸件表面会留下推杆印痕，有碍表面美观。如印痕在铸件基准面上，则影响尺寸精度。

（9）推杆截面小，推出时铸件与推杆接触面积小，受推压力大，若推杆设置不当会使铸件变形或局部破损。

7.6.5.2　推杆的设计要点

A　推杆的形状

推杆推出段截面形状受压铸件被推部位的形状和镶块镶拼结构的影响较大，常见的形状有圆柱形、正方形、矩形、半圆形。圆柱形推杆是最常用的一种形状，如图 7-83（a）所示。由于圆柱形推杆和推杆孔具有易于加工、更换和维修，又容易保证尺寸配合精度和形位精度的要求，同时还具有滑动阻力小、不易卡滞等特点，是应用最基本的推杆形状。扁平形如图 7-83（b）所示，有时为便于加工扁平推杆的推杆孔，也采用图 7-83（c）所示的长圆形。扁平形推杆多用于深而窄的立壁或立肋的压铸模中。半圆形如图 7-83（d）所示，半圆形推杆多在压铸件外边缘和成形零件镶缝处采用，以加大推杆的推出面积。半圆形推杆易于加工，但推杆孔加工较为困难。

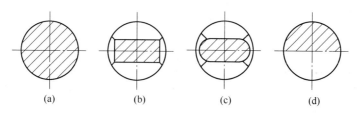

图 7-83　推杆推出段的断面形状

推杆推出段表面形状根据压铸件被推部位表面形状不同而有所不同。如图 7-84 所示，常见有平面形、圆锥形、凹面或凸面形、斜钩形等，一般应用的是平面形圆截面推杆。当推杆推出端直径小于 8mm 时，应考虑加强推杆后部以增加推杆刚度（见图 7-84（b））。圆形截面的推杆由于制造上极为方便，故应尽量加以采用。推杆的长度与其直径之比往往是很大的，这时，可将推杆的后部直径加大。

B　推杆尺寸

推杆在推出压铸件时，压铸件还处于高温状态，此时压铸件的强度低于室温时的许用强度。当压铸件包紧力较大，而设置的推杆又较少时，若每根推杆上的推出力超出压铸件的最大受推压力，推杆就会顶入压铸件内部，推坏压铸件。为避免出现这种现象，推杆截面积可按下式进行计算：

$$A = \frac{F_1}{n[\sigma]}$$

式中　A——推杆推出段端部截面积，mm^2；

　　　F_1——推杆承受总推力，计算时以 10N 为单位；

　　　n——推杆数量；

　　　$[\sigma]$——压铸件的许用强度（受推压力），MPa。

由公式可得，当 $n = 1$ 时，绘制了推杆直径与推出力的关系曲线图（见图 7-85），可供设计时查用。推杆尺寸推荐值可参考表 7-41 及表 7-42。

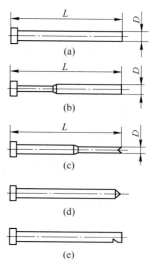

图 7-84　推杆推出段表面形状

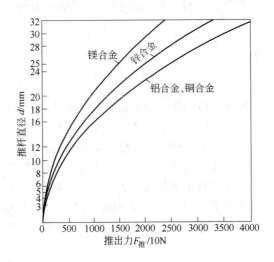

图 7-85 推杆直径与推出力关系

表 7-41 推杆尺寸推荐值（一） （mm）

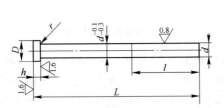

d		D	h	r	l, L
公称尺寸	公 差				
8	−0.010 −0.055	12			
10		14			
12	−0.012 −0.070	17	$6_{-0.04}$	0.4	按需要确定
14		20			
16		22			
20	−0.014 −0.085	26			
22		28	$6_{-0.04}$	0.5	
24		30			
26		32			

表 7-42　推杆的尺寸推荐值（二）　　　　　　　　　　（mm）

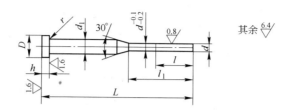

d		d_1	D	h	r	L, l_1, l
公称尺寸	公　差					
2	−0.006	6	10			
3	−0.032					
4	−0.008	10	15		0.3	
5	−0.044					
6		12	17	$6_{-0.04}$		按需要确定
8	−0.010					
10	−0.055	16	22			
12	−0.012				0.4	
14	−0.070	20	26			

推杆为细长杆件，工作中在推出力作用下受到轴向压力，因此，还必须校核推杆的稳定性。推杆承受静压力下的稳定性可根据下式计算：

$$K_{\mathrm{w}} = \eta \frac{EJ}{F_{\mathrm{n}} l^2}$$

式中　K_{w}——稳定安全倍数，钢取 1.5~3；

　　　η——稳定系数，$\eta = 20.19$；

　　　E——弹性模量，MPa，钢取 $E = 2 \times 10^5$ MPa；

　　　J——推杆最小截面处抗弯截面惯性矩，cm^4，当推杆是直径为 d 的圆截面时，$J = \pi d^4/64$，当推杆是短、长边分别为 a、b 的矩形截面时，$J = a^3 b/12$；

　　　F_{n}——推杆承受的实际推力，计算时以 10N 为单位；

　　　l——推杆总长，cm。

推杆的配合应能使推杆无阻碍地沿轴向往复运动，顺利地推出压铸件和复位。推杆推出段与镶块的配合间隙应适当，间隙过大，金属液将进入间隙；过小，则推杆导滑性能差。

推杆的配合孔的有效长度不但要保持足够的滑动配合面，而且还应有利于加强推杆的刚性。当推杆直径小于 8mm 时，配合长度可取为 15mm；当推杆直径在 8mm 以上时，配合长度为直径的 2 倍，最长不超过 45mm。推杆的配合及参数见表 7-43。

表 7-43　推杆的配合及参数

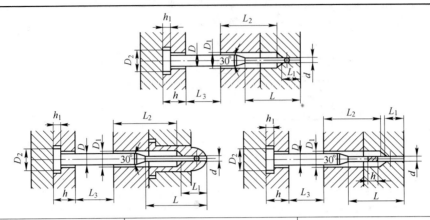

配合部位	配合精度及参数	说　明
推杆与孔的配合	H7/f7	用于压铸锌合金时的圆截面推杆
	H7/e8	用于压铸铝合金时的圆截面推杆
	H7/d8	用于压铸铜合金时的圆截面推杆
	H8/f8	用于压铸锌铝合金时非圆截面推杆
推杆与孔的导滑封闭长度 L_1	$d < 5\,mm$，$L_1 = 15\,mm$；$d = 5 \sim 8\,mm$，$L_1 = 3d$；$d = 8 \sim 12\,mm$；$L_1 = (2.5 \sim 3)\ d$；$d > 12\,mm$，$L_1 = (2 \sim 2.5)\ d$	
推杆加强部分直径 D	$d \leqslant 6\,mm$，$D = d + 4\,mm$；$6\,mm < d < 10\,mm$，$D = d + 2\,mm$；$d > 10\,mm$，$D = d + 6\,mm$	用于圆截面推杆
	$D \geqslant \sqrt{a^2 + b^2}$	用于非圆截面推杆
推杆前端长度 L	$L = L_1 + S_t + 10\,mm \leqslant 10d$	S_t 为推出距离
推板推出距离 L_3	$L_3 = S_t + 5\,mm$，$L_2 > L_3$	保护导滑孔
推杆固定板厚度 h	$15\,mm \leqslant h \leqslant 30\,mm$	除需要预复位的模具外，无强度计算要求
推杆台阶直径与厚度 D_2、h_1	$D_2 = D + 6\,mm$；$h_1 = 4 \sim 8\,mm$	
支承板孔直径 D_1	$D_1 = D + (0.5 \sim 1)\,mm$	

7.6.6　推管推出机构

　　当铸件的形状具有圆筒形或较深的圆孔时，则在构成这些形状部位的型芯的外围可采用推管作为推出元件。当采用机动推出时，推管推出后包住型芯，难以对型芯喷涂涂料；当采用液压推出时，因推出后立即复位，不会包围住型芯，对喷涂涂料没有影响。当采用推管推出时，其内的型芯的装固应方便、牢靠而又便于加工。

　　常用的有两种形式：

　　(1) 圆筒状推管。如图 7-86 所示，圆筒状推管使用可靠，加工方便，推管强度较好，但组装零件较多，动模厚度增大，型芯长度也加长。

（2）瓣状推管。如图7-87所示为三瓣状推管，前部为三瓣状，后部仍为圆筒状。这种推管加工不便，各瓣的刚性较差，配合间隙不易控制，使用寿命不如圆筒状的长，但型芯较短，故有时也采用。

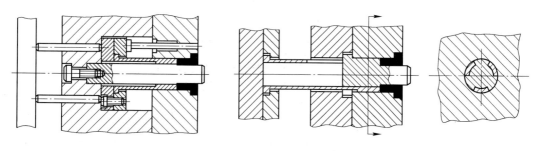

图7-86 圆筒状推管　　　　　　　　图7-87 三瓣状推管

与推杆推出机构比较，推管推出机构有如下特点：

（1）推出力作用点离包紧力作用点距离较近，推出力平稳、均匀，是较理想的推出机构。

（2）推管推出的作用面积大，压铸件受推部位的受推压力小，压铸件变形小。

（3）推管与型芯配合间隙有利于型腔气体的排出。

（4）适合推出薄壁筒形压铸件。但铸件过薄（壁厚小于1.5mm）时，因推管加工困难、容易损坏，故不宜采用推管推出。

（5）对型芯喷刷涂料比较困难。

推管设计的要点如下：

（1）为避免推管损伤镶块及型芯表面，推管的外径尺寸应设计成比筒形铸件的外壁尺寸单边小0.5～1.2mm，推管外径尺寸应比筒形压铸件外壁尺寸小0.2～0.5mm，推管内径比压铸件内壁尺寸大0.2～0.5mm，如图7-88所示。

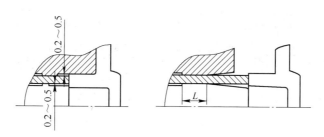

图7-88 推管内外径尺寸设计

通常推管内径在10～60mm范围内，管壁应有相适应的厚度，在1.5～6mm范围内。推管内外径与型芯和镶块的配合可按H8/f7～H8/f8选用。

（2）推管导滑封闭段长度L（见图7-88）按下式计算：

$$L = (S_t + 10) \geqslant 20\text{mm}$$

式中　L——推管导滑封闭段长度，mm；

　　　S_t——压铸件推出距离，mm。

（3）推管的非导滑部位尺寸见表7-44。

表7-44　推管非导滑部位推荐尺寸

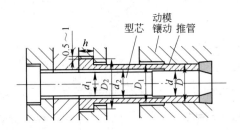

部　位	尺　寸	部　位	尺　寸
动模镶块内扩孔	$D_1 = D + (1 \sim 2)$	推管尾部外径	$D_2 = D + (6 \sim 10)$
推管内扩孔	$d_2 = d + (0.5 \sim 1)$	推管尾部厚度	$h = 5 \sim 10$
型芯缩小段	$d_1 = d - (0.5 \sim 1)$		

7.6.7　推板推出机构

推件板又称卸料板，当铸件具有较大的型芯时，采用这种推出元件最为适宜。因推板推出时，其作用面的面积最大，推出顺利可靠。但推板推出后，型芯难以喷涂涂料。

如图7-89所示，推件板机构主要由推件板3、动模镶块2、推件板推杆6和推板7等零件所组成。推出力通过推板7，推件板3借助导套4在导柱5上移动，将铸件从型芯1推出。卸料板移动距离 L 要求比推出距离 S_t 大10mm左右。

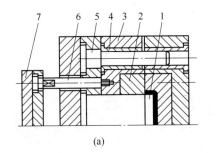
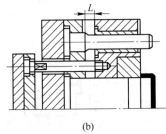

(a)　　　　　　　　　　　　(b)

图7-89　推件板推出机构的组成

（a）合模状态；（b）推出状态

1—型芯；2—动模镶块；3—推件板；4—导套；5—导柱；6—推件板推杆；7—推板

常用的推板推出形式如图7-90所示。

图7-90（a）所示为整块模板的推板形式，推出后推板底面分离一段距离，清理方便，但推板体积较大。图7-90（b）所示为镶块式的推板形式，推板体积较小，但因推出后的分离空当在模板内，易堆积金属残屑，应经常取出清理干净。

推板推出机构的设计要点有：

（1）推件板推杆可以设在模具分型面的水平投影面内，也可以设在水平投影面外，视具体情况而定。

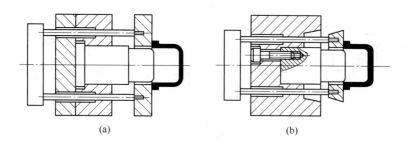

图 7-90 常用的推板推出形式
（a）整块模板；（b）镶块式

（2）推出铸件时，动模镶块的推出距离 S_t 不得大于动模镶块与动模固定型芯结合面长度的 2/3，以保证模具在复位时的稳定性。

（3）型芯和动模镶块（推件板）间的配合精度一般为 H7/e8 ~ H7/d8。若型芯直径较大，可将其与推板的配合段制成 1° ~ 3°，以保证脱模的顺利。

7.7 复位杆和导向零件

推出机构中还有使推出元件复位用的复位杆和对这个机构起导向作用的导向零件。

7.7.1 复位机构

复位动作是利用合模时定模分型面的推动完成的。推出机构在推出压铸件并在合模过程中，推出元件都必须回复到起始位置，这就是推出机构的复位。一般情况下，推杆、推管等推出元件并不直接触及定模的分型面，所以合模动作不能驱动它们复位，因此，必需另外设置并借助复位机构。

复位机构的功能：

（1）防止推出元件在合模时与型腔等成形零件相撞而彼此损伤。

（2）在金属压射前，各推出元件准确地回复到原来的位置，为下一周期做准备。

7.7.1.1 复位杆

为了使各种推出元件复位，推杆固定板上同时装有复位杆。复位是利用合模的动作来完成的。为了安全起见，复位杆应设在模体以内。常用的复位杆均为圆形截面，其位置是不与铸件接触，而推面则与所在的动模分型面平齐。对于推板来说，由于其推面本身也是分型面，可以起到返回复位的作用，故不必用复位杆。

在液压推出时，若复位动作是由推出器带动的话，则仍应该有复位杆，使推出机构复位的最终位置较为准确。

复位杆复位动作过程如图 7-91 所示。合模状态时复位杆端面与动、定模分型面平齐。开模后，当动模、铸件、推出机构一起移动到一定距离时，压铸机推杆接触推板，推出机构与铸件一起被推住。动模继续移动从铸件中抽出，此时复位杆高出动模分型面。合模时，推出机构随动模一起向定模靠拢，复位杆先与定模分型面接触使推出机构停止运动，而动模继续合模，待动、定模合拢时推出机构也就恢复到初始位置。

复位杆的形式见表 7-45。

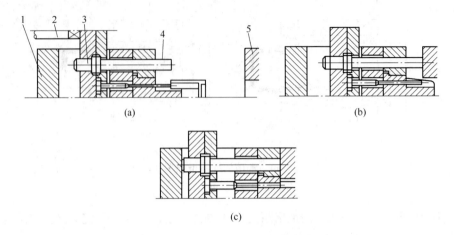

(a)　　　　　　　　　　　　　　　　　(b)

(c)

图 7-91　复位杆复位动作过程

（a）开模状态；（b）合模状态；（c）最后限位状态

1—动模座板；2—压铸机推杆；3—挡钉；4—复位杆；5—定模

表 7-45　复位杆的形式

形　　式		简　　图	特　　点
模外复位			（1）4 个复位杆与推板中心对称设置； （2）推板复位平稳，但不易准确调节； （3）适用于较大的模具，或通用模座上
模内复位	复位杆在镶块内		（1）推杆固定板外形较小，结构紧凑； （2）当镶块损坏后更换时，增加制造工作量； （3）应用于型腔形状较为简单的模具及采用通用模架的模具
	复位杆在镶块外		（1）复位杆设置在镶块外，复位作用面较大，受力平稳； （2）选择复位杆位置时，灵活性较大； （3）备品制造及更换工作量较小； （4）广泛应用于具有专用模座的模具

复位杆复位设计要点：

（1）复位元件及限位元件的位置通常在型腔、抽芯机构、推出机构设计确定后，选择合理空间位置设置 4 根或 2 根复位杆和 4 个限位钉，应对称布置，使推板受力均衡。

（2）限位元件尽可能布置在压铸件投影面积范围内，以改善推板受力状况。

（3）采用推杆或推管推出机构时，应设复位杆。设计中也可用复位杆兼作推杆推出压铸件。

（4）在推件板推出机构和斜滑块推出机构中，推件板和斜滑块本身具有使推出机构复位的功能，可不另设复位机构。

7.7.1.2 限位装置

推板限位装置的作用是：推板在复位后，能平稳准确地回复到原来的位置；在压射过程中，能承受由推出元件传递到推板的压力、载荷的冲击；便于调整推出元件的安装高度；便于清理动模座板上聚集的杂物。

推板的限位形式如图 7-92 所示。

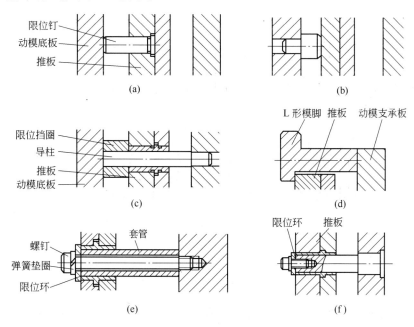

图 7-92 推板的限位形式

图 7-92（a）和（b）采用限位钉，使推板实现精确复位。限位钉分别设置在推板或动模座板上，制作简单、复位精度高、刚性好、应用比较广泛。图 7-92（c）将限位挡圈套在推板导柱上，结构更加简单，也有很高的复位精度。以上的结构形式用于压铸模设置动模座板的场合。

采用 L 形模脚的小型模具，用设置在模脚内侧的限位挡块限位，如图 7-92（d）所示。由于限位挡块上易积存杂物，可能影响复位的精度。

小型的压铸模有时采用图 7-92（e）和（f）所示的限位形式。图 7-92（e）是将套管用内六角螺钉固定在动模板或动模支承板上，端部设置限位环，起限位作用；同时加设弹簧垫圈，以防止松动。套管还兼起推板的导向作用，推板借助推板导套在套管上滑动，简化模具结构。图 7-92（f）在推板导柱的端部设置限位环，加工制造方便。图 7-92（e）和（f）应该注意的共同问题是：由于推出元件的推出端承受金属液的压射力，并同时传递到推板上，因此限位环和内六角螺钉应有足够的强度，以支承推板的压射载荷。

7.7.2　预复位机构

预复位机构是合模前或合模过程中，在动、定模闭合前，将推出元件准确地送回到原来的起始位置的一种装置。预复位通常在下列两种情况下采用：推出元件推出压铸件后所处的位置影响到嵌件或活动镶件（型芯）的安放；推出元件与活动型芯的运动路线相交，插芯动作受到干扰。预复位的类型有：

（1）机动推出机构的预复位。当推出元件设置在活动型芯的投影面积以内时，就有可能使推出元件与活动型芯两者动作发生干扰。因此，推出元件需预先复位。通常采用摆板式、三角滑块式等预复位机构。

图 7-93 所示为摆板式预复位机构。机构中的预复位杆安装在定模上，合模时，在斜销驱动滑块动作之前，预复位杆推动摆板绕轴旋转，摆板推动推板复位。摆板式预复位是在合模过程中进行的，用于推出距离较大的预复位。

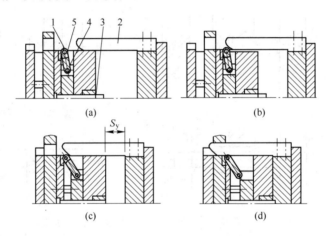

图 7-93　摆板式预复位机构

（a）开模推出；（b）预复位；（c）预复位终止；（d）合模

1—滚轮；2—预复位杆；3—复位杆；4—轴；5—摆板

图 7-94 所示的三角滑块式预复位机构与摆板式预复位机构相似，只是摆板换成了可在推板上滑动的三角块。合模时，预复位杆推动三角块，因受动模上斜面制约，三角块在推板上滑动的同时推动推板复位。这种机构用于推出距离小的预复位。

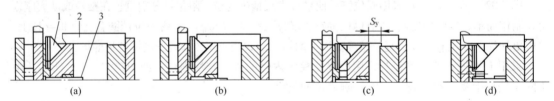

图 7-94　三角滑块式预复位机构

（a）开模推出；（b）预复位；（c）预复位终止；（d）合模

1—三角滑块；2—预复位杆；3—复位杆

（2）液压推出器推出机构的预复位。这种推出机构的预复位可由液压推出器来完成。预复位可在合模前完成。

（3）手动推出机构的预复位。由齿轮齿条传动的手动推出机构的预复位只要改变操作程序即可。这类预复位是在合模前完成的。

常用预复位机构见表7-46。

表7-46 常用预复位机构

形 式	简 图	说 明
摆杆式预复位		（1）复位推杆1压迫滑块2下滑，推动滑销4左移，从而推动摆杆3绕其支承销旋转，推动推杆固定板5后移，完成预复位； （2）适用于动、定模相对距离比较大的情况
摆板式预复位		（1）预复位杆1推动滚轮2，带动摆板3绕轴4摆动，推动推杆固定板5预复位； （2）适用于推出距离较大的预复位模具
三角块式预复位		（1）预复位杆1推动三角块2下滑，带动推杆固定板3下移，完成预复位； （2）适用于推出距离较小的模具预复位
连杆式预复位	 (a) (b)	合模时，由于滑块3作用于连杆2使圆柱销1转动，连杆A端迫使推杆4预复位

7.7.3 推出机构的导向与干涉

推出机构的导向零件使各推出零件得以保持一定的配合间隙，从而保证推出动作的平稳运动。同时还起到支撑推杆固定板、挡板和推板的质量的作用。

7.7.3.1　常用的导向形式

常用的导向形式有两种：

（1）图 7-95 所示为导杆导向的结构形式。导杆穿过推杆固定板，即对推杆固定板作为导向之用。导杆后端可推住动模垫板，故又可作为支撑用，这对垫板的强度有很大的加强作用。推出板复位时由定位钉定位。

（2）图 7-96 所示为导钉导向的结构形式。导钉除与导杆一样起导向作用外，还可作为复位时定位之用。导钉形式可使推出机构简单，模具的底部也不必加座板。导钉的前端为螺纹，这就要求动模上的螺孔应与模板平面垂直，以保证导向良好。

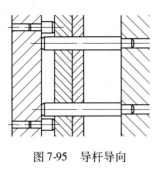　　　　　　　　　　　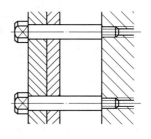

图 7-95　导杆导向　　　　　　　　　　图 7-96　导钉导向

7.7.3.2　推出"干涉"问题

A　推杆的干涉问题

当采用斜销机构抽芯时，如果遇到推杆与活动型芯在分型面上的投影发生重合的情况，在合模过程中，便有可能产生"干涉"现象。当采用液压推出时，由于合模前已先行复位，推杆已脱离"干涉"位置，则可以不考虑"干涉"问题。当采用机动推出时，则必须加以充分考虑。

图 7-97 所示为合模动作达到斜销刚插入滑块斜孔，将要开始插芯的位置。抽芯所用的合模行程为 h，推出距离为 s，推杆高于动型芯最低点的长度为 l，干涉长度为 l_0，入前活动型芯与推杆的距离为 a，活动型芯最低点高于推杆完全复位的平面的高度为 b，斜拉杆斜角为 α。

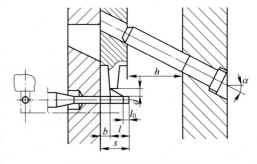

图 7-97　"干涉"问题

分析三种情况：

（1）第一种情况：$s < h$。这时，斜销插入斜孔早于推杆的复位动作，活动型芯先插入，距离 h 缩小，所缩小的距离记为 e，则：

$$e = (h - s)\tan\alpha$$

当 $e < a$ 时，如果 $\dfrac{a - e}{l} \geqslant \tan\alpha$，不会发生"干涉"；如果 $\dfrac{a - e}{l} < \tan\alpha$，则发生"干涉"。

令干涉长度为 l_0，则

$$\frac{a - e}{l - l_0} = \tan\alpha$$

$$l_0 = \frac{l\tan\alpha - a + e}{\tan\alpha}$$

当 $e \geqslant a$ 时，均发生"干涉"。而其长度 l_0 就是 l 的大小。

（2）第二种情况：$s = h$。这时，如果 $\frac{a}{l} \geqslant \tan\alpha$，不会发生"干涉"；如果 $\frac{a}{l} < \tan\alpha$，则发生"干涉"。

干涉长度：
$$l_0 = \frac{l\tan\alpha - a}{\tan\alpha}$$

（3）第三种情况：$s > h$。这时，设 $s - h = s_0$，则 s 大于 h 的那一段合模行程即为 s_0，斜拉杆尚未起作用，故不必考虑"干涉"。当合模到 $s - s_0 = h$ 时，同样按 $s = h$ 的情况计算。

B　摆杆式先回程机构的干涉问题

当判定会发生"干涉"时，可以采用先回程机构，把推杆的"干涉"长度 l_0 提前消除。先回程机构种类很多，常用的有摆杆式和三角块式两种。摆杆式先回程机构如图 7-98 所示，其动作过程图解如图 7-99 所示。

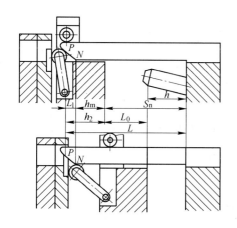

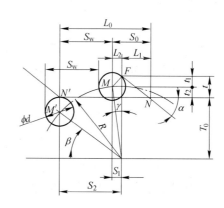

图 7-98　摆杆式先回程机构　　　　　　图 7-99　摆杆式先回程机构的动作过程图解

设动模滑块与动模分型面平齐，先回程杆伸出定模的长度为 L，斜拉杆伸出的垂直高度为 h，在合模过程中，先回程杆便在 P 点提前碰触摆杆，这时，剩余的合模行程为 S_n，继续合模，摆杆便在先回程杆的作用下摆动，从而使推出机构也提前回复一个应有的距离，合模达到 L_0 距离时，先回程杆与摆杆接触点便恰好与内侧边线与滚轮的切点 N 点重合，先回程动作便告结束。

从先回程的动作图解可知，当合模行程达到距离 L_0 时，先回程杆的 N 点移至 N' 点，同时，摆杆的滚轮中心也从 M 点摆动至 M' 点，其垂直距离为 S_w。这就是说，合模行程走了 L_0 距离后，推杆得到先回程的距离为 S_w，它们之间相差 S_0，即

$$L_0 = S_w + S_0$$

根据设计时给定的有关已知条件，便可求出 S_w 和 S_0：

$$S_w = S_2 - S_1 = R\cos\beta - R\sin\alpha = R(\cos\beta - \sin\alpha)$$

$$S_0 = L_1 + L_2 = t\tan\gamma + \frac{d}{2}\sin\gamma$$

而：
$$t = t_1 + t_2 = \frac{d}{2}\cos\gamma + R\cos\alpha - T_0$$

代入并简化可得：

$$S_0 = d\sin\gamma + R\cos\alpha\tan\gamma - T_0$$

式中　d——摆杆端部滚轮的直径，mm；

　　　R——摆杆摆动半径，mm；

　　　T_0——摆杆摆动中心 O 点至复位杆内侧的距离，mm；

　　　γ——先回程杆的接触斜角，(°)；

　　　β——摆杆起始位置的角度，(°)，摆杆 M 点摆动至 M 点后，中心线与合模方向的夹角，

　　　　为：

$$\sin\beta = \frac{T_0 - \dfrac{d}{2}}{R}$$

为了消除"干涉"，应使 $S_w \geqslant S_0$。

先回程杆在刚接触摆杆滚轮时，分型面的距离 S_h 应为：

$$S_h = h + L_0$$

式中　h——斜拉杆沿合模方向的伸出长度。

当已知动模厚度 h_m 时，先回程杆伸出定模的最小长度 L_{min} 便可确定，即

$$L_{min} = S_h + h_2 = h + L_0 + h_m + L_1$$

为了安全起见，将计算得到的 L_{min} 加长 5～10mm，以确保摆杆更早地起作用，则：

$$L = L_{min} + (5 \sim 10)$$

C　三角块式先回程机构的干涉问题

三角块式先回程机构如图 7-100 所示，其动作过程图解如图 7-101 所示。

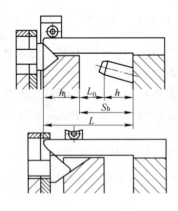
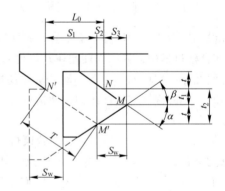

图 7-100　三角块式先回程机构　　　　　图 7-101　三角块式先回程机构的动作过程图解

　　先回程杆伸出定模的长度为 L，在合模过程中，先回程杆提前触碰装在动模上的三角块，触动后，三角块沿一定的斜角回移，从而使推出机构也提前回复一个应有的距离，当合模达到距离 L_0 时，三角块已移动到只有外侧边线长与先回程杆相接，先回程动作便告结束。

　　从先回程动作过程的图解可知，当合模行程达到距离 L_0 时，先回程杆的 N 点移置 N' 点，

三角块的 M 点移到 M' 点，其垂直距离为 S_w。即合模行程为距离 L_0 后，推杆得到先回程的距离为 S_w。L_0 可由下式求得：

$$L_0 = S_1 + S_2 = S_1 + S_w - S_3$$

根据设计时给定的有关已知条件，便可求出 S_1、S_w 和 S_3：

$$S_1 = T\cos\alpha$$

$$S_w = \frac{t}{\tan\beta}$$

$$S_3 = \frac{t_1}{\tan\alpha} = \frac{t_2 - t}{\tan\alpha}$$

式中　T——三角块原动斜面边长；

　　　t——三角块横向移动距离，由先回杆程度决定；

　　　α——三角块原动斜面倾角；

　　　β——三角块从动斜面倾角。

而　　　　　　　　　　　　　$t_2 = T\sin\alpha$

则　　　　　　　　　　　　$S_3 = \frac{T\sin\alpha - t}{\tan\alpha}$

令　　　　　　　　　　　　　$S_w \geqslant L_0$

则这样求出的 L_0 可满足消除干涉的条件。这时，先回程杆刚接触三角块，分型面的距 S_h 应为

$$S_h = h + L_0$$

当已知动模部分的 h_1 后，先回程杆伸出的最小长度 L_{min} 便可求得：

$$L_{min} = S_h + h_1 = h + L_0 + h_1$$

为安全起见，再加长 $5 \sim 10$mm，则：

$$L = L_{min} + (5 \sim 10)$$

复习思考题

7-1　简述压铸模浇注系统的结构。

7-2　简述内浇口的设计要点。

7-3　简述各压铸机用直浇道的设计要点。

7-4　简述横浇道的设计要点。

7-5　简述排溢系统的组成及其作用。

7-6　简述溢流槽系统的设计要点。

7-7　简述排气道的设计要点。

7-8　成形零件的结构形式有哪些及其各自特点是什么？

7-9　简述镶拼式结构的设计要点。

7-10　成形零件成形尺寸的计算公式有哪些？

7-11　模体由哪些结构件组成，各自有哪些作用？

7-12　简述模体的设计要点。

7-13　简述模板的设计要点。

7-14　简述导柱的设计要点。

7-15　简述抽芯机构组成及其分类。

7-16　抽芯力的计算公式是什么？

7-17　简述斜销抽芯机构的组成与设计要点。

7-18　简述斜滑块抽芯机构的组成与设计要点。

7-19　简述弯销抽芯机构的组成与设计要点。

7-20　简述液压抽芯机构的组成与设计要点。

7-21　简述液压滑套齿轮齿条抽芯机构的组成与设计要点。

7-22　简述推杆推出机构的设计要点。

7-23　简述推管推出机构的设计要点。

7-24　简述推板推出机构的设计要点。

7-25　简述复位机构的功能。

7-26　简述斜销机构抽芯的干涉问题。

8 压铸模的技术要求与选材

8.1 压铸模的技术要求

为了确保模具的使用性能和维持应有的使用寿命，在模具的结构和尺寸确定以后，对于装配和各种零件的加工制造方面，还应符合有关的技术要求。

压铸模零件的材料是按零件的工作条件、作用部位及其受力的大小、装配的配合形式和热处理的要求等方面来考虑的。

8.1.1 压铸模零件的公差与配合

压铸模在高温状态下工作，平均温度为 $100 \sim 350℃$，因此，各结构件在组装配合时，不仅要求在室温下达到一定的装配精度，而且要求在工作温度下，仍能保证各部分结构尺寸稳定、动作可靠。尤其是与金属液直接接触的零件，在填充过程中，受到高压、高速、高温金属液的冲击和热交变应力的作用，它们在安装位置上更不允许产生偏移或配合间隙的变化，否则会影响压铸件的产品质量和压铸生产的正常运行。

配合间隙的变化，除了受压射冲击和温度变化的影响外，还与加工组装后的实际配合性质有关。在通常情况下，应使配合间隙满足以下要求：

（1）对于组装后固定的零件，在金属液的冲击下，不产生位置偏移。在受热膨胀时，不能使其配合的过盈量太大，从而引起配合的局部严重过载，导致开裂。

（2）对于工作时相互移动的零件，在受热膨胀后，仍能保证间隙配合的精度，保持移动正常；并保证在填充过程中，金属液不致窜入配合间隙内。

（3）拆装方便。

8.1.1.1 结构零件配合精度

固定零件的轴与孔的配合见表 8-1。滑动零件的轴与孔的配合见表 8-2。镶块、型芯、导柱、导套、浇口套和套板的轴向配合见表 8-3。推板导套、推杆、复位杆、定距垫圈和推杆固定板的轴向配合见表 8-4。

表 8-1 固定零件的轴与孔的配合精度

工作条件	配合精度	典型配合零件举例
受热较大的零件	$\dfrac{H7}{h6}$（圆形）	镶块、型芯、浇口套、浇道镶块以及分流锥等的固定部位
	$\dfrac{H7}{h7}$（非圆形）	
受热较小的零件	$\dfrac{H7}{k6}$	导套的固定部位
	$\dfrac{H7}{m6}$	导柱、斜销、楔紧块、定位销等的固定部位

表 8-2　滑动零件的轴与孔的配合精度

工作条件	压铸合金	配合精度	典型配合零件举例
受热较大的零件	锌合金	$\dfrac{H7}{f7}$	活动型芯、推杆、卸料推杆等的导滑部位
	铝合金、镁合金	$\dfrac{H7}{e8}$	
	铜合金	$\dfrac{H7}{d8}$	
	锌合金	$\dfrac{H7}{e8}$	成形滑块的导滑部位
	铝合金、镁合金	$\dfrac{H7}{d8}$	
	铜合金	$\dfrac{H7}{c8}$	
受热较小的零件	各种合金	$\dfrac{H7}{e8}$	模板导向零件的导滑部位
		$\dfrac{H7}{e8}$	推板导向零件的导滑部位
		$\dfrac{H7}{e8}$	复位杆的导滑部位

表 8-3　镶块、型芯、导柱、导套、浇口套和套板的轴向配合

装配方式	零件名称	轴向公差配合简图
台阶压紧式	镶块、型芯、套板	
	导柱、导套、套板	
	浇口套、套板	

装配方式	零件名称	轴向公差配合简图
通孔螺钉紧固式	镶块、套板	$H_{-0.05}^{0}$ $H_{1\ 0}^{+0.05}$
不通孔螺钉紧固式	镶块、套板	$H_{0}^{+0.05}$ $h_{0}^{+0.05}$ $h_{1\ 0}^{+0.05}$

表 8-4　推板导套、推杆、复位杆、定距垫圈和推杆固定板的轴向配合

装配方式	直接压紧式	推板导套台阶夹紧式	定距垫圈夹紧式
零件名称	推杆固定板、推板导套、推杆（复位杆）	推杆固定板、推板导套、推杆（复位杆）	推杆固定板、推板导套、定距垫圈、推杆（复位杆）
轴向配合公差简图	$h_{-0.1}^{0}$ $h_{1\ 0}^{+0.1}$ $h_{-0.05}^{0}$ $h_{1\ 0}^{+0.05}$	$h_{0}^{+0.05}$ $h_{1-0.05}^{0}$	$h_{-0.05}^{0}$ $h_{1-0.1}^{0}$ $h_{2+0.02}^{+0.05}$

8.1.1.2　成形尺寸

一般公差等级规定为 IT9 级，个别特殊尺寸必要时可取 IT6 ~ IT8。

8.1.2　压铸模结构零件的形位公差

形位公差是零件表面形状和位置的偏差，模具零件的成形部位和结构零件的基准部位形位公差的偏差范围一般均要求在尺寸的公差范围内，在图样中不再另加标注。压铸模具所用零件其他表面的形位公差应标注在图样上，见表 8-5。

表 8-5　压铸模零件形位公差

有关要素的形位公差	选用精度
导柱固定部位的轴线与导滑部分轴线的同轴度	5~6 级
圆形镶块各成形台阶表面对安装表面的同轴度	5~6 级
导套内径与外径轴线的同轴度	6~7 级
套板内镶块固定孔轴线与其他板上孔的公共轴线同轴度	圆孔 6 级，非圆孔 7~8 级
导柱或导套安装孔的轴线与套板分型面的垂直度	5~6 级
套板的相邻两侧面与工艺基准面的垂直度	5~6 级
镶块相邻两侧面和分型面对其他侧面的垂直度	6~7 级
套板内镶块孔的表面与其分型面的垂直度	7~8 级
镶块上型芯固定孔的轴线对分型面的垂直度	7~8 级
套板两平面的平行度	5 级
镶块相对两侧面和分型面对其底面的平行度	6 级
套板内镶块孔的轴线与分型面的端面圆跳动	6~7 级
圆形镶块的轴线对其端面的径向圆跳动	6~7 级
镶块分型面、滑块密封面、组合镶块组合面的平行度	≤0.05mm

注：图样中未注的形位公差，应符合 GB/T 1184—1996《形状和位置公差未注公差的规定》，其公差等级按 C 等选取。

8.1.3　压铸模零件表面粗糙度

压铸模零件表面粗糙度直接影响压铸件表面质量、模具机构的正常工作和使用寿命。成形零件表面加工后所遗留的加工痕迹是导致成形零件表面产生裂纹的根源。因此，对型腔、型芯的表面粗糙度 R_a 要求小于 $0.40 \sim 0.100\mu m$，其抛光方向要求和压铸件推出方向一致。此外，成形表面粗糙也是产生金属黏附的原因之一。导滑部位（如推杆和推杆孔等）的表面粗糙度高，会使结构零件过早磨损或产生咬合。压铸模零件工作部位的推荐表面粗糙度见表 8-6。

表 8-6　结构件各工作部位推荐的表面粗糙度

分　类	工 作 部 位	表面粗糙度/μm						
		6.3	3.2	1.6	0.8	0.4	0.2	0.1
成形表面	型腔和型芯					○	○	○
受金属液冲刷的表面	内浇口附近的型腔、型芯、内浇口及溢流槽流入口						○	○
浇注系统表面	直浇道、横浇道、溢流槽					○	○	
安装面	动模和定模座板，模脚与压铸机的安装面				○			
受压力较大的摩擦接触的滑动表面	分型面，滑块楔紧面				○	○		
导向部位表面 轴	导柱、导套和斜销的导滑面					○		
导向部位表面 孔	导柱、导套和斜销的导滑面				○			
与金属液不接触的滑动件表面 轴	复位杆与孔的配合面，滑块、斜滑块传动机构的滑动表面					○		
与金属液不接触的滑动件表面 孔	复位杆与孔的配合面，滑块、斜滑块传动机构的滑动表面			○				

分 类		工 作 部 位	表面粗糙度/μm						
			6.3	3.2	1.6	0.8	0.4	0.2	0.1
与金属液接触的滑动件表面	轴	推杆与孔的表面，卸料板镶块及型芯滑动面滑块的密封面等				△	○		
	孔				△	○			
固定配合表面	轴	导柱和导套，型芯和镶块，斜销和弯销，楔紧块和模套等固定部位				○			
	孔				○				
组合镶块拼合面		成形镶块的拼合面精度要求较高的固定组合面				○			
加工基准面		划线的基准面，加工和测量基准面			○				
受压紧力的台阶表面		型芯，镶块的台阶表面			○				
不受压紧力的台阶表面		导柱、导套、推杆和复位杆台阶表面		○	○				
排气槽表面		排气槽			○	○			
非配合表面		其 他	○	○					

注：△表示异型零件允许选用的表面粗糙度。

8.1.4 压铸模总装要求

装配应注明的技术要求的内容：

（1）压铸件选用的合金材料。

（2）选用压铸机型号。

（3）模具的最大外形尺寸（长×宽×高）。为便于复核模具在工作时其滑动构件与机器构件是否有干扰，液压抽芯油缸的尺寸、位置及行程，滑块抽芯机构的尺寸、位置及滑块到终点的位置均应画简图示意。

（4）选用压室的内径、比压或喷嘴直径。

（5）最小开模行程（如开模最大行程有限制时，也应注明）。

（6）推出行程。

（7）标明冷却系统、液压系统进出口。

（8）浇注系统及主要尺寸。

（9）特殊运动机构的动作过程。

压铸模总体装配精度要求：

（1）分型面上镶块平面应分别与动、定模套板齐平，允许稍高于套板平面，但不得大于 $0.05 \sim 0.1$ mm。

（2）模具装配后，分型面对动、定模座板的安装平面的平行度可按表8-7选取，合模后分型面上的局部间隙不大于0.05mm（不包括排气槽）。

表8-7 分型面对安装面的平行度要求 （mm）

被测面最大直线长度	≤160	>160~250	>250~400	>400~630	>630~1000	>1000~1600
公差值	0.06	0.08	0.10	0.12	0.16	0.20

（3）导柱、导套对动、定模座板安装平面的垂直度可按表8-8选取。

表8-8　导柱、导套对动、定模座板安装平面的垂直度　　　（mm）

导柱、导套有效长度	≤40	>40~63	>63~100	>100~160	>160~250
公差值	0.015	0.020	0.025	0.030	0.040

（4）推杆、复位杆应分别与分型面齐平，推杆允许凸出分型面，但不大于0.1mm，复位杆允许低于分型面，但不大于0.05mm。推杆在推杆固定板中应能灵活转动，但轴向间隙不大于0.1mm。

（5）复位杆复位后应与分型面齐平，允许低于分型面，但必须不超过0.05mm。

（6）滑块运动平稳，合模后滑块与楔紧块压紧，两者实际接触面积应不小于设计接触面积的3/4。抽芯结束后，定位准确可靠，抽出的型芯端面与铸件上相对应孔的端面距离不小于2mm。

（7）所有活动机构应滑动灵活、运动平稳、动作可靠、位置准确，不得出现歪斜和卡滞现象。

（8）模具所有活动部位，应保证位置准确，动作可靠，不得有歪斜和呆滞现象。相对固定的零件之间不允许窜动。

（9）所有型腔在分型面的转角处均应保持锐角，不得有圆角和倒角。

（10）浇道转接处应光滑连接，镶拼处应密合，未注脱模斜度不小于5°，表面粗糙度 R_a 不大于0.4mm。

（11）分型面上除导套孔、斜销孔外，所有模具制造过程中的工艺孔、螺钉孔都应堵塞，并与分型面齐平。

（12）模具冷却水道和温控油道应畅通，不应有渗漏现象，进口和出口处应有明显标记。

对模具零件的要求：

（1）零件的表面不应有裂纹。成形零件的工作表面上更不得有任何细小的裂纹、凹坑或不平整的现象。

（2）零件上未注明公差的尺寸均按国标12级精度。

（3）在大模具上，每件模板和大的零件都应有搬运、起重的吊钩螺孔。大的成形零件也应有吊钩螺孔，但螺孔位置不得与成形表面穿通，也不应露在分型面上。

（4）模板外缘四周棱边应倒棱角2×45°以上，或倒大于 $R=2$ 的圆角。

8.2　提高模具寿命的措施

压铸模具所处的工作状况以及对模具的影响如下：

（1）熔融的金属液以高压、高速进入型腔，对模具成形零件的表面产生激烈的冲击和冲刷，使模具表面产生腐蚀和磨损，压力还会造成型芯的偏移和弯曲。

（2）在填充过程中，金属液、杂质和熔渣对模具成形表面会产生复杂的化学作用，加速表面的腐蚀和裂纹的产生。

（3）压铸模在较高的工作温度下进行生产，所产生的热应力是模具成形零件表面裂纹乃至整体开裂的主要原因，从而造成模具的报废。在每一个铸件生产过程中，型腔表面除了受到金属液的高速、高压冲刷外，还存在着吸收金属在凝固过程放出的热量，产生热交换，模具材料因热传导的限制，型腔表面首先达到较高温度而膨胀，而内层模温则相对较低，膨胀量相对较小，使表面产生压应力。开模后，型腔表面与空气接触，受压缩空气和涂料的激冷而产生拉应力。这种交变应力反复循环并随着生产次数的增加而增长，当交变应力超过模具材料的疲劳极限时，表面首先产生塑性变形，并会在局部薄弱之处产生裂纹。

影响压铸模寿命的因素很多，如压铸件结构、模具结构与制造工艺、压铸工艺、模具材料等，而提高模具寿命也正是从这些方面入手。

8.2.1 铸件结构设计的影响

铸件结构设计对模具寿命的影响有：

（1）在满足铸件结构强度的条件下，宜采用薄壁结构，这除了减轻铸件重量外，也减少了模具的热载荷，但铸件壁的厚度也必须满足金属液在型腔中流动和填充的需要。

（2）铸件壁厚应尽量均匀，避免产生热节，以减少局部热量集中而加速局部模具材料的热疲劳。

（3）铸件的转角处应有适当的铸造圆角，以避免在模具相应部位形成棱角，使该处产生裂纹和塌陷，也有利于改善填充条件。

（4）铸件上应尽量避免窄而深的凹穴，以免模具的相应部位出现窄而高的凸台，使散热条因受冲击而弯曲、断裂。

8.2.2 模具设计的影响

模具设计对模具寿命的影响有：

（1）模具中各元件应有足够的刚性和强度，以承受锁模力和金属液充填时的反压力而不产生较大的变形。导滑元件应有足够的刚度和表面耐磨性，保证模具使用过程中起导滑、定位作用。所有与金属液接触的部位，均应选用耐热钢，并采取合适的热处理工艺。套板选用45钢并进行调质处理（大模具也可选用球墨铸铁）。

（2）正确选择各种元件的公差配合和表面粗糙度，使模具在工作温度下，活动部位不致咬合和窜入金属液，固定部位不致产生松动。

（3）设计浇注系统时，要尽量防止金属液正面冲击或冲刷型芯，减少浇口流入处受到冲蚀。尽量避免浇口、溢流槽、排气槽靠近导柱、导套和抽芯机构，以免金属液窜入。有时适当增大内浇口截面积会提高模具使用寿命。

（4）设计时应注意保持模具热平衡（尤其是大模具和复杂的模具），通过溢流槽、冷却系统合理设计，特别是采用温控系统，会大大提高模具寿命。

（5）合理采用镶块组合结构，避免锐角、尖劈，以适应热处理工艺要求。设置推杆和型芯孔时，应与镶块边缘保持一定的距离，溢流槽与型腔边缘也应保持一定距离。

（6）由于铸件设计而造成模具不可避免的易损部位，特别是较小截面的凸台、细小而长的型芯，应尽量采用镶拼的做法，便于损坏时更换。

8.2.3 模具钢材及锻造质量的影响

经过锻造的模具钢材，可以破坏原始的带状组织或碳化物的积集，提高模具钢的力学性能。为充分发挥钢材的潜力，应首先注意它的洁净度，使该钢的杂质含量和气体含量降到最低。目前，压铸模用钢普遍采用H13钢，并采用真空冶炼或电渣重熔的钢材。经电渣重熔的H13钢比一般电炉生产的疲劳强度提高25%以上，疲劳的趋势也较缓慢。

作为型腔和大型芯的钢坯应通过多向反复锻打，控制碳化物偏析和消除纤维状组织及方向性。锻材内部不允许有微裂纹、白点、缩孔等缺陷。锻件应进行退火，以达到所要求硬度和金相组织。型芯、镶块等模块应进行超声波探伤检查合格后方可使用。

8.2.4　模具加工及加工工艺的影响

模具加工及加工工艺对模具寿命的影响有：

（1）在加工过程中，除保证正确的几何形状和尺寸精度外，还需要有较好的表面质量。在成形零件表面，不允许残留加工痕迹和划伤痕迹，特别是对于高熔点合金的压铸模，该处往往成为裂纹的起点。

（2）导滑件表面应有适当的粗糙度，防止擦伤影响寿命。

（3）电加工后应进行消除应力处理。

（4）复杂、大块的成形零件，在粗加工后应安排消除应力处理。

（5）成形零件出现尺寸或形状差错而需留用时，可尽量采用镶拼补救的办法，小面积的焊接有时也允许使用（采用氢弧焊焊接）。焊条材料必须与所焊接工件完全一致，严格按焊接工艺，充分并及时完成好消除应力的工序，否则在焊接过程中或焊接后产生开裂。

8.2.5　热处理的影响

通过热处理可改变材料的金相组织，以保证必要的强度和硬度、高温下尺寸的稳定性、抗热疲劳性能和材料的切削性能等。经过热处理后的零件要求变形量少，无裂纹和尽量减少残余内应力的存在。

热处理质量对压铸模使用寿命起十分重要的作用，如果热处理不当，往往会导致模具损伤、开裂而过早变形。采用真空或保护气氛热处理，可以减少脱碳、氧化、变形和开裂。成型零件淬火后应采用2次或多次的回火。

实践证明，只采用调质（不进行淬火）再进行表面氮化的工艺，往往在压铸数千模次后会出现表面龟裂和开裂，其模具寿命较短。

8.2.6　压铸生产工艺的影响

压铸生产工艺对模具寿命的影响有：

（1）生产前的模具预热工作，对模具寿命影响较大。不进行预热即进行生产，当高温金属液填充型腔时，型腔表面受到剧烈的热冲击，致使型腔内外层的温度梯度增大，易造成表面裂纹，甚至开裂。

（2）生产过程中，模具温度逐步升高，当温度过热时，会造成铸件产生缺陷、粘模或活动机构失灵。为降低模温，决不能采用冷水直接冷却过热的型腔和型芯表面。一般模具应设置冷却通道，通进适量的冷却水以控制模具生产过程的温度变化。

有条件时，提倡使用模具温控系统，使模具在生产过程中保持在适当的工作温度范围内，模具寿命可以大大延长。

（3）模具导滑部位的润滑，型腔、型芯涂料的选用及使用是否恰当，对模具寿命也会产生很大影响。

（4）热应力的积累会使模具产生开裂。为减少热应力，投产一定时间后的压铸模型腔部位应进行消除热应力回火处理或采用震动除应力的办法。回火温度可取480～520℃，采用真空炉进行回火温度可取上限，此外，也可用保护气氛回火或装箱（装铁粉）进行回火处理。需要进行消除热应力的生产模次见表8-9推荐值。

表 8-9 需要消除热应力的生产模次推荐值

合金类型	第一次	第二次
锌合金	20000（模次）	50000（模次）
铝合金	5000~10000（模次）	20000~30000（模次）
镁合金	5000~10000（模次）	20000~30000（模次）
铜合金	500（模次）	1000（模次）

注：1. 生产模次计算应包括废品模次。

2. 第三次以后的回火处理，每次之间的模次可逐步增加，但不超过 40000 模次。

8.3 压铸模材料的选择和热处理

8.3.1 压铸模使用材料的要求

与金属液接触的零件材料要求有：

（1）具有良好的可锻性和切削性能。

（2）高温下具有较高的红硬性，较高的高温强度、高温硬度、抗回火稳定性和冲击韧性。

（3）具有良好的导热性和抗热疲劳性。

（4）具有足够的高温抗氧化性。

（5）热膨胀系数小。

（6）具有高的耐磨性和耐腐蚀性。

（7）具有良好的淬透性和较小的热处理变形率。

滑动配合零件使用材料的要求有：

（1）具有良好的耐磨性和适当的强度。

（2）适当的淬透性和较小的热处理变形率。

套板和支承板使用材料的要求有：

（1）具有足够的强度和刚性。

（2）易于切削加工。

8.3.2 压铸模主要零件的材料选用及热处理要求

压铸模主要零件的材料选用及热处理要求见表 8-10。热作模具钢钢号和化学成分见表 8-11，国内外钢种对比见表 8-12。

表 8-10 压铸模主要零件的材料选用及热处理要求

零件名称		压铸合金			热处理要求	
		锌合金	铝、镁合金	铜合金	锌、铝、镁合金	铜合金
与金属接触的零件	型腔镶块、型芯、滑块成形部分等成形零件	4Cr5MoV1Si（H13） 3Cr2W8V（3Cr2W8） 5CrNiMo 4CrW2Si	4Cr5MoV1Si 3Cr2W8V（3Cr2W8）	3Cr2W8V（Cr2W8） 3Cr2W5Co5MoV 4Cr3Mo3W2V 4Cr3Mo3SiV 4Cr5MoV1Si	4Cr5MoV1Si3 Cr2W8V3Cr2 W8V3Cr2W8 V3Cr2W8V： HRC 43~37 3Cr2W8V： HRC 44~48	HRC 38~42

零件名称		压铸合金			热处理要求	
		锌合金	铝、镁合金	铜合金	锌、铝、镁合金	铜合金
与金属接触的零件	浇口套、浇道镶块、分流锥等浇注系统零件	4Cr5MoV1Si 3Cr2W8V （3Cr2W8）		3Cr2W8V （Cr2W8） 3Cr2W5Co5MoV 4Cr3Mo3W2V 4Cr3Mo3SiV 4Cr5MoV1Si	4Cr5MoV1S3 Cr2W8V3Cr2 W8V3Cr2W8 V3Cr2W8V： HRC 43～37 3Cr2W8V： HRC 44～48	HRC 38～42
滑动配合零件	导柱、导套、斜销、弯销、楔紧块	T8A （T10A）			HRC 50～55	
	推杆	4Cr5MoV1Si 3Cr2W8V（3Cr2W8）			HRC 45～50	
		T8A（T10A）			HRC 50～55	
	复位杆	T8A（T10A）			HRC 50～55	
模架结构零件	动模和定模套板、支承板、推板、垫板、动模和定模座板、推杆固定板	45			调质 HRC 28～32	
		Q235，铸钢				

注：1. 表中所列材料，先列者优先选用；

　　2. 压铸锌、铝、镁合金的成形零件经淬火后，成形面可进行软氮化或氮化处理，氮化深度为 0.08～0.15mm，硬度 HV≥600。

表 8-11　热作模具钢钢号和化学成分

钢号	化学成分/%									
	C	Si	Mn	P	S	Cr	W	Mo	V	其他
5CrMnMo	0.5～0.6	0.25～0.6	1.2～1.6	≤0.03	≤0.03	0.6～0.9	—	0.15～0.30	—	—
5CrNiMo	0.5～0.6	≤0.40	0.5～0.8	≤0.03	≤0.03	0.5～0.8	—	0.15～0.30	—	Ni：1.4～1.8
3Cr2W8V	0.3～0.4	≤0.40	≤0.40	≤0.03	≤0.03	2.2～2.7	7.5～9.0	—	0.2～0.5	—
5Cr4Mo3SiMnVAl	0.47～0.57	0.8～1.1	0.8～1.1	≤0.03	≤0.03	3.8～4.3	—	2.8～3.4	0.8～1.2	Al：0.3～0.7
3Cr3Mo3W2V	0.32～0.42	0.6～0.9	≤0.65	≤0.02	≤0.03	2.8～3.3	1.2～1.8	2.5～3.0	0.8～1.2	—
5Cr4W5Mo2V	0.4～0.5	≤0.40	≤0.40	≤0.03	≤0.03	3.4～4.4	4.5～5.3	1.5～2.1	0.7～1.1	—

钢 号	化学成分/%									
	C	Si	Mn	P	S	Cr	W	Mo	V	其他
8Cr3	0.75 ~ 0.85	≤0.40	≤0.40	≤0.03	≤0.03	3.2 ~ 3.8	—	—	—	—
4CrMnSiMoV	0.35 ~ 0.45	0.8 ~ 1.1	0.8 ~ 1.1	≤0.03	≤0.03	1.3 ~ 1.5	—	0.4 ~ 0.6	0.2 ~ 0.4	
4Cr3Mo3SiV	0.35 ~ 0.45	0.8 ~ 1.2	0.25 ~ 0.70	≤0.03	≤0.03	3.0 ~ 3.75	—	2.0 ~ 3.0	0.25 ~ 0.75	—
4Cr5MoSiV	0.33 ~ 0.43	0.8 ~ 1.2	0.2 ~ 0.5	≤0.03	≤0.03	4.75 ~ 5.5	—	1.1 ~ 1.6	0.3 ~ 0.6	
4Cr5MoSiV1	0.32 ~ 0.45	0.8 ~ 1.2	0.2 ~ 0.5	≤0.03	≤0.03	4.75 ~ 5.5	—	1.1 ~ 1.75	0.8 ~ 1.2	
4Cr5W2VSi	0.32 ~ 0.42	0.8 ~ 1.2	≤0.4	≤0.03	≤0.03	4.5 ~ 5.5	1.6 ~ 2.4	—	0.6 ~ 1.0	—
7Mn15Cr2Al3V2WMo	0.65 ~ 0.75	≤0.8	14.5 ~ 16.5	—	≤0.03	2.0 ~ 2.5	0.5 ~ 0.8	0.5 ~ 0.8	1.5 ~ 2.0	Al: 2.3 ~ 3.3
3Cr2MoWVNi	0.26 ~ 0.35	—	—	≤0.03	≤0.03	2.20 ~ 2.60	0.50 ~ 0.80	1.20 ~ 1.60	0.40 ~ 0.65	Ni: 1.00 ~ 1.40
5Cr2NiMoVSi	0.46 ~ 0.53	0.60 ~ 0.90	0.40 ~ 0.60	≤0.03	≤0.03	1.54 ~ 2.00	—	0.80 ~ 1.20	0.30 ~ 0.50	Ni: 0.80 ~ 1.20

表 8-12 国内外钢种对比

中国 (GB)	美国 (AISI)	俄罗斯 (ГОСТ)	日本 (JIS)	德国 (DIN)	瑞典 (ASSAB)	奥地利 (BOHLER)	英国 (B.S)	法国 (NF)
4Cr5MoV1Si	H13	4Х5Мф1С	SKD61	X40CrMoV51	8407	W302	BH13	
4Cr5MoVSi	H11	4Х5МфС	SKD6	X38CrMoV51		W300	BH11	Z38CDV8
3Cr2W8V (YB)	H21	3Х2В8ф	SKD5	X30WCrV9-5	2730 (SIS)	W100	BH21	Z30WCV
4Cr3Mo3SiV	H10	3Х3М3ф	SKD7	X32CrMoV33	HWT-11	W321	BH10	320CV28
5CrNiMo	L6	5ХНМ	SKT4	55NiCrMoV6	2550 (SIS)		PMLB/1 (ESC)	55NCDV
4CrW2Si (YB)	S1	4ХВ2С		45WCrV7	2710		BS1	
T8A (YB)	W108	у8A	SK6	C80W1				Y175
T10A (YB)	W110	у10A	SK4	C105W1	1880		BW1A	Y2105
45	1045	45	S45C	C45	1650 (SIS)	C45 ONORM	060A47	XC45

注：括号内符号为相应国家的标准名称。

复习思考题

8-1　简述压铸模零件的公差与配合。

8-2　简述压铸模总装要求。

8-3　简述提高模具寿命的措施。

8-4　模具设计的影响有哪些?

8-5　简述铸件结构设计对模具寿命的影响。

8-6　简述模具钢材及锻造质量对模具寿命的影响。

8-7　简述模具加工及加工工艺对模具寿命的影响。

8-8　简述热处理对模具寿命的影响。

8-9　简述压铸生产工艺对模具寿命的影响。

8-10　压铸模材料的选择和热处理如何选择?

9 压铸模 CAD/CAM/CAE 技术简介

9.1 CAD/CAM/CAE 技术概述

CAD（Computer Aided Design）是工程技术人员以有高速计算能力和显示图形的计算机为工具，用各自的专业知识对产品进行绘图、分析计算和编写技术文件等设计活动的统称。

CAM（Computer Aided Manufacturing）是指使用计算机系统进行规划、管理和控制产品制造的全过程，它既包括与加工过程直接联系的计算机监测与控制，也包括使用计算机来管理生产经营，提供计划、进度表等。

CAE（Computer Aided Engineering）是指以某项设计或者加工作为初值，通过计算机按预先规定的方法对具备这一特点的设计进行模拟仿真。经过计算机的快速计算，对输入条件和模拟的模型进行评估，并确定修正措施，进行修正。上述过程反复进行，直到取得一个成功的设计方案。

CAD、CAM 和 CAE 开始是独立发展、自成体系的，随着计算机技术的不断发展和完善，在激烈的竞争下，CAD/CAM/CAE 已经复合发展，且技术日趋成熟，现在已广泛地应用于汽车、机械、电子、建筑和航空航天等领域。特别是在模具行业，CAD/CAM/CAE 技术的应用，能大大提高产品质量、缩短模具生产周期、降低成本，使企业在市场竞争中立于不败之地。

计算机辅助设计与制造技术是解决模具设计与制造薄弱环节的必由之路，在压铸模、冲模、锻模、挤压模、注塑模等方面都有比较成功的系统。而压铸模及工艺的传统设计方法主要依靠经验公式和现有的生产经验，一套成熟稳定的生产工艺通常要经过多次的修改、试验、再修改的过程，这不仅浪费资源和时间，而且难以保证产品质量。科技发展的日新月异，使得产品对模具的精度要求越来越高，产品改型也越来越快，传统的设计与制造方式已无法适应现代工业发展的需要。采用 CAD/CAM/CAE 一体化技术进行压铸工艺和压铸模设计与制造，从产品设计到生产加工"无图纸化作业"，不仅可以大大提高设计效率、缩短模具设计与制造周期，而且能提高模具结构的合理性、准确性和加工精度，还能将设计人员从烦琐的绘图、计算和编程中解放出来，以从事更多的创造性工作。

国外压铸模"CAD/CAM/CAE"系统的发展已有十几年的历史，由于可借鉴其他模具"CAD/CAM/CAE"的经验，其发展速度非常迅速，在较短的时间内经历了由低级到高级、由研究到应用的过程。在这方面处于领先地位的国家有德国、美国、俄罗斯、英国、日本等。目前，压铸模设计大都采用通用 CAD 系统。通用 CAD 系统功能十分丰富，适用范围广。例如，UG、Pro/E、AutoCAD、CAXA、CATIA、MDT 等。其中，UG 因具有卓越的"CAD/CAM/CAE"功能而脱颖而出。

在我国，模具 CAD/CAM 技术起步较晚，模具 CAD/CAM 技术的应用还处于起步阶段，为了快速推广 CAD/CAM 技术在模具行业的应用，我们应该结合我国模具行业的实际情况，总结模具生产企业的设计经验和设计标准，采用国外发展成熟的三维实体软件作为开发工具和平台，设计出符合模具生产企业实际使用要求的模具系统，提高模具生产企业的模具设计和制造水平。华中科技大学、东南大学、沈阳铸造研究所、上海交通大学对压铸 CAE 进行了探究，尤其华中科技大学开发出华铸 CAE/InteCAST（铸造工艺优化集成系统），在国内处于领先水平。

9.2　压铸模 CAD 技术

9.2.1　CAD 技术概念

CAD 技术是工程技术人员以计算机系统为工具，综合应用多学科专业知识进行产品设计、分析和优化等过程问题求解的先进数字信息处理技术，是专家创新能力与计算机硬件功能有机结合的产物。

CAD 系统是应用现代计算机技术，以产品信息建模为基础，以计算机图形处理为手段，以工程数据库为核心，对产品进行定义、描述和结构设计，用工程计算方法进行性能分析和仿真等设计活动的信息处理系统。人们通常将 CAD 功能归纳为建立几何模型、分析计算、动态仿真和自动绘图四个方面，因而需要计算分析方法库、图形库、工程数据库等设计资源的支持。

CAD 软件系统是由系统软件、支撑软件及应用软件组成的。虽然不同的 CAD 系统可有不同的功能要求，但就机械产品 CAD 系统来讲，应具有以下的基本功能：

（1）产品几何造型功能。产品几何造型软件是 CAD 系统的核心，因为 CAD 任务的后续处理均是在几何造型的基础上进行的，所以几何造型功能的强弱，在较大程度上反映了 CAD 系统功能的强弱。通常几何造型技术分为线框造型、曲面造型和实体造型。为了 CAD/CAM 集成系统的需要，还要求造型系统具有特征建模、参数化变量化建模的功能。

（2）2D 与 3D 图形处理功能，用以满足产品总体设计 3D 造型和结构设计时出 2D 图的需要。

（3）3D 运动机构分析与仿真功能，检验 3D 复杂空间布局的问题。

（4）有限元分析功能。机械产品中零部件的强度和振动计算，热传导和热变形的分析计算，以及流体动力学分析计算等，可用有限元法进行分析求解。

（5）优化设计功能。产品设计过程实际上是寻优的过程，也就是在某些条件的限制下，使产品的实际指标达到最佳。

（6）工程绘图功能。设计中将图形转换成数据信息并输入计算机，计算机对此数据进行处理后，再以图形信息的方式交互与输出。

（7）数据管理功能。CAD 系统在设计过程中要处理的数据不仅数量大，而且类型也较多，即其中有数值型数据和非数值型数据，也有随着设计过程不断变化的数据（即动态数据），为了要统一管理这些数据，在 CAD 系统中应有工程数据管理系统。

9.2.2　压铸模 CAD 系统的分析

软件需求分析是软件开发期的第一个阶段，也是关系到软件开发成败的关键步骤。熟悉压铸模设计的内容及方法，并弄清用户对软件系统的确切要求至关重要。因此，压铸模系统总体结构的规划也直接影响到本软件开发的质量与可靠性。

通常，压铸模 CAD 系统的主要功能模块是：三维实体造型模块、初步设计模块、参数几何模块、设计仿真模块、工程绘图模块、设计数据库系统等。压铸模 CAD 系统的工作流程是：首先根据铸件形状与尺寸，由三维造型模块构成铸件的几何模型，再由初步设计模块确定工艺方案、选择典型模具系列、初步设计浇注系统、排溢系统和冷却系统，由参数几何模块初步确定各零部件尺寸。初步确定模具尺寸后，由设计仿真模块检验各机构是否干涉，然后送至 CAE

部分进行分析优化，最后确定模具的各种结构形式及具体尺寸，可由绘图模块绘出二维或三维工程图。各模块具体介绍如下：

（1）三维交互式造型模块。三维交互式造型模块属于支撑软件，对三维交互式造型模块的选择从以下几方面进行考虑：由于压铸件形状复杂，首先考虑很强的实体造型、特征造型、曲面造型功能，以及几何模型的彩色浓淡处理和消隐功能，便于建立准确的铸件几何模型和形成模具的型腔。同时还要求几何模型能够动态显示，以检验各机构间是否存在干涉。

（2）初步设计模块。初步设计模块需要用交互的方式输入和修改压铸件的基本参数，所以要求程序的界面友好，操作方便，还可通过接口程序将三维实体造型生成几何模型的某些数据提取出来，经过分析，通过数据库选择压铸机机型、确定布置方案、选择典型模具系列、初步确定浇注系统和冷却系统的类型和尺寸，并参考数据库中的系列标准尺寸，确定模具中各模板、套板、支承板、垫块及抽芯机构的基本尺寸，并将这些尺寸存入数据库或传到参数几何模块。

（3）参数几何模块。从数据库取出或直接由初步设计模块传入的模具基本尺寸，在本模块内与数据库内的参数样本图形结合，形成模具的三维几何模型，然后送至仿真模块，检验各机构间有无干涉。如无问题，然后送至 CAE 部分进行分析、优化，再返回本模块修改部分参数与形状，最后确定模具各部件的最终尺寸。这一模块内可利用支撑软件的参数化功能，建立模具与零件的标准系统，还可促进压铸模具的标准化、系列化，对减少重复的模架设计工作量起决定性作用，可减少设计工作量与设计周期90%以上。

（4）性能仿真模块。性能仿真模块可直接利用通用支撑软件的此项功能，主要用于检验压铸模具各机构间是否存在干涉问题。如顶出机构与抽芯机构的干涉、顶杆与冷却系统的干涉或与螺钉的干涉等。这一模块可对模具进行动态显示，检查各机构的相互运动关系。

（5）设计数据库。在模具设计中，产生大量铸件和模具的几何拓扑数据、绘图数据以及大量标准规则数据，如各种套板、导柱、顶杆及螺钉、销钉等标准件数据和系列模具数据及材料等工艺数据。在模具设计过程中，都要对这些庞大而繁杂的数据进行存储、读取、处理和传输。这种数据组织和管理的计算机化是建立 CAD 系统的关键，是 CAD 过程的核心，必须建立 CAD 工程库或工程数据库。现有通用数据库主要为管理应用而设计，不适用于 CAD 数据库的应用对象、环境、操作方式等方面，所以只能采用某些 CAD 系统软件的专用工程数据库，按照国家标准，建立一系列标准件库、材料性能库及模具系列库。

9.2.3 压铸 CAD 系统结构设计举例

本节首先介绍了压铸模结构和压铸模设计的主要内容，最后给出压铸模设计系统的框架结构。压铸模一般由定模和动模两大部分组成。定模固定在压铸机的定模安装板上，浇注系统与压室相通。动模固定在压铸机的动模安装板上，随动模安装板移动而与定模合模、开模。合模时，动模与定模闭合形成型腔，金属液通过浇注系统在高压作用下高速充填型腔，开模时，定模与动模分开，推出机构将压铸件从型腔中推出。某研究人员设计的功能模型如图9-1所示。

在建立系统功能模型之后，可以根据功能模型图，将系统划分为八个功能模块。图9-2所示为系统的模块结构图。

系统模块具体介绍如下：

（1）基本参数输入。本模块将利用 Pro/ENGINEER 中的 Analysis 模块的分析功能完成对压铸件的几何信息的采集，并输入压铸件的工艺性参数，将所采集的基本信息记录入用户自定义类 Cuser，这些数据将被用于其他相关模块的后续计算中。

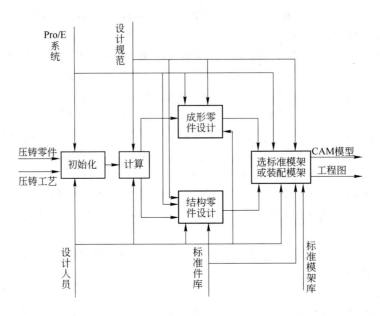

图 9-1   系统结构功能模型

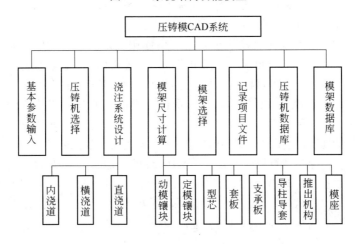

图 9-2   系统模块结构图

（2）压铸机选择。在本模块中完成压铸机的选择，并选择确定同时压铸的压铸件个数。

（3）浇注系统设计。本模块中包括内浇口设计、直浇道设计和横浇道设计。在本模块中将完成内浇口、直浇道和横浇道的尺寸计算，并再生出横浇道的三维模型。

（4）模架尺寸计算。本模块通过交互方式对压铸件成形的工艺参数进行计算，包括动、定模镶块的壁厚尺寸、型芯尺寸、套板尺寸、支承板尺寸、导柱尺寸、推出机构尺寸和模座厚度尺寸。

（5）模架选择。本模块将调用标准模架数据库，结合以上设计的结构，完成标准模架的选择，并提示用户打开标准模架，为后续的 CAM 做好准备。

（6）记录项目文件。在本模块中将显示设计人员设计过程中的计算和选择结果，并且用. ini 的形式记录下来，方便设计人员查看。

（7）压铸机数据库。允许用户对压铸机和标准模架数据库进行扩展，扩展后的数据库能完整地溶入系统中，从而使本系统的功能在一定程度上得以延续和发展。

（8）标准模架数据库。本数据库记录了标准模架的信息，以供系统筛选，并提供了良好的添加和删除界面，方便设计人员对数据库的扩展和更新。

9.3 压铸模 CAM 技术

产品制造是从工艺设计开始，经加工、检测、装配直至进入市场的过程。在这个过程中，工艺设计是基础，它决定了工序规划、刀具夹具、材料计划以及采用数控机床时的加工编程等，然后进行加工、检验与装配。实现这些环节信息处理的计算机系统就构成了 CAM 系统。因此可以说，CAM 是指计算机在产品制造方面应用技术的总称。

在 CAM 过程中主要包括两类软件：CAPP 与数控编程（numerical control programming，NCP）。当前对 CAM 软件的范畴划分存在一些差异。一种是狭义的理解，将 CAM 软件看做是 NCP。现在大部分商品化的所谓 CAM 软件，实际上都是 NCP。广义 CAM，是指由 CAD 系统向 CAM 系统提供零件信息，CAPP 系统向 CAM 系统提供加工工艺信息和工艺参数，CAM 系统根据工艺流程和几何尺寸、精度要求，产生刀位文件，最终生成 NC 加工程序。

压铸模 CAM 的内容主要有工艺设计、数控编程、数控加工过程的仿真模拟。

9.3.1 工艺设计

工艺设计主要是研究和确定压铸模零件加工所使用的加工方法、加工顺序和加工设备，这是一项经验性很强的工作，往往要求经验丰富的人员完成，现在可将加工的经验数据存储在计算机中，通过人机对话，即使经验很少的操作者也能进行工艺设计。

9.3.2 数控编程

数控编程是指编制数字控制（简称 NC 或数控）机床的控制程序，又称 NC 编程。编制程序时，应先对图样规定的技术特性、零件的几何形状、尺寸及工艺要求进行分析，确定使用的刀具、切削用量及加工顺序和走刀路线；再进行数值计算，获得刀位数据；然后按数控机床规定的代码和程序格式，将工件的尺寸、刀具运动轨迹、位移量、切削参数（主轴转速、刀具进给量、切削深度等）以及辅助动脉能（换刀，主轴正转、反转，冷却液开、关等）编制成加工程序，输入数控系统，由数控系统控制数控机床自动地进行加工。

数控编程方法有两种：

（1）手工编程。是指由人工完成编制零件数控加工程序的各个步骤。手工编程无法满足压铸模数控加工的需求。

（2）自动编程。是用计算机编制数控加工程序的过程，即数控编程的大部分工作由计算机来完成，编程人员只需根据零件图样及工艺要求，使用规定的数控编程语言编写一个较简短的零件源程序，输入计算机，由计算机自动地进行数值计算和后置处理，编写出零件加工程序单，直至自动穿出数控加工纸带，或将加工程序通过直接通信的方式送入数控机床，驱动机床工作。目前，压铸模加工均采用自动编程，在 NC 机床上自动进行。

目前，应用最广泛的自动编程语言及其编译系统是 APT（automatically programmed tools）系统。APT 系统由三大部分组成：APT 零件程序、APT 主处理程序和 APT 后置处理程序。

数控编程首先要解决的就是工艺编制问题。数控加工工艺处理主要考虑解决的问题有：确定对刀点和换刀点、选择走刀路线、选择刀具、选择切削用量、程序编制中的误差控制。

数控编程的代码有准备功能 G 指令、辅助功能 M 指令、坐标功能指令、进给速度 F 指令、主轴转速 S 指令、刀具 T 指令等，其组成与功能参见 ISO1056—1975E 标准。

一个完整的零件加工程序由若干程序段组成，一个程序段由若干个指令代码组成，每个指令代码则由文字（地址符）和数字（有些数字还带有符号）组成。字母、数字、符号统称为字符。一般程序段的组成为：N——程序号；G——准备功能；X-Y-Z——坐标值；F——进给速度；S——主轴；T——刀具；M——辅助功能。

9.3.3　数控加工过程的仿真模拟

数控加工过程仿真模拟的意义在于利用计算机图形的手段，对实际加工过程进行快速有效的模拟。随着高速计算机和图形显示设备及算法的不断研究发展，仿真模拟技术逐渐广泛地应用在生产中，虚拟加工的实际过程，通过控制加工过程的进行，不断改变观察方向和位置，并利用其他一些必要的图形手段，在虚拟的加工环境中及早地发现问题，以求替代或大幅度地减少试切加工，从而达到降低生产成本、提高产品质量、缩短模具制造周期的目的。

随着数控技术的发展和生产应用需求不断变化，CAM 技术不断发展，从语言编程发展为图形交互编程，进而实现了 CAD/CAM/CAE 一体化。现代的 CAM 技术已经成为 CAX 体系的重要组成部分，与 CAD 系统集成在一起，直接在 CAD 建立起来的参数化、全相关的三维几何模型（实体＋曲面）上进行加工编程，生成正确的加工轨迹。

9.4　压铸模 CAE 技术

随着压铸工业的迅速发展及对压铸件质量要求的提高，人们更加注重对金属液充型过程的探索和揭示，以便设计出合理的浇注系统，从而形成有利的充填方式，以获得优质压铸件。压铸 CAE 是建立在数值模拟技术上的分析优化技术，借助 CAE 技术可实现对连续多周期生产全过程的模拟分析，变未知因素为可知因素，并分析易变因素的影响，实现对压铸过程的凝固模拟、压铸模温度场的模拟，评价模具冷却工艺和判断模温平衡状态，评估可能出现的缺陷类型、位置和程度，帮助工程技术人员实现对生产工艺进行优化和对铸件质量的控制。

9.4.1　CAE 技术概念

现代复杂机电产品的发展，要求工程师在设计阶段就能精确地预测出产品的技术性能，并需要对结构的静、动力强度以及温度场等技术参数进行分析计算。CAE 是以计算力学为基础，以计算机仿真模拟为手段的工程分析技术。人们通常将 CAE 归入广义的 CAD 功能中，作为实现产品性能分析与优化设计的主要支持模型。CAE 的主要内容是：

（1）有限元法（FEM）与网格自动生成。用有限元法对产品结构的静、动态特性及强度、振动、热变形、磁场强度、流场等进行分析和研究，并自动生成有限元网格，从而为用户精确研究产品结构的受力，以及用深浅不同颜色描述应力或磁力分布提供了分析技术。有限元网格，特别是复杂的三维模型有限元网格的自动划分能力是十分重要的。

（2）优化设计，即研究用参数优化法进行方案优选。这是 CAE 系统应具有的基本功能。优化设计是保证现代化产品设计具有高速度、高质量和良好的市场销售前景的主要技术手段之一。

（3）三维运动机构的分析和仿真。研究机构的运动学特性，即对运动机构（如凸轮连杆机构）的运动参数、运动轨迹、干涉校核进行研究，以及用仿真技术研究运动系统的某些性质，从而为人们设计运动机构时提供直观的、可以仿真或交互的设计技术。

9.4.2 压铸模具 CAE 系统功能分析

压铸模具 CAE 部分内容包括压铸件充型过程三维流场模拟模块、压铸件凝固过程三维温度场模拟模块、压铸模具三维温度场模拟模块、压铸件及压铸模具三维应力场模拟模块等功能软件系统。

9.4.2.1 压铸件充型过程三维流场模拟分析

液态金属在压力下充型的流态、流速、压力大小等都对压铸件质量起着重要作用。金属液的充填模式是影响压铸件质量的关键要素之一，许多缺陷如浇注不足、冷隔、皱皮、气孔等都与之相关。同时它也是影响压铸模具寿命的重要因素之一。因此，需要通过对充型过程的精确模拟、正确描述铸型充填的动态过程，以检验浇注系统的合理性和优化内浇口位置、浇道尺寸及压铸工艺参数等。金属液在流动过程中存在热交换现象，优秀的流场模拟软件要耦合温度场模拟软件，并采用较为复杂而又比较精确的紊流两相流模型，描述压铸充型过程的流场，压铸充型过程数值模拟程序运行主要过程如下：

（1）计算模式选择。设定计算模式包括设定控制计算时间和控制计算循环；设定计算区域是压室还是型腔。

（2）物性参数及工艺操作参数读入。物性参数包括流体流动物性参数；工艺操作参数包括型腔、压室及浇道的必要几何参数，压射工艺参数及压铸机的性能参数。

（3）网格信息读入及预处理。读型腔、模具及浇注系统部分网格剖分文件，设定单元标志变量。

（4）初始条件输入。对计算中所用的常量赋初始值；对计算所用的数值变量包括压力、速度紊动能耗散率等赋初始值。

（5）边界条件确定。设定固壁边界速度紊动能耗散率等变量值；设定浇道入流速度紊动能耗散率。若计算慢压射过程，则要设定冲头的移动等。

（6）结果输出。输出流场数值模拟的速度、压力、温度及液相体积分数等计算结果。

9.4.2.2 压铸件凝固过程及压铸模具三维温度场模拟分析

目前温度场数值模拟技术已经成熟，其程序运行主要过程如下：

（1）热物性参数及操作参数读入。热物性参数包括镶件、模具及铸件的密度、比热容、热传导系数、固相线、界面热阻和对流换热系数等。操作参数包括浇注温度、保压时间、开模时间、喷涂时间和每个操作阶段模具镶块间的相互关系。

（2）网格信息读入及预处理。读取模具、铸件、镶件和冷却系统的网格结点文件及时间步长文件，设定它们的变量值，根据"瞬态层"厚度，在铸件周围划分出三维"瞬态层"的范围。

（3）初始条件设定。第一个生产循环时，模具和镶件的初始温度一般为室温或稍高于室温，若有预热操作，应设定为预热温度。在第二个生产循环以后，模具的初始温度不需重新设定，保留上一次生产循环中的温度。镶件须重新给出初始温度，型腔的温度也重新设为浇注温度。

（4）稳态层温度计算。若要求稳定生产循环的温度时，稳态层计算开关变量设为1，进行稳定层温度计算；若要计算从生产开始到稳定生产这一过程中温度的变化情况，则不进行稳态层计算，其开关变量设定为0。

（5）边界条件设定及瞬态层温度计算。根据计算时间，确定此步计算所在的操作阶段，设定相应的边界条件，然后进行瞬态层的温度计算。

（6）潜热处理。当单元的固相率小于 1，单元温度低于液相线时，便进行潜热处理。

（7）冷却与加热系统计算。计算冷却或加热系统从入口到出口的介质温度。

（8）结果输出。按规定的时间间隔输出温度场的计算结果，同时，可以根据坐标输出铸件或模具内某点温度-时间文件。

9.4.3　压铸 CAE 的发展趋势

在压铸过程中，液态金属注满型腔后进入凝固阶段。其凝固形态、补缩特性、压铸模具的温度变化对压铸件质量有直接影响，同时对压铸模具寿命也有直接影响。压铸模具三维温度场模拟计算既为压铸件充型凝固模拟提供合理的边界条件，也为压铸模具三维热应力模拟提供必要的热负荷数据。通过对压铸过程的温度场模拟分析及对铸件质量预测，为优化工艺提供科学的依据。

在压铸生产过程中，液态或半固态的金属在高速、高压下充型，并在高压下迅速凝固，容易产生流痕、浇不足、气孔等铸造缺陷，同时易于造成模具的冲蚀、热疲劳裂纹等，缩短了模具的使用寿命。因此，充分了解充填过程的流动和换热规律，设计合理的铸件、铸型结构及浇注系统，选择恰当的压铸工艺参数，实现理想的型腔充填和模具的热平衡状态，不仅可以降低铸件废品率、提高铸件质量、提高压铸生产效率，而且可以延长模具的使用寿命。

目前，国际上压铸过程的数值模拟研究主要有以下几部分：模具与压铸件的温度场数值模拟，型腔的充填过程的流场、温度场数值模拟，模具与压铸件应力场数值模拟。

模具与压铸件的温度场数值模拟技术已基本成熟，已有一批实用化软件包投入使用，现正在深入研究的方向是考虑多种边界条件和完善热物性参数使模拟更接近实际过程，同时改进算法，提高模拟计算效率。

由于压铸充型在高压高速条件下进行流动，流体的前沿是不连续的甚至有喷射雾化的现象，因而给数值模拟带来很大的困难；目前的研究正着眼于改进和完善数学模型与计算方法，使得充型模拟更能接近于实际充型情况。

应力场的数值模拟主要着眼于研究热疲劳对模具寿命的影响以及铸件的变形等问题。在这一研究领域中，目前最为活跃的是设立在美国的俄亥俄州州立大学的精确制造工程研究中心，他们从合金材料到操作工艺，对压铸的每个环节都做了细致而又深入的研究。

国内也有一些学者对压铸过程数值模拟进行了研究。东南大学、沈阳铸造研究所进行了压铸充型的二维流场数位模拟研究。上海交通大学采用有限元法进行了压铸模具的温度场模拟。清华大学进行了压铸凝固模拟技术和工艺 CAD 的研究，并在此基础上进行了压铸过程三维温度场、流场及压铸模具应力场数值模拟的研究工作。

9.5　压铸模 CAD/CAM 复合技术

CAD/CAM 一体化集成技术是集几何建模、三维绘图、有限元分析、产品装配、公差分析、机构运动学分析、动力学分析、NC 自动编程等功能分系统为一体的集成软件系统。在系统中由数据库进行统一的数据管理，使各分系统间全关联，支持并行工程，并提供产品数据管理功能，使信息描述完整，从文件管理到过程管理都纳入有效的管理机制之中，为用户建造了一个统一界面风格、统一数据结构、统一操作方式的工程设计环境，协助用户完成大部分工作，而不用过于担心功能分系统间的数据传输限制、结构不统一等问题。

CAD/CAM 系统是设计、制造过程中的信息处理系统，它克服了传统手工设计的缺陷，充分利用计算机高速、准确、高效的计算功能、图形处理和文字处理功能，以及对大量的、各类的数据的存储、传递、加工功能，在运行过程中，它结合人的经验、知识及创造性，形成一个人机交互、各尽所长、紧密配合的系统。它主要研究对象的描述、系统的分析、方案的优化、计算分析、工艺设计、仿真模拟、NC 编程以及图形处理等理论和工程方法，输入的是系统的设计要求，输出的是制造加工信息。

9.5.1 CAD/CAM 系统功能

CAD/CAM 系统需要对产品设计、制造全过程的信息进行处理，包括设计、制造中的数值计算、设计分析、绘图、工程数据库的管理、IT 工艺设计、加工仿真等各个方面，所以 CAD/CAM 系统功能的主要体现在以下几方面：

（1）几何造型。在产品设计构思阶段，系统能够描述基本几何实体及实体间的关系；能够提供基本体素，以便为用户提供所设计产品的几何形状、大小，进行零件的结构设计以及零部件的装配；系统还应能够动态地显示三维图形，解决三维几何建模中复杂的空间布局问题。另外，还能进行消隐、彩色浓淡处理等。利用几何建模的功能，用户不仅能构造各种产品的几何模型，还能够随时观察、修改模型或检验零部件装配的结果。几何建模技术是 CAD/CAM 系统的核心，它为产品的设计、制造提供基本数据，同时也为其他模块提供原始的信息，例如几何建模所定义的几何模型的信息可供有限元分析、绘图、仿真、加工等模块调用。在几何建模模块内，不仅能构造规则形状的产品模型，对于复杂表面的造型，系统还可采用曲面造型或雕塑曲面造型的方法，根据给定的离散数据或有关具体工程问题的边界条件来定义、生成、控制和处理过渡曲面，或用扫描的方法得到扫视体、建立曲面的模型。汽车车身、飞机机翼、船舶等的设计，均采用此种方法。

（2）计算分析。CAD/CAM 系统构造了产品的形状模型之后，能够根据产品几何形状，计算出相应的体积、表面积、质量、重心位置、转动惯量等几何特性和物理特性，为系统进行工程分析和数值计算提供必要的基本参数。另外，CAD/CAM 中的结构分析需进行应力、温度、位移等的计算和图形处理中变换矩阵的运算以及体素之间的交、并、差计算等，同时，在工艺规程设计中还有工艺参数的计算，因此要求 CAD/CAM 系统对各类计算分析的算法要正确、全面，有较高的计算精度。

（3）工程绘图。产品设计的结果往往是机械图的形式，CAD/CAM 中的某些中间结果也是通过图形表达的。CAD/CAM 系统一方面应具备从几何造型的三维图形直接向二维图形转换的功能，另一方面还需有处理二维图形的能力，包括基本图元的生成、标注尺寸、图形的编辑（比例变换、平移、图形拷贝、图形删除等）以及显示控制、附加技术条件等功能，保证生成满足生产实际要求，也符合国家标准的机械图。

（4）结构分析。CAD/CAM 系统中结构分析常用的方法是有限元法，这是一种数值近似解方法，用来解决复杂结构形状零件的静态、动态特性，以及强度、振动、热变形、磁场、温度场强度和应力分布状态等的计算分析。在进行静、动态特性分析计算之前，系统根据产品结构特点，划分网格，标出单元号、节点号，并将划分的结果显示在屏幕上。进行分析计算之后，系统又将计算结果以图形、文件的形式输出，例如应力分布图、温度场分布图、位移变形曲线等，使用户方便、直观地看到分析的结果。

（5）优化设计。CAD/CAM 系统应具有优化求解的功能，也就是在某些条件的限制下，使产品或工程设计中的预定指标达到最优。优化包括总体方案的优化、产品零件结构的优化、工艺参数的优化等。优化设计是现代设计方法学中的一个重要的组成部分。

（6）工艺规程设计。工艺规程设计的目的是为了加工制造，而工艺设计是为产品的加工制造提供指导性的文件，因此 CAPP 是 CAD 与 CAM 的中间环节。CAPP 系统应当根据建模后生成的产品信息及制造要求，自动决策出加工该产品所采用的加工方法、加工步骤、加工设备及加工参数。CAPP 的设计结果一方面能被生产实际所用，生成工艺卡片文件，另一方面能直接输出一些信息，为 CAM 中的 NC 自动编程系统接收、识别，直接转换为刀位文件。

（7）数控（NC）功能在分析零件图和制订出零件的数控加工方案之后。采用专门的数控加工语言（例如 APT 语言），制成穿孔纸带输入计算机，其基本步骤通常包括：1）手工或计算机辅助编程，生成源程序；2）前处理，将源程序翻译成可执行的计算机指令，经计算求出刀位文件；3）后处理，将刀位文件转换成零件的数控加工程序，最后输出数控加工纸带。

（8）模拟仿真。在 CAD/CAM 系统内部建立一个工程设计的实际系统模型，例如机构、机械手、机器人等。通过运行仿真软件，代替、模拟真实系统的运行，用以预测产品的性能、产品的制造过程和产品的可制造性。如利用数控加工仿真系统从软件上实现零件试切的加工模拟，避免了现场调试带来的人力、物力的投入以及加工设备损坏等风险，减少了制造费用，缩短了产品设计周期。模拟仿真通常有加工轨迹仿真，机械运动学模拟，机器人仿真，工件、刀具、机床的碰撞、干涉检验等。

（9）工程数据库功能。由于 CAD/CAM 系统中数据量大、种类繁多，既有几何图形数据，又有属性语义数据；既有产品定义数据，又有生产控制数据；既有静态标准数据，又有动态过程数据，结构还相当复杂，因此，CAD/CAM 系统应能提供有效的管理手段，支持工程设计与制造全过程的信息流动与交换。

通常，CAD/CAM 系统采用工程数据库系统作为统一的数据环境，实现各种工程数据的管理。

9.5.2　压铸模具 CAD/CAM 系统的功能需求

压铸模具结构设计、浇注系统设计、压铸过程数值仿真、模具结构优化以及如何提高压铸模具设计精度和设计的可靠性是压铸模具 CAD/CAM 软件系统关注的重点。通常，压铸模具 CAD/CAM 软件系统应具备的主要功能是：

（1）模具设计数字化资源库。建立有压铸模设计制造所需要的数据库、典型模具系列及标准件的参数化图库，常用设计计算方法库。

（2）压铸件充型和凝固过程的数学模型和处理软件。包括压铸模具温度场分析的数学模型，流场及温度场数值模拟软件。

（3）三维实体建模功能。以构造三维实体模型，提供铸件、模具及用规则几何体构造产品几何模型的实体造型功能。同时，还需具有二维与三维图形的转换功能。

（4）曲面造型功能。根据压铸件比较复杂的特点，系统具有根据给定的离散数据来定义、生成、控制和处理过渡曲面与非矩形域曲面的拼合能力，提供用自由曲面构造复杂铸件和模具的几何模型所需的曲面造型技术。

（5）物体质量特性计算功能。系统具有根据几何模型计算相应的物体体积、质量、表面积、重心等几何特性的能力，为系统产品进行工程分析和数值分析提供必要的基本参数和数据。

（6）机构运动分析和仿真功能。对于具有复杂抽芯机构、斜滑块顶出机构的模具，可进行开合模及铸件顶出动作的运动仿真，以检验机构间相互干涉问题。

（7）有限元分析与优化设计功能。系统具有有限元分析网格自动生成的能力和用有限元分析法进行温度场、流场、应力场数值模拟分析的能力。通过数值模拟分析及模具运动仿真结果，系统具有对模具设计方案和工艺参数进行优选的功能。

（8）数控加工的功能。系统具有三、四、五坐标数控机床加工能力，并能在图形显示终端上识别、校核刀具轨迹和刀具干涉，以及对加工过程的模态进行仿真，在此基础上根据不同的数控系统，自动形成 NC 代码。

9.5.3 压铸模具 CAD/CAM 技术发展趋势

压铸模具 CAD/CAM 技术的发展趋势主要有：

（1）模具制造业信息化与数字化。当前，制造业信息化是在企业的生产、经营、管理等方面，将信息技术、自动化技术、现代管理技术与制造技术相结合，带动产品设计方法和工具的创新、企业管理模式的创新、企业间协作关系的创新，实现产品设计制造和企业管理的信息化、生产过程控制的智能化、制造装备的数控化、咨询服务的网络化，并整合、利用企业内外信息资源，提高企业生产、经营和管理水平，全面提升制造业的创新能力和市场竞争力。这也是模具制造业信息化建设的要求与发展方向。

模具制造业信息化的目标是形成全面集成的数字化企业，也就是建立在集成化企业战略框架和先进的企业经营理念、管理方法、信息技术的基础上，能够不断改进和持续创新的企业。全面集成的数字化企业的发展目标是：通过全面采用先进的信息技术，实现设计数字化、生产数字化、装备数字化和管理数字化，并通过集成实现企业数字化；全面集成的数字化企业不是被动地响应市场的变化，而是能够主动地抓住市场变化，通过技术上的改进来获取市场变化带来的商机。全面集成的数字化企业，通过集成企业的所有过程、规则、信息、资源、人员和技术，使其成为具有协作性、虚拟化、敏捷化和精良型的企业。

（2）面向模具企业的 CAD/CAM 系统集成化技术。从集成的深度和广度来看，CAD/CAM 以零部件为主要对象发展成为面向企业、面向产品全过程、以产品数据管理（PDM）系统集成为基础的数字化设计制造体系，也就是为用户提供了一个企业级的协同工作的集成产品开发环境。这种企业级的协同工作环境需要将工程设计原理、产品建模与分析技术、分布式 PDM 技术、Web 技术和可视化能力集成在一起，形成一体化的模具产品开发环境。

随着模具工业的科技进步和国际竞争的日益激烈，模具业对 CAD/CAM 系统的要求也从单纯的建模工具变为要求支持从设计、分析、管理和加工全过程的产品信息管理集成化系统。模具软件功能的集成化要求软件的功能模块比较齐全，同时各功能模块采用同一数据模型，以实现信息的综合管理与共享，从而支持模具设计、制造、装配、检验、测试及生产管理的全过程，达到实现最佳效益的目的。可以预计，模具 CAD/CAM 系统在今后几年内将会逐步发展为支持从设计、分析、管理到加工全过程的产品信息管理的集成化系统。新一代模具 CAD/CAM 系统必然是新的设计理念、新的成形理论和现代制造方法相结合的产物。

（3）模具设计制造的网络化与协同化。网络化分布式协同设计是一种新兴的产品设计方式。在该方式下，分布在不同地点的产品设计人员以及其他相关人员通过网络采用各种各样的计算机辅助工具协同地进行产品设计活动，活动中的每一个用户都能感觉到其他用户的存在，并与他们进行不同程度的交互。不同地点的产品设计人员通过网络进行产品信息的共享和交换，实现对异地 CAX 等软件工具的访问和调用。

通过网络进行设计方案的讨论、设计结果的检查与修改，使产品设计工作能够跨越时空进行。上述特点使得分布式协同设计能够较大幅度地缩短产品设计周期，降低产品开发成本，提高个性化产品开发能力。

　　随着模具在企业竞争、合作、生产和管理等方面的全球化、国际化，以及计算机软硬件技术的迅速发展，网络使得在模具行业应用虚拟设计、敏捷制造技术既有必要，也有可能。实施模具网络化设计制造的目标是进一步提高和完善异地协同设计、虚拟企业与企业协同管理、资源共享和协作应用、制造业全球采购和产品销售、现代物流配送以及基于 ASP（application service provider，应用服务提供商）模式的网络化制造服务等技术，实现企业间的资源共享，提高制造业创新能力，发挥制造业群体优势，促进产业链的形成。

　　模具行业的 ASP 模式将成为一个发展的重要方向。今天的模具行业已经成为高技术密集的行业。任何一个企业，要掌握全部先进的技术，成本都将非常昂费，要培养并且留住掌握这些技术的人才也会非常困难。于是，模具行业的 ASP 模式就应运而生了，即由拥有各种专门技术的应用服务单位为模具企业提供技术服务。这样整个社会就形成了一个大的模具制造企业，按照价值链和制造流程分工，将制造资源最优发挥。应用服务包括如递向设计、快速原型制造、数控加工外包、模具设计、模具成形过程分析等。

　　另外，基于网络的协同创新设计将成为模具设计的主要方向。制造业垂直整合的模式使得世界范围内产品销售、产品设计、产品生产和模具制造分工更明确。为了缩短产品上市周期，使模具设计充分理解产品设计的意图，在产品的设计阶段，模具设计也同时开始。另外，模具制造商需要的模具标准件一般都由模具标准件厂提供，最好在模具设计阶段就参照各类标准，充分利用模具标准件厂提供的数据进行设计。由于在制造流程中各个环节所采用的 CAD 系统不一定相同，这就要求 CAD 系统要具备协同的能力，能够随时交换上下游的数据，能够处理彼此的数据，数据产生及处理标准化。

　　（4）模具设计的智能化技术。模具设计和制造在很大程度上仍然依靠着模具工作者的经验，仅凭计算机的数值计算功能去完成诸如模具设计方案的选择、工艺参数与模具结构的优化、成形缺陷的诊断以及模具成形性能的评价是不现实的。新一代模具 CAD/CAM 系统正在利用 KBE（基于知识的工程）技术，将分散的知识按照一定的逻辑规则有机地结合起来，使知识有序化、层次化，从而高效地利用知识资源，有利于知识创新。因此，基于知识的智能化设计是一项将知识工程原理和计算机辅助设计理论相结合的综合性技术，它不仅能用实物的几何特征参数控制产品模型，而且能将设计人员在设计过程中采用的设计思想、准则、原理等以显性的知识表达出来，比传统产品建模技术更能体现产品特征，更适应现代设计的发展需要。

　　现阶段，模具设计与制造在很大程度上仍依靠模具工作者的经验，仅靠计算机完成模具设计方案、工艺参数与模具结构的优化、成形缺陷的诊断及模具成形性能的评价是不现实的。数值计算和人工智能技术的结合将是今后相当长时间内一件十分艰巨而重要的工作。传统的模拟软件基本上都是被动式计算工具，分析前需要用户事先设计成形方案和确定工艺参数，分析结果常常难于直接用来指导生产，这在很大程度上影响了模拟软件的推广和普及。

　　（5）虚拟产品设计和制造技术。虚拟现实技术集成了计算机图形学、多媒体、人工智能、网络、多传感器、并行处理等技术。模具虚拟产品设计技术是虚拟现实技术在模具产品制造中的应用或实现，是模具现实设计环境和制造环境的计算机内部映射，是虚拟制造的重要内容；虚拟制造是以仿真技术、虚拟现实技术等为支撑，对模具设计、加工、装配、维护经过统一建模形成虚拟的环境、虚拟的过程和虚拟的产品。虚拟技术使得产品的设计和制造更加直观化，并且有利于发现问题，及时修正，避免了在真正设计制造中出现问题引发的资源损耗。

　　（6）模具制造中的快速原型技术。快速原型技术是用离散分层的原理制作产品原型的总称，其原理为：产品三维 CAD 模型—分层离散—按离散后的平面几何信息逐层加工堆积原材料—生成实体模型。该技术集计算机技术、激光加工技术、新型材料技术于一体，依靠 CAD 软件，在计算机中建立三维实体模型，并将其切分成一系列平面几何信息，以此控制激光束的扫描方向和速度，采用黏结、熔结、聚合或化学反应等手段逐层有选择地加工原材料，从而快速堆积制作出产品实体模型。快速原型技术突破了"毛坯—切削加工—成品"的传统的零件加工模式，开创了不用刀具制作零件的先河，是一种前所未有的薄层叠加的加工方法。

（7）模具的绿色设计制造技术。绿色设计与制造将是 21 世纪产品的一个重要特点，企业无论从自身的长远发展角度，还是从人类的可持续发展战略角度，都应加强对绿色设计与制造技术的研究与应用。模具是工业生产的基础工艺装备，它的生产技术水平的高低，已成为衡量一个国家产品制造水平高低的重要标志，因而在模具行业中提倡绿色设计与制造具有十分重要的意义。

9.6 压铸模 CAD/CAM/CAE 的复合技术

随着 CAD 和 CAM 技术的推广使用，各个分支之间相互依存，关系越来越紧密，设计系统只有配合数控加工，才能充分显示其巨大的优越性，而数控技术只有依靠设计系统产生的模型才能发挥效率，同时通过模拟仿真（CAE）手段，确保产品设计的可靠性和加工过程的合理性，三者自然而然地紧密结合，形成计算机辅助设计与制造集成系统。一体化指的就是这种系统，系统中的各个阶段都可以利用公共数据库中的数据和信息，缩短了产品的生产周期，提高了产品的质量。

如图 9-3 所示，压铸模的 CAD/CAM/CAE 及其一体化是先进的生产方式，它系统科学地将压铸模的设计（绘图）、工程分析模拟、加工连为一体，进行全方位的计算机控制，不仅缩短了设计、制造周期，而且优化了设计，从整个生产组织上大大降低了人为因素对压铸模质量的影响，是保证压铸模生产质量和生产周期的很有效的手段，也是降低成本、提高竞争力的重要手段。

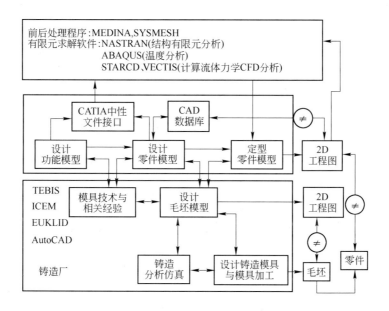

图 9-3 压铸模 CAD/CAM/CAE 的工作流程

复习思考题

9-1　简述 CAD 技术的概念。
9-2　请对压铸模 CAD 系统进行分析。
9-3　简述压铸模 CAM 技术。
9-4　请对压铸模 CAM 系统进行分析。
9-5　简述压铸模 CAE 技术。
9-6　请对压铸模 CAE 系统进行分析。
9-7　简述压铸模具 CAD/CAM 技术发展趋势。

10 镁合金压铸生产质量控制

10.1 缺陷分类及影响因素

为了获得符合有关技术要求的铸件，不仅要掌握好压铸件的生产工艺，而且还要了解压铸件的质量检验，包括化学成分、力学性能、工艺和铸件内部组织检验等。

缺陷可分为以下几类：

（1）几何缺陷。压铸件形状、尺寸与技术要求有偏离；尺寸超差、挠曲、变形等。

（2）表面缺陷。压铸件外观不良，出现花纹、流痕、冷隔、斑点、缺肉、毛刺、飞边、缩痕、拉伤等。

（3）内部缺陷。气孔、缩孔、缩松、裂纹、夹杂物等，内部组织、力学性能不符合要求。

影响因素有：

（1）压铸机引起。压铸机性能，所提供的能量能否满足所需要的压射条件：压射力、压射速度、锁模力是否足够。压铸工艺参数选择及调控是否合适，包括压力、速度、时间、冲头行程等。

（2）压铸模引起：

1）模具设计。模具结构、浇注系统尺寸及位置、顶杆及布局、冷却系统。

2）模具加工。模具表面粗糙度、加工精度、硬度。

3）模具使用。温度控制、表面清理、保养。

（3）压铸件设计引起。压铸件壁厚、弯角位、拔模斜度、热节位、深凹位等。

（4）压铸操作引起。合金浇注温度、熔炼温度、涂料喷涂量及操作、生产周期等。

（5）合金料引起原材料及回炉料的成分、干净程度、配比、熔炼工艺等。

以上任何一个因素的不正确，都有可能导致缺陷的产生。

缺陷检验方法有：

（1）直观判断。用肉眼对铸件表面质量进行分析，对于花纹、流痕、缩凹、变形、冷隔、缺肉、变色、斑点等可以直观看到，也可以借助放大镜放大 5 倍以上进行检验。

（2）尺寸检验。检测仪器设备及量具有：三坐标测量仪、投影仪、游标卡尺、塞规、千分表等通用和专用量具。

（3）化学成分检验。采用光谱仪、原子吸收分析仪进行压铸件化学成分检验，特别是杂质元素的含量。据此判断合金材料是否符合要求及其对缺陷产生的影响。

（4）性能检验。采用万能材料试验机、硬度计等检测铸件的力学性能和表面硬度。

（5）表面质量检验。采用平面度检测仪、粗糙度检测仪检验表面质量。

（6）金相检验。使用金相显微镜、扫描电子显微镜对缺陷基体组织结构进行分析，判断铸件中的裂纹、杂质、硬点、孔洞等缺陷。在金相中，缩孔呈现不规则的边缘和暗色的内腔，而气孔呈现光滑的边缘和光亮的内腔。

（7）射线检验。利用有强大穿透能力的射线，在通过被检验铸件后，作用于照相软片，使其发生不同程度的感光，从而照相底片上摄出缺陷的投影图像，从中可判断缺陷的位置、形状、大小、分布。

（8）超声波检验。超声波是振动频率超过 2000Hz 的声波。利用超声波从一种介质传到另一种介质的界面时会发生反射现象，来探测铸件内部缺陷部位。超声波测试还可用于测量壁厚和材料分析。

（9）荧光检验。利用水银石英灯所发出紫外线来激发发光材料，使其发出可见光来分析铸件表面微小的不连续性缺陷，如冷隔、裂纹等。把清理干净的铸件放入荧光液槽中，使荧光液渗透到铸件表面，取出铸件，干燥铸件表面涂显像粉，在水银灯下观察，缺陷处出现强烈的荧光。根据发光程度，可判断缺陷的大小。

（10）着色检验。一种简单、有效、快捷、方便的缺陷检验方法，由清洗剂、渗透剂、显像剂组成。可从市场买回一套"着色渗透探伤剂"共 12 罐，即可在生产现场进行缺陷检验。其方法如下：

1）先用清洗剂清洗压铸件表面。

2）用红色渗透剂液喷涂铸件表面，保持湿润约 5～10min。

3）擦去铸件表面多余的渗透剂，再用清洗剂或用水清洗。

4）喷涂显像剂，如果压铸件表面有裂纹、疏松、孔洞，那么渗入的渗透剂在显像液作用下析出表面，相应部位呈现出红色，而没有缺陷的表面无红色呈现。

（11）耐压检验。用于检查铸件致密性：

1）采用检漏机（水检机、气检机）。

2）用夹具夹紧铸件呈密封状态，其内通入压缩空气，浸入水箱中，观察水中有无气泡出现来测定。一般通入压缩空气在 2atm（1atm = 101325Pa）以下，浸水时间 1～2min；4atm 时，浸入时间更短。试验压力要超过铸件要求的工作压力的 30%～50%。

3）用水压式压力测试机进行测试。

（12）耐腐蚀性能检验。采用盐雾实验设备、紫外线耐候实验设备、雨淋实验设备等进行检测。

10.2　表面缺陷

10.2.1　压铸件表面质量要求及缺陷极限

压铸件表面粗糙度低，按使用要求不同压铸件表面质量要求可不同。按使用要求将压铸件表面质量分为 3 级，见表 10-1。不同级别压铸件的表面质量级别及缺陷极限见表 10-2，表面质量要求见表 10-3，机械加工后的孔穴缺陷见表 10-4 和表 10-5。

表 10-1　压铸件表面质量按使用要求分级

表面质量级别	使 用 范 围	粗糙度 R_a
1	涂覆工艺要求高的表面；镀铬、抛光、研磨的表面；相对运动的配合面；危险应力区的表面等	3.2
2	涂覆要求一般或要求密封的表面；镀锌阳极氧化、油漆不打腻以及装配接触面	6.3
3	保护性涂覆表面及紧固接触面，油漆打腻表面及其他表面	12.6

表 10-2　表面质量级别及缺陷极限

压铸件表面质量级别	1级	2级	3级
缺陷面积不超过总面积的百分数/%	5	25	40

注：1. 在不影响使用和装配的情况下，网状毛刺和痕迹不超过下述规定：锌合金、铝合金压铸件其高度不超过 0.2mm；铜合金压铸件其高度不大于 0.4mm。

2. 受压铸型镶块或受分型面影响而形成表面高低不平的偏差，不超过有关尺寸公差。

3. 推杆痕迹凸出或凹入铸件表面的深度，一般为 ±0.2mm。

4. 工艺基准面、配合面上不允许存在任何凸起，装饰面上不允许有推杆痕迹。

表 10-3　表面质量要求

缺陷名称		缺陷范围	表面质量级别			备注
			1级	2级	3级	
流痕		深度/mm	≤0.05	≤0.07	≤0.15	
		面积不超过总面积的百分数/%	5	15	30	
冷隔		深度/mm	不允许	≤1/5 壁厚	≤1/4 壁厚	（1）在同一部位对应处不允许同时存在； （2）长度是指缺陷流向的展开长度
		长度不大于铸件最大轮廓尺寸的/mm		1/10	1/5	
		所在面上不允许超过的数量		2处	2处	
		离铸件边缘距离/mm		≥4	≥4	
		两冷隔间距/mm		≥10	≥10	
拉伤		深度/mm	0.05	0.10	0.25	除一级表面外，浇道部位允许增加一倍
		面积不超过总面积的百分数/%	3	5	10	
凹陷		凹入深度/mm	≤0.10	≤0.30	≤0.50	
黏附物痕迹		整个铸件不允许超过	不允许	1处	2处	
		占带缺陷的表面面积的百分数/%		5	10	
气泡	平均直径 ≤3mm	每100cm² 缺陷个数不超过的处数	不允许	1	2	允许两种气泡同时存在，但大气泡不超过3个，总数不超过10个，且其边距不小于10mm
		整个铸件不超过的个数		3	7	
		离铸件边缘距离/mm		≥3	≥3	
		气泡凸起高度/mm		≤0.2	≤0.3	
	平均直径 >3~6mm	每100cm² 缺陷个数不超过	不允许	1	1	
		整个铸件不允许超过的个数		1	3	
		离铸件边缘距离/mm		≥5	≥5	
		气泡凸起高度/mm		≤0.3	≤0.5	
边角残缺深度 /mm		铸件边长≤100mm	0.3	0.5	1.0	残缺长度不超过边长度的5%
		铸件边长>100mm	0.5	0.8	1.2	
各类缺陷总和		面积不超过总面积的百分数/%	5	30	50	

注：对于1级或有特殊要求的表面，只允许有经抛光或研磨能去除的缺陷。

表 10-4　机械加工后加工面上允许孔穴缺陷的规定（JB 2702—80）

加工面面积 /cm²	1 级				2 级				3 级			
	最大直径 /mm	最大深度 /mm	最多个数	至边缘最小距离 /mm	最大直径 /mm	最大深度 /mm	最多个数	至边缘最小距离 /mm	最大直径 /mm	最大深度 /mm	最多个数	至边缘最小距离 /mm
约 25	0.8	0.5	3	4	1.5	1.0	3	4	2.0	1.5	3	3
>25 ~ 60	0.8	0.5	4	6	1.5	1.0	4	6	2.0	1.5	4	4
>60 ~ 150	1.0	0.5	4	6	2.0	1.5	4	6	2.5	1.5	5	4
>150 ~ 350	1.2	0.6	5	8	2.5	1.5	5	8	3.0	2.0	6	6

表 10-5　机械加工后螺纹允许孔穴的规定（JB 2702—80）

螺距/mm	平均直径/mm	深度/mm	螺纹工作长度内缺陷总数不超过	两个孔的边缘之间距离/mm
≤0.75	≤1	≤1	2	≥2
>0.75	≤1.5 （不超过 2 倍螺距）	≤1.5 （<1/4 壁厚）	4	≥5

注：螺纹的最前面两扣上不允许有缺陷。

10.2.2　表面缺陷产生的原因及防止措施

表面缺陷包括压铸件表面有流痕、花纹、冷隔、网状毛刺、印痕、缩陷、铁豆、黏附物痕迹、分层、摩擦烧蚀、冲蚀等。表面缺陷常占压铸件缺陷的首位，应充分加以重视及防止。表10-6 是各种表面缺陷特征、产生原因和防止措施。

表 10-6　各种表面缺陷特征、产生原因和防止措施

名　称	特征及检查方法	产　生　原　因	防　止　方　法
气　泡	铸件表面有米粒大小的隆起，也有皮下形成的空洞	（1）合金液在压室充满度过低，易生卷气，压射度过高； （2）模具排气不良； （3）熔液模除气熔炼温度过高； （4）模温过高，金属凝固时间不够，强度不够，而过早开模顶出铸件，受气体膨胀起来； （5）脱模剂太多	（1）调整压铸工艺参数、压射速度和高速压射切换点； （2）降压缺陷区或模温，从而降低气体的压力作用； （3）增设排气槽、溢流槽； （4）调整熔炼工艺； （5）留模时间延长

名 称	特征及检查方法	产 生 原 因	防 止 方 法
裂 纹	外观检测：铸件表面有呈直线状或波浪形的纹路，狭小而长，在外力作用下有发展趋势。冷裂为开裂处金属没被氧化；热裂为开裂处金属被氧化	（1）合金中铁合金含量过高或硅含量过低； （2）合金中有害杂质的含量过高，降低了合金的可塑性； （3）铝硅合金：铝硅铜合金含锌或含铜量过高；铝镁合金中含镁量过多； （4）模具，特别是型芯温度太低； （5）铸件壁厚有剧烈变化之处，收缩受阻； （6）留模时间过长，应力大； （7）顶出时受力不均匀	（1）正确控制合金成分，在某些情况下可在合金中加纯铝锭以降低合金中含镁量，或在合金中加铝硅中间合金以提高硅含量； （2）改变铸件结构，加大圆角，加大出模斜度，减少壁厚差； （3）变更或增加顶出位置，使顶出受力均匀； （4）缩短开模及抽芯时间； （5）提高模温
变 形	压铸件几何形状与图纸不符，整理变形或局部变形	（1）铸件结构设计不良，引起不均匀收缩； （2）开模过早，铸件刚性不够； （3）顶杆设置不当，顶出时受力不均匀； （4）切除浇口方法不当	（1）改进铸件结构； （2）调整开模时间； （3）合理设置顶杆位置及数量； （4）选择合适的切除浇口方法
流痕及花纹	外观检查：铸件表面上有与金属液流动方向一致的条纹，有明显可见的与金属基体颜色不一样无方向性的纹路，无发展趋势	（1）首先进入型腔的金属液形成一个极薄的而又不完全的金属层后，被后来的金属液所弥补而留下的痕迹； （2）模温过低； （3）内浇道截面积过小及位置不当产生喷溅； （4）作用于金属液上的压力不足，涂料用量过多	（1）提高模温； （2）调整内浇道截面积或位置； （3）调整内浇道速度及压力； （4）选用合适的涂料及调整用量
冷 隔	外观检查：压铸件表面上有明显的、不规则的、下陷线形纹路（有穿透与不穿透两种），形状细小而狭长，有时交接边缘光滑，在外力作用下有发展的可能	（1）两股金属流相互对接，但未完全熔合而又无夹杂物在其间，两股金属结合力很薄弱； （2）浇注温度或压铸模温度偏低； （3）选择合金不当，流动性差； （4）浇道位置不对或流路过长； （5）填充速度低； （6）压射比压低	（1）适当提高浇注温度和模具温度； （2）提高压射比压，缩短填充时间； （3）提高压射速度，同时加大内浇口截面积； （4）改善排气、填充条件； （5）正确选用合金，提高合金流动性

10.2.3 表面损伤产生的原因及防止措施

铸件因机械拉伤、粘模拉伤或碰伤造成表面损伤，这在生产中是时有发生的。这类表面损伤缺陷同样属于表面缺陷，应注意加以防止。表面损伤特征、产生原因和防止措施见表10-7。

表 10-7　表面损伤特征、产生原因和防止措施

名　称	特　征	产 生 原 因	防 止 措 施
机械拉伤	铸件表面有顺着出型方向的擦伤痕迹	(1) 压铸型设计和制造不正确，使型芯和型的部分无斜度或为负斜度； (2) 型芯或型壁有压伤影响出型； (3) 铸件顶出时有偏斜	(1) 使用压铸型前应检修型、芯的负斜度和压伤处； (2) 适当增加涂料量； (3) 检查合金成分，低于0.6%； (4) 调整顶杆，使顶出力平衡
粘模拉伤	铸件与压铸型腔壁发生粘连产生的拉伤痕迹，铸件表面严重粘连部位会被撕破	(1) 金属液浇注温度或压铸型温度过高； (2) 涂料使用不正确或量不足； (3) 浇注系统设计不正确，金属冲击型或芯剧烈； (4) 压铸型材料使用不当或热处理工艺不正确，压铸型硬度低； (5) 压铸型局部型腔表面粗糙； (6) 填充速度太高	(1) 将金属液浇注温度和压铸型温度控制在工艺规定范围内； (2) 正确选用涂料品种及用量； (3) 浇注系统应防止金属剧烈正面冲击型或芯； (4) 正确选用压铸型材料及热处理工艺和硬度； (5) 校对合金成分，使合金含铁量在要求范围内； (6) 消除型腔粗糙的表面； (7) 适当降低填充速度
碰伤	铸伤表面有擦伤、碰伤	(1) 使用、搬运不当； (2) 运转、装卸不当	注意压铸件在取件、使用、搬运中不要碰伤

10.3　内部缺陷与防止措施

内部缺陷、产生原因和防止措施见表10-8。

表 10-8　内部缺陷、产生原因和防止措施

名　称	特征及检查方法	产 生 原 因	防 止 方 法
夹杂物	混入压铸件内的金属或非金属杂质，加工后可看到形状不规则，大小、颜色、亮度不同的点或孔洞	(1) 不洁净，回炉料太多； (2) 合金液未精炼； (3) 用炉料勺取液浇注时带入熔渣； (4) 石墨坩埚或涂料中含有石墨脱落混入金属液中； (5) 保温温度高，持续时间长	(1) 使用清洁的合金料，特别是回炉炉上脏物必须清理干净； (2) 合金熔液须精炼除气，将熔渣清干净； (3) 用勺取液浇注时，仔细拨开液面，避免混入熔渣和氧化皮； (4) 清理型腔、压室控制保温温度和减少保温时间
气孔	存在于铸件内部，具有光滑表面，形状为圆形	(1) 合金溶液倒入不合理，浇口速度高产生喷射； (2) 熔炼温度过高，吸气喷涂过多，涂料过浓； (3) 模温高	(1) 改善浇注系统； (2) 适当温度熔炼； (3) 喷吐适当，比例适当； (4) 模温不要太高； (5) 改善溢流系统
渗漏	压铸件经耐压试验，产生漏气、渗水	(1) 压力不足，基体组织致密度差； (2) 内部缺陷引起，如气孔、缩孔、渣孔、裂纹、缩松、冷隔、花纹； (3) 浇注和排气系统设计不良； (4) 压铸冲头磨损，压射不稳定	(1) 提高比压； (2) 针对内部缺陷采取相应措施； (3) 改进浇注系统和排气系统； (4) 进行浸渗处理，弥补缺陷； (5) 更换压室、冲头

名 称	特征及检查方法	产 生 原 因	防 止 方 法
缩孔、缩松	存在于铸件内部厚壁处，孔洞形状不规则，表面不光滑，呈暗色	（1）铸件在凝固过程中，因产生收缩而得不到金属液补偿而造成孔穴； （2）浇注温度过高，模温梯度分布不合理； （3）压射比压低，增压压力过低； （4）内浇口较薄、面积过小，过早凝固，不利于压力传递； （5）金属液补缩铸件结构上有热节部位或截面变化剧烈； （6）金属液浇注量偏小，余料太薄，起不到补缩作用	（1）降低浇注温度，减少收缩量； （2）提高压射比压及增压压力，提高致密性； （3）修改内浇口，使压力更好传递，有利于液态金属补缩作用； （4）改变铸件结构，消除金属积聚部位，壁厚尽可能均匀； （5）加快厚大部位冷却； （6）加厚料柄，增加补缩的效果

10.4 缺陷产生的影响因素

常见缺陷的影响因素见表 10-9。

表 10-9　常见缺陷的影响因素

影 响 因 素	常 见 缺 陷									因素类别	产生根源
	欠铸	气泡	变形	缩孔气孔	裂纹	冷隔	夹渣	粘模	擦伤		
比　压	√			√					√	B	压铸机
压射速度	√	√								B	
建压时间	√			√						B	
压室充满度	√	√								B	
1~2 速度交接点	√	√								B	
凝固时间			√		√					B	
模具温度	√	√			√	√		√		A/C	模具
模具排气	√	√		√		√				A	
浇注系统不正确				√				√		A	
模具表面处理不好			√						√	A	
铸造斜度不够			√		√			√		A	
模具硬度不够								√		A	
浇注温度	√	√				√		√		C	现场操作
浇注金属量	√			√						C	
金属含杂质							√			C	
涂　料		√	√	√	√	√		√		C	

注：A 类因素：取决于模具设计与制造。B 类因素：大多取决于压铸机性能及压铸参数选择。C 类因素：现场操作。√表示有影响。

10.5 解决缺陷的思路

由于每一种缺陷的产生原因来自多个不同的影响因素，因此在实际生产中要解决问题，面对众多原因到底是先调机，还是先换料，或先修改模具？建议按难易程度，先简后复杂去处理，其次序是：

（1）清理分型面，清理型腔，清理顶杆；改变涂料、改善喷涂工艺；增大锁模力，增加浇注金属量。

（2）调整工艺参数、压射力、压射速度、充型时间、开模时间、浇注温度、模具温度等。

（3）换料，选择质优的镁合金锭，改变新料与回炉料的比例，改进熔炼工艺。

（4）修改模具，修改浇注系统，增加内浇口，增设溢流槽、排气槽等。

例如，压铸件产生的原因有：

（1）压铸机问题：锁模力调整不对。

（2）工艺问题：压射速度过高，形成压力冲击峰过高。

（3）模具问题：变形，分型面上杂物，镶块、滑块有磨损不平齐，模板强度不够。

（4）解决飞边的措施顺序：清理分型面→提高锁模力→调整工艺参数→修复模具磨损部位→提高模具刚度。

复习思考题

10-1　简述缺陷的分类。

10-2　影响因素的内容有哪些？

10-3　缺陷检验方法有哪些？

10-4　简述表面缺陷与防止措施。

10-5　简述内部缺陷与防止措施。

10-6　简述缺陷产生的影响因素。

10-7　结合生产谈谈解决压铸缺陷的思路。

11 镁合金压铸安全生产与管理

安全是镁合金压铸正常生产的前提。在工厂安全生产中应包括系统的安全培训教育、安全规范、安全技术与操作、紧急应变措施等问题。

11.1 安全生产教育

11.1.1 安全生产教育任务与原则

安全生产教育的任务是使全体职工牢固树立"安全第一、预防为主",提高搞好安全生产的自觉性,严格执行安全生产责任制,杜绝违反劳动纪律、违反规章制度、违章指挥的"三违行为"。学习安全生产科学知识,提高安全操作技术水平,防止人身设备事故发生,保证实现安全生产。

安全生产教育的原则是必须紧密联系工厂的实际情况,必须坚持长期、反复地进行。教育内容丰富多彩,生动灵活,结合职工文化生活进行宣传活动,同时要严肃认真,讲究实效。

11.1.2 安全生产教育的形式和方法

安全生产教育的主要形式和方法有:三级教育、岗位安全教育、特殊工种的专门教育和经常性的教育。三级教育、岗位安全教育的主要对象是新工人、生产实习人员、调动工作岗位的工人、临时工等。具体介绍如下:

(1) 三级教育。是指入厂教育、车间教育、班组教育。入厂教育是对新进厂的人员在到车间或工作地点之前进行法制、厂规教育,企业安全生产情况,企业内特殊危险地方,劳动保护和安全技术知识教育,时间一般在一星期以内。车间教育是在未进入生产岗位的安全生产教育,时间一般为一天。班组教育是分配到工作岗位后,工作之前的安全教育,一般以老带新,时间半天至一两个月不等。

(2) 岗位安全教育。是进入新岗位之前的安全教育,包括工段或生产班组安全生产概况、工作性质及职责范围、岗位的安全技术知识。

(3) 特殊工种教育。对电工、车辆司机、起重、电焊等工种进行专门的技术训练,并经严格考试合格后才能准许上岗。

(4) 经常性的教育。经常性的安全教育是贯穿于生产活动之中的对全体职工进行的安全教育,通常采用安全会议、班前班后会、黑板报、宣传栏等形式对职工经常进行安全教育。

11.1.3 安全生产教育内容

安全生产教育内容包括政治思想教育、安全生产及劳动保护方针政策教育、规章制度和劳动纪律教育、安全技术知识教育、典型经验和事故的教育。安全生产教育具体内容按厂、车间、班组的划分大致如下:

(1) 厂级安全教育内容。应包括国家政策法令教育,厂规厂纪、劳动纪律教育,安全生产及劳动保护方针教育,典型经验和事故的教育。

安全技术知识教育方面包括本企业的生产情况、生产流程；本企业内危险地点、设备及其安全防护注意事项；有关电气的基本知识，触电及急救方法；起重设备和厂内运输有关的危险及其预防办法；本企业有毒的原材料或物质的防护方法；本企业消防知识；劳保用品的使用和保管方法等。

（2）车间及班组安全生产教育内容。车间安全生产的规章制度和要求；车间内可能发生事故的地点及防止办法；各工序安全生产注意事项；各类设备和工具结构、性能、使用及维护操作规程和注意事项；发生事故的抢救和自救方法；安全装置和消防器材的使用方法；交接班制度。

11.2　个人安全

个人防护是从事镁合金作业的基本条件，使用合适的安全设备可以在很大程度上避免伤害。一般情况下，下面的防护装备是镁合金压铸人员的基本保护用品：防火衣裤（耐热700℃以上）、具有面罩的安全帽、护目镜、保护鞋和毛织物工作石棉手套（耐热）、对于特殊操作需要耐热围裙。操作人员在进行作业以前，一定要按上述要求穿戴防护用品，未穿戴防护用品的人员不要靠近作业区域，不能进行操作。

同时，应有必要的救护设备，以防热金属飞溅引起伤害。在所有的出口处应有沐浴器，因熔化镁合金引起的烧伤必须由医务人员处理。为使所有的操作根据正确的工作规范进行，必须具有个人安全意识。由于熔化金属可能引起个人伤害，在安全注意事项方面没有任何妥协余地。

11.3　压铸镁合金及熔炼的安全

目前所有的压铸合金对重金属杂质的含量有严格的限制，特别是铁、镍和铜。由于其优良的压铸性能和良好的力学和物理性能，AZ91是最常见的压铸合金。对于其他专门用途的合金，Al-Mn系合金具有较好的延展性和断裂韧性等，Al-Si合金具有较好的高温抗蠕变性能等。

11.3.1　危害的根源

在繁忙的铸造环境中处理灼热的液体金属总是涉及安全问题。然而，只要给予必要的关注，严格遵守国家和企业的安全生产规范，镁合金并不比铝合金更危险，只是要讨论有关液态和固态镁合金的特殊应用所涉及的事项。大部分危险都是由于熔化的镁合金和含氧的物质发生剧烈反应引起的。这些反应会生成热，有时会生成气体，从而导致火灾、金属飞溅和爆炸。因此，在实际中要避免熔化镁合金和含氧物质接触，应特别注意避免潮湿的物质和熔化金属相接触。当面积或体积比较大时，例如机械加工的碎屑，镁合金会和水或氧气发生反应，也和氮气及氧化物反应。

11.3.1.1　镁与水的作用

镁无论是固态还是液态均能与水发生反应，其反应方程式如下：

$$Mg + H_2O =\!=\!= MgO + H_2 + Q$$

$$Mg + 2H_2O =\!=\!= Mg(OH)_2 + H_2 + Q$$

在室温下，反应速度缓慢，随着温度的升高，反应速度加快，并且$Mg(OH)_2$会分解为水及MgO，高温时只发生生成MgO的反应。相同条件下，镁与水之间的反应，要比镁与氧之间的反应更剧烈。

当熔融镁与水接触时，不仅因生成氧化镁放出大量的热，而且反应产物氢与周围大气中的氧迅速反应生成水，水又受热急剧汽化膨胀，结果导致猛烈的爆炸，引起镁熔液的剧烈燃烧与飞溅。

11.3.1.2　镁与氧的作用

镁与氧的亲和力要比铝与氧的亲和力大，通常金属与氧的亲和力可由它们的氧化物生成热和分解压来判断。氧化物的生成热越大，分解压越小，则与氧的亲和力就越强。镁与氧原子相化合时，放出 598J 的热量，而铝放出 531J 的热量。镁和铝的另一区别是，镁被氧化后表面形成疏松的氧化膜，其致密度系数 α 为 0.79（Al_2O_3 的 α 为 1.28），这种不致密的表面膜，不能阻碍反应物质的通过，使氧化得以不断进行，其氧化动力学曲线呈直线式，而不是抛物线式（见图 11-1），可见氧化速率与时间无关，氧化过程完全由反应界面所控制。镁的氧化与温度关系很密切，温度较低时，镁的氧化速率不大；温度高于 500℃ 时，氧化速率加快；当温度超过熔点 650℃ 时，其氧化速率急剧增加，一旦遇氧就会发生激烈的氧化而燃烧，放出大量的热。反应生成的氧化镁绝热性能很好，使反应界面所产生的热不能及时地向外扩散，

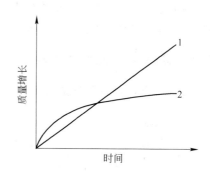

图 11-1　金属表面膜生长的动力学曲线
1—直线；2—抛物线

进而提高了界面上的温度，这样恶性循环必然会加速镁的氧化，燃烧反应更加剧烈。反应界面的温度越来越高，甚至可达 2850℃，远高于镁的沸点 1107℃，引起镁熔液大量汽化，甚至导致发生爆炸。

11.3.1.3　镁与氮气的作用

镁与氮气发生反应：

$$3Mg + N_2 = Mg_3N_2$$

在室温下反应速度极慢，当镁处于液态时，反应速度加快，温度高于 1000℃ 时，反应很剧烈。不过此反应比 Mg 与 O_2、Mg 与 H_2O 反应要缓慢得多。反应产物 Mg_3N_2 是粉状化合物，不能阻止反应的继续进行，同时 Mg_3N_2 膜也不能防止镁的蒸发，所以 N_2 不能防止镁熔液的氧化燃烧时的向外扩散，进而提高了界面上的温度，这样恶性循环必然会加速镁的氧化，燃烧反应更加剧烈。反应界面的温度越来越高，甚至可达 2850℃，远高于镁的沸点 1107℃，引起镁熔液大量汽化，甚至导致发生爆炸。

11.3.1.4　镁和某些氧化物

和氧化铁的反应

$$3Mg + Fe_2O_3 = 3MgO + 2Fe$$

和氧化硅的反应

$$2Mg + SiO_2 = 2MgO + Si$$

11.3.2　铸锭存放

工厂供应的粗铸锭应放于罩有塑胶的卡板上，进行密封。由于温度和存放及运输过程中的相对温度变化，铸锭会吸收一定的水分。镁合金铸锭总会具有气孔、裂纹和表面氧化，程度取决于合金类型和铸造方法。以上特征和水分有关，如果铸锭在潮湿的环境下存入较长的时间，会形成含有湿度的腐蚀物。压铸前，镁合金应在熔化之前把铸锭预热到150℃以除去水分。如果腐蚀较严重，建议在预热之前除去腐蚀物。建议在室内存放，最好在温度变化不大的建筑物内，应特别注意不要使镁合金和水直接接触。镁合金铸锭不能和易燃的材料放在一起。为防止在镁合金存放区发生火灾，须备有消防系统，其作用是防止火灾蔓延到金属存放区。如果镁合金发生燃烧，喷水装置会加速火势，并可以引起爆炸。

11.4　镁合金熔化操作规范

11.4.1　镁合金熔炉及周边设备

操作规范为：

（1）每台熔炉应配置1个镁合金专用灭火器（D型或冷金属）。

（2）生产车间内1kg镁合金应需要配备约100g覆盖剂（熔剂）或2kg以上的干沙、干菱镁矿或氧化镁粉末。

（3）镁合金熔炉必须配备完全封闭有气体保护且自动浇注的系统。

（4）镁锭投料前应有专门的预热炉，若采用熔炉余热预热应保证镁合金锭投放进熔炉的应预热至120℃，并无腐蚀斑点、油污。

（5）熔炉的初始升温速度应控制在50~80℃/h，并由熔炉膛内的热电偶来进行升温控制。达到镁锭熔化温区500~600℃时，升温速度控制在50℃/h以下。

（6）每次加入镁合金锭及除渣时炉门打开的时间应尽量短。除渣工具使用前应进行预热脱湿，清理出的熔渣和熔体混合物置入可进行密封的渣桶中，并进行灭火处理。

（7）不允许对处于工作状态的熔炉进行升降作业。

（8）熔炉和保护气体的控制系统需有相应的报警装置，熔炉还应有坩埚渗漏报警装置。

11.4.2　防止蒸汽、氢气爆炸

操作规范为：

（1）应采取必要的措施避免液体金属和水/潮湿相接触。

（2）在投入熔化金属之前，所有的铸锭必须预热至150℃。

（3）所有的清理工具等必须清洁，预热并经过完全干燥。

（4）工具不能有吸收湿气的包围物。

（5）熔化的镁合金绝对不能接触潮湿的材料，例如地板的水泥材料，只能使用钢制容器。

11.4.3　防止镁燃烧、氧化

操作规范为：

（1）熔化金属和空气中的氧、氮的反应减少到最低程度，避免和潮湿的物质接触。

（2）在低于初始熔点的温度下，大块的干燥的金属并不燃烧。

（3）有液体金属出现时，不进行熔化保护可能会发生剧烈的氧化、燃烧。

（4）随着温度的增加，液体金属的汽化增加了火灾发生的可能性。

（5）压铸最常见的保护气有 0.2% SF_6 的空气/SF_6、空气/CO_2/SF_6、SF_6/N_2 等保护气。

（6）为避免吸收水分，不要使用过长的保护气体输送管。

（7）在输入铸锭的和其他操作时，尽量减少炉盖窗口的打开时间。

（8）尽量避免各种泄漏。

（9）确保保护气体直接通至熔化金属表面。

（10）在提供良好保护的前提下，把流量调节到最少。

（11）确保保护气体的供应不能中断。

（12）用熔渣工具经常清理熔化金属表面积聚的反应物。

11.4.4 防止铝热反应

操作规范为：

（1）坩埚壁和钢配件的锈迹及剥落等应尽量避免和镁合金接触。

（2）熔化保护气体 SF_6 和 SO_2 不正确使用使坩埚鳞片状剥落，从而和熔化镁合金发生剧烈的反应。

（3）使用标准规定混合气体。

（4）在密封的坩埚内绝对不可以使用高浓度的 SF_6 和纯的 SF_6。

（5）在熔化炉关闭时，坩埚应盛满金属以避免坩埚壁吸收水分。

（6）保持坩埚壁没有锈迹，在清洗时应避免锈蚀进入熔化液。

（7）坩埚衬表面应干净而没有锈蚀。

11.4.5 清理坩埚熔渣

正确的清理坩埚方法是安全操作规程和取得熔化金属的品质所必须的。具体操作规范为：

（1）在一定的间隔内，应清理坩埚的表面和底部。

（2）使用干净和预热的工具。

（3）把工具缓慢伸入熔化金属，以使工具均匀受热，温度趋于一致。

（4）熔渣应该放进预热的钢柜中，最好有一定的冷却能力。

（5）把保护气体和熔渣的盖相连，以控制熔渣燃烧。

（6）由于可能积聚燃火的镁粉，如果熔渣柜中发生燃烧，不要很快移开盖子。

11.4.6 防止和含硅的绝缘材料反应

合适的熔炉结构和坩埚控制方法是熔化安全操作的关键。具体操作规范为：

（1）当和熔炉的镁合金直接接触有危险时，低密度、高硅绝缘材料不能用在处理熔化的镁合金的设备上。

（2）熔炉底应使用高密度、高熔点的氧化铝材料。

（3）为防止故障，熔炉应配有钢制容器以容纳熔化的金属。

（4）在金属液流出时，用干燥的熔剂控制燃烧直到金属完全固化为止，立刻关闭电源供应。避免以下原因引起的损坏：在坩埚中加入锌、铝合金；在关闭期间于 400~600℃ 盛放熔化金属；不正确地使用保护气体。

（5）间隔一定的时间检查坩埚，微小的损坏可以通过焊接修补，当坩埚壁厚度比原来减少50%时，通常更换新的坩埚。

11.5　镁合金压铸机的安全问题

压铸是镁合金生产较好的方法，可以以高的生产力生产复杂、薄壁的零件，和铝合金相比具有更低的模具损耗。镁合金的生产既可用冷室机也可用热室机。为具有更好的性能，建议镁合金压铸使用比铝合金高一些的注射速度，特别是对于薄壁零件。

11.5.1　基本安全操作要求

基本安全操作要求为：

（1）镁合金压铸设备的安装应按照设备使用说明书的要求。

（2）设备安装完毕，首次运转时，必须先点动电动机，观察电动机旋转方向是否与油泵允许旋转方向一致，油泵电机只能在手动模式下完成启动。

（3）建议使用水溶性压射冲头润滑剂，当使用油质压射冲头润滑剂时，应注意防火。

（4）压铸模具温度控制避免采用水介质加热（冷却），应选用不含水的油质加热（冷却）方式，及具有油温过热保护装置的模温机。

（5）操作人员必须在确认机器所有安全防护功能完好的情况下才可以操作启动机器。操作过程中，操作工人每次必须彻底清理注料嘴，并注意观察冲头是否脱落或漏水。

（6）较长时间停机必须关闭总电源、冷却水、压缩气及脱模液阀门，停机锁模时不能把机绞肘臂伸直锁死，尤其在模具加热过程中。

（7）操作中发现问题和故障时不允许擅自改变工艺及机器的设定参数。压铸冲头必须使用铍青铜冲头。

11.5.2　压铸机危险区的安全规范

压铸机危险区的安全规范为：

（1）压铸模具调整时必须在手动模式下进行，安装模具时，应将前安全门和后安全门打开，并设置1个钥匙选择开头为"ON"以保证合模，开模的速度为低速，压力为低压的工作状态。

（2）镁合金压铸机合模采用双手合模控制，操作人员必须使用双手同时操作两个合模按钮。

（3）在工作过程中，操作人员应站立在当射料时熔融金属从模具的分型面喷射出后对人体不会造成危害的防护位置。

（4）操作人员如需进行压铸模内对压铸模的表面进行观看、对模具表面进行修理和清洁时，必须按下急停开关，将可能发生的危险动作完全切断，保护人身安全。

（5）对于热室压铸机中，压射嘴周围的挡板不要随意拆除，以减少金属液喷溅的危险。当因维护、保养或更换压射嘴的需要而移走或拆下挡板时，应完全恢复后，才能进行生产。

（6）压铸生产时必须等余料饼中镁合金冷却至没有爆炸危险时，方可开模顶出压铸件，并立即向压铸件较厚部位喷脱模剂。

（7）当机器运转时，严禁操作人员接触机器运动部件，特别是机械合模装置、压射机构等高速运动部件。对于相关运动部件的安全隔离板，不允许拆除。

（8）定期检查各防护装置功能是否正常，当发现有防护装置功能失效时，应将功能修复后再操作使用机器。任何情况下维修机器、处理模具或其他附属设备,必须完全关闭能源锁后才能进入机器内进行工作。设备故障维修须挂上警示牌。

11.5.3　电气控制系统安全操作

电气控制系统的安全操作规范为:

(1) 操作人员不要直接接触裸露的带电零件、导线和元器件,避免发生触电危险。

(2) 镁合金压铸机在所有的操作台上安装有红色的带机械自锁功能的急停开关。当镁合金压铸机出现异常时,操作人员应快速地按下急停开关。只有镁合金压铸机的异常现象确认完全排除后,才能解除急停开关的机械自锁状态。

(3) 镁合金压铸机危险区域设计有各种防护装置。如机械合模装置,防护装置,前、后安全门防护装置,飞料挡板等。这些防护装置带有电控及监控功能,当所有的防护装置处于规定位置时,镁合金压铸机才会进行合模动作。开始生产前应检验这些安全防护装置的功能是否有效。

(4) 镁合金压铸机防护装置的电监控功能是非常重要的。操作人员不得任意拆除镁合金压铸机各种防护装置的电信号开关和在电路中短接这些信号,否则,可能导致危险情况的发生。

11.5.4　液压及气动系统安全操作

液压及气动系统的安全操作规范为:

(1) 机器氮气瓶中必须使用纯度为99.995%的氮气。充气方法及压力参照说明书。

(2) 往机器油箱内灌注液压油时,须确认所加液压油油品是否与说明书一致。灌注液压油须经过滤器往油箱内灌注。

(3) 启动油泵前,须先检查液压油温度,液压油温度低于机器说明书允许工作温度下限时,须预加热,并使油泵空载运行一段时间后再加载运行。

(4) 停机不工作时应排放高压容器中的液压油。排放高压容器中的气体或残油时,操作者应避开高压气体的喷射方向,以免造成危险。

(5) 定期检查油箱内的液压油的温度,当油温超过55℃时,应立即停车检查原因。

(6) 定期检查高压容器,至少每年进行一次外部宏观裂纹检查,每两年进行一次内部探伤检查,每三年进行一次耐压试验检查。对于使用10年以上的高压容器,每年进行一次内、外部检查。

(7) 压力容器在每一个工作循环中的压力如有较大变化时应对机器进行检查并查明原因。

(8) 蓄能器安装位置必须使维修时易于接近,蓄能器和所有受压元件连接必须坚固、安全。在维修工作开始前必须对蓄能器进行泄压,禁止对蓄能器进行任何机加工、焊接或其他措施的修改。

(9) 压力油管应使用耐温200℃以上金属网包覆油压用软管、管外再包覆隔热套管。管连接应使用正确的接头并确定密封,防止泄漏,保证足够移动行程,防止管线相互摩擦而造成的危险。

11.6　机械加工

尽管压铸件在压铸以后,几乎可以达到精度要求,但通常还要进行一些机械加工。压铸镁合金具有优良的可加工性能，大部分压铸件都可以进行机械加工，但是处理机加工碎屑时，有发生火灾的危险。一般认为，当空气中镁粉尘浓度达到 20mg/L 就能引起爆炸；当获得 4.08J 的能量或者直接对镁粉尘加热到 723~836K 也可能引起爆炸。这是由于当面积/体积比较大时，很容易升温到较高的温度。在加工镁合金时，必须遵守严格的生产规定，绝对不可以在没有建立安全措施的加工其他金属的设备上加工镁合金。在机加工和处理镁合金碎屑时，必须遵守以下规定：

（1）请勿吸烟。

（2）保持切削刀锋利，并有足够的切削角。

（3）使用大进给量，以产生较厚的碎屑。

（4）不能让刀具摩擦工件。

（5）消除碎屑燃烧的火源。

（6）保持加工场所清洁，避免积累过多的碎屑。

（7）维持足够的灭火剂（干燥的沙子、铸铁屑、D 型灭火器）。

（8）使用特殊的抑制性水/油乳化剂以减少氢气的生成，并保证乳化剂的充分供应。

（9）具有保护门的加工室必须通风良好，以防止积聚高浓度的氢气。

（10）把湿的碎屑放入通风优良的钢桶中，并放在离开机加工和压铸场所的位置。运输湿的碎屑要使用通风的运输工具，并放在通风良好的容器中。

（11）在进行机加工之前，要首先考虑相关职能部门制定的法规。

11.7　研磨

研磨镁粉极易燃烧，对于相关设备和操作，必须认真考虑采取防火和防止爆炸的措施：

（1）在研磨区绝对不可以燃火、切削或焊接。

（2）维持足够的灭火剂（干燥的沙子、铸铁屑、D 型灭火器）。

（3）使用仅适用于镁合金的研磨设备。

（4）使用合适的湿尘收集系统。

（5）确保通风设备在研磨之前已正常运行，以除去积聚的氢气。

（6）保证湿尘收集系统有足够的维护和清理。

（7）现场的电气设备可以不受爆炸影响，并已正确接地。

（8）除非特别注明适用于镁粉，不能使用真空吸尘器收集镁粉。

（9）工作服应是防火材料并且没有口袋。

（10）严禁吸烟。

11.8　防燃

11.8.1　安全措施

安全措施有：

（1）必须记住，镁合金铸锭、压铸件和表面处理后的零件只有整体达到初始熔点以上才会发生燃烧。

（2）由于高的火焰温度（3900℃），镁合金燃烧会发出耀眼的白光。这对于没有经验的人是很可怕的，因此遵守控制和灭火规定是非常重要的。镁的热容只有汽油的一半，只要小心谨慎，镁合金起火是很容易熄灭的。由于湿气的存在，要小心发生飞溅爆炸。切记不可惊慌，更不能用水扑灭镁合金起火，使用水会导致爆炸和火势蔓延。

（3）应该有防火队，进行必要的培训。

（4）应避免在镁合金熔化区域存放气瓶，必要时气瓶应存放在防火材料的地板上。在压铸机和熔化炉附近，不要使用木板。

（5）应准备必要的呼吸器具，以防起火时产生大量的烟。

11. 8. 2　建筑物

厂房应使用防火材料，排放管应远离熔化金属可能溢出的区域，熔化区域的地板材料应耐热且不吸水，因普通水泥在金属溢出时会释放出水分，建议使用耐火砖和特种水泥。在金属可能飞溅的区域，最好使用钢制地板。要具有良好的排气系统。在熔化区域，应避免吹强风以防止镁合金氧化。

11. 8. 3　存放

铸锭、浮渣、加工碎屑和研磨镁粉的存放应遵从：

（1）镁合金要和易燃材料分开存放。

（2）干净的固体镁合金碎片如水口等应存放在不能燃烧的容器中，不同的金属要分开存放。

（3）熔化炉和坩埚清理出的炉渣含有很大一部分镁合金，在固化和冷却以后，应存放在不能燃烧的容器中，干燥的加工屑存放在干燥的钢桶中。

（4）由于发热和自燃的危险，湿润的加工屑不可烘干，应放在通风良好的容器中，使水和镁反应生成的氢气跑掉，除非使用特殊合成的可以抑制氢气生成的冷却剂（水-油乳化液）。厂房和运输工具必须通风良好。

11. 8. 4　灭火剂

使用以下灭火剂可以控制和扑灭镁合金起火：

（1）干燥的覆盖剂，低熔点，专门适用于镁合金。

（2）D 型灭火器。

（3）干燥且不含氧化物的铸铁屑。

（4）干燥的沙子。

最有效的灭火方法是覆盖剂，可以在液态镁表面形成熔化层，从而隔绝氧气。压铸车间应备有足够的覆盖剂。干燥的铸铁屑和沙子会冷却和灭火。因镁和硅可能发生反应，在含有大量的液体金属的坩埚中不可使用含硅的沙子。因 D 型灭火器可能使火势蔓延，其只能作为一种选择方法。

11. 9　废料处理

如果加工残留物的回收不是经济的或实用的，那么残留物必须用无危害的方式并符合当地法律法规进行处理。可行的处理方法包括：溶入 5% 的氯化铁水溶液中、溶入海水中、埋入地下。加工操作的残留物必须经过处理，要考虑到安全和环境问题并符合国家相关法律。具体处理方法和规范如下：

（1）镁金属的残留物不应该和其他残留物混合在一起。

（2）干燥加工操作的镁金属残留物应放置于密闭、贴有标识的、干净的、非易燃性的钢制容器中，容器应放在干燥的地方，没有水污染的机会。

（3）污染有矿物油的碎屑，应和干燥碎屑以同样的方式存放。

（4）在储存和运输前，重要的是尽可能清除掉碎屑上的冷却液。目前所用清除水的方法有过滤、离心干燥和挤压。

镁碎屑和粉末应看做是有用的资源，这些材料可用于钢铁工业中给产品脱硫。干燥的碎屑很容易循环，油质和湿碎屑的再循环要求特别注意清洁，放射控制和安全。

11.10　镁合金安全紧急应对措施

镁合金压铸生产中的严重危害往往有：着火、镁液溅射和人员烫伤等。下面是某工厂的安全应急措施，以供大家参考。

11.10.1　灭火措施

严禁用水灭火，严禁使用 A、B、C 类灭火器，正确的灭火剂及其灭火程序如下：

（1）镁合金用覆盖剂：

1）通常在炉内着火，燃烧初期或少量燃烧时使用覆盖剂灭火。

2）使用时，将干燥覆盖剂以铲子或其他工具舀出，平均撒在着火物上。

3）切勿直接拿着塑料袋往火堆丢掷，除非火势已大到无法接近。

（2）干燥的铸铁砂：

1）不论火势是否已燃烧，干燥铸铁砂都可以用来灭火。

2）使用前一定要确定铸铁砂干燥。

3）使用时，利用铲子将铸铁砂撒覆于着火物上，量要大，覆盖面要平均。

4）对镁屑，熔渣灭火时，不仅要覆盖，并且应加以翻搅，如此灭火效果才会好。

（3）镁合金用金属灭火器（D 型灭火器）：

1）金属灭火器无法完全熄灭燃烧的镁。

2）依灭火器使用方法及程序操作。喷射压力不可太大，以免将燃烧的镁屑吹散造成更大的灾害范围。

3）因为无法完全灭火，所以在火势获得控制后，须将余烬分批、少量地铲移至其他安全的地方另作处理。

（4）干燥的干砂：

1）使用前一定要确保干砂干燥。

2）使用时，用铲子将干砂堆盖于着火物上，量要大、要厚，不能看到有火苗。

3）对镁屑，熔渣灭火时，只需覆盖不能翻搅，否则灭火效果不好。

4）干砂不可用于熔炉内灭火。

11.10.2　熔炉内火灾防治作业

熔炉火灾一般可分为坩埚中着火和坩埚破裂两种形式。坩埚中着火通常由于保护气体匮乏所致。应时时注意：保护气体是否开启，分量是否足够，混合比正确与否，有无备用瓶，管路接头有无泄漏，炉盖有无盖紧、密合。操作中不应该经常开启炉盖。清渣前要预热清渣工具，清渣时会产生零星的火花，操作者不需为此惊慌。

若因保护气体匮乏引起液面着火时，应立即丢入大量覆盖剂并施以充分的保护气体：

（1）一发现炉内冒出白烟，要沉着，迅速切断电源，通知相关人员，并立即穿戴防护具。

（2）由泄汤口排出或检视孔所见的镁汤量判断漏汤程度，做不同的应变处理：

1）若泄汤口未流出任何镁汤，则立即将覆盖剂丢入炉内及盛汤皿中，然后用干燥的勺子从坩埚内舀出一些熔汤，接着连续丢入几支完全干燥的镁锭，使坩埚内的熔汤尽快凝固。

2）若泄汤口流出的镁汤量不多，呈绢丝状，则立即将覆盖剂大量丢入炉内及盛汤皿中，在盛汤皿尚未满前尽快用干燥的勺子将炉内的镁汤舀出一部分，然后连续丢入镁锭，使熔汤快速凝固。

3）若泄汤口流出的镁汤量大，如同倒水，这时要立即打开炉盖丢入大量的覆盖剂及镁锭，同时盛汤皿也放入镁锭及大量的覆盖剂，能丢多少就丢多少，这时舀汤出来已失去时效性，不需再浪费时间。接着离开现场，从远处监视其动静。

（3）同体积下铝锭吸收的热量比镁高，因此，灭火时可考虑使用铝锭取代镁锭。

11. 10. 3 镁液溅射防护

镁液溅射一般可能在模面接合不良、（热室机）喷嘴模面接触不良、未干燥汤勺与汤面接触、舀汤时不小心翻覆等状况下发生。

若分模面接合不良造成镁液喷射时，应立即停机。若人员受伤害应立即急救处置。检查模具前，先确认油压缸已释压。若喷料确为模具制作不良所致，则必须在模具分模上加装护板（挡板）。若因射出压力过高所致，则应考虑使用具有减速功能的机器或改用更大型的机器。

若因喷嘴与模具接合不良造成镁液喷射时，应立即停机，倘若有人因此受伤应立即急救、送医。随后停止喷嘴加热，熔炉后退，用专用工具清理喷嘴口以及入料口，务必完全清除干净，不可残留碎屑。

若舀料时镁液溅洒，现场应立即停止作业，封闭炉盖。利用正确灭火剂将残留的镁汤熄灭，切勿慌乱。若有人员因此着火或烫伤应立即做紧急处置。

11. 10. 4 人员烫伤操作

当有人员烫伤时，操作如下：

（1）人员遭烫伤时，应马上做紧急冲洗淋浴，将镁屑冲洗干净。若镁屑已侵入皮肤，应迅速用大量的清水将碎屑冲出，绝对不可置之不理，迅速通知医院及相关人员，必要时拨打"120"紧急处理。

（2）脱去或去除患部衣物，以便患处散热，防止烧伤进一步扩散。

（3）可以用清凉的干净的水浸泡患部，起降温等作用，用干净的薄纱布等盖住患部防止感染。

（4）紧急处理完，若严重，应该迅速送医，并告知医务人员是镁合金烫伤，以便对症救治。

总之，只要按照正确的操作规范作业，安全问题就不会是影响镁合金压铸发展的因素，同时进一步规范企业的安全生产与管理，以人为本，杜绝事故的发生，也是压铸企业必须注意的重要问题。

复习思考题

11-1　安全生产教育的内容有哪些?

11-2　压铸生产的个人安全应注意哪些事项?

11-3　简述镁合金熔化操作规范。

11-4　压铸机安全生产规范有哪些?

11-5　机加工和研磨应注意哪些问题?

11-6　为防止火灾,应从哪些方入手?

11-7　废品如何处理?

11-8　简述镁合金安全生产紧急应对措施。

参 考 文 献

[1] 师昌绪，李恒德，王淀佐，李依依，左铁镛．加速我国金属镁工业发展的建议[J]．材料导报，2001，15(4)：5～6．

[2] 布瑞克 R M，彭斯 A W，戈登 R B．工程材料的组织与性能[M]．王健安，等译．北京：机械工业出版社，1983．

[3] 陈振华，等．镁合金[M]．北京：化学工业出版社，2004．

[4] EMLEY E F. Principles of Magnesium Technology [M]. New York Pergamon Press，1966.

[5] 刘正，张奎，曾小勤．镁基轻质合金理论基础及其应用[M]．北京：机械工业出版社，2002．

[6] 范顺科，朱玉华，李震夏．袖珍世界有色金属牌号手册[M]．北京：机械工业出版社，2001．

[7] 许并社，李明照．镁冶炼与镁合金熔炼工艺[M]．北京：化学工业出版社，2006．

[8] 刘好增，罗大金，等．镁合金压铸工艺与模具[M]．北京：化学工业出版社，2011．

[9] 张津，章宗和，等．镁合金及应用[M]．北京：化学工业出版社，2004．

[10]《轻金属材料加工手册》编写组．轻金属材料加工手册（下册）[M]．北京：冶金工业出版社，1980．

[11] 陈存中．有色金属熔炼与铸锭[M]．北京：冶金工业出版社，1987．

[12] 郑来苏．铸造合金及熔炼[M]．西安：西北工业大学出版社，1994．

[13] 柳佰成，黄天佑．中国材料工程大典（第19卷）．材料铸造成形工程[M]．北京：化学工业出版社，2005．

[14] 王振东．金属压铸成型新工艺与压铸件生产新技术及压铸模设计制造选用、国内外最新压铸技术标准应用实务全书[M]．北京：北方工业出版社，2006．

[15] 彭继慎．压铸机控制技术[M]．北京：机械工业出版社，2006．

[16] 付宏生．压铸成形工艺与模具[M]．北京：化学工业出版社，2007．

[17] 李清利．压铸新工艺新技术及其模具创新设计实用手册[M]．北京：世界知识音像出版社，2005．

[18] 彭继慎，高姬，朴海国．工控机在压铸机控制系统中的应用[J]．工业控制计算机，2004(8)：10，11．

[19] 宋绍楼，彭继慎．压铸机工控机控制系统的开发与研制[J]．中国铸造装备与技术，2000(6)：23，24．

[20] 濑川和喜．压铸技术[M]．周子明译．北京：航空工业出版社，1986．

[21] 骆楠生，许琳，等．金属压铸工艺与模具设计[M]．北京：清华大学出版社，2006．

[22] 潘宪曾．压铸模设计手册（第2版）[M]．北京：机械工业出版社，1998．

[23] 耿鑫明．压铸件生产指南[M]．北京：化学工业出版社，2007．

[24] 王鹏驹，殷国富，等．压铸模具设计手册[M]．北京：机械工业出版社，2008．

[25] 于彦东．压铸模具设计 CAD[M]．北京：电子工业出版社，2002．

[26] 阎峰云，张玉海．工艺参数对压铸 AM60B 合金力学性能的影响[J]．新技术新工艺，2007，(11)：79～81．

[27] 黎前虎，陈继斌．镁合金压铸生产的安全作业[J]．特种铸造及有色合金，2003(z1)：37，38．

[28] 黎前虎，陈继斌．镁合金压铸工艺、安全操作及设备要求[J]．汽车工艺与材料，2003(5)：3～5．

[29] 沈阳铸造研究所，等．GB/T 25748—2010．压铸镁合金[S]．北京：中国标准出版社，2011．

[30] 隆鑫工业有限公司．GB/T 25747—2010．镁合金压铸件[S]．北京：中国标准出版社，2011．

[31] 重庆镁业科技股份有限公司，等．GB/T 20926—2007．镁及镁合金废料[S]．北京：中国标准出版社，2007．

[32] 重庆博奥镁业有限公司，等．GB 26488—2011．镁合金压铸安全生产规范[S]．北京：中国标准出版社，2011．

冶金工业出版社部分图书推荐

书　名	定价(元)
有色金属行业职业教育培训规划教材	
重有色金属及其合金管棒型线材生产	38.00
有色金属塑性加工原理	18.00
金属学及热处理	32.00
铝电解生产技术	39.00
重有色金属及其合金熔炼与铸造	28.00
有色金属分析化学	46.00
镁冶金生产技术	38.00
有色金属行业职业技能培训丛书	
重有色金属及其合金板带材生产	30.00
铝电解技术问答	39.00
现代有色金属提取冶金技术丛书	
稀散金属提取冶金	79.00
萃取冶金	185.00
现代有色金属冶金科学技术丛书	
锡冶金	46.00
钨冶金	65.00
钛冶金	69.00
镓冶金	45.00
钒冶金	45.00
锑冶金	88.00
镁合金制备与加工技术手册	128.00
镁合金腐蚀防护的理论与实践	38.00
铝、镁合金标准样品制备技术及其应用	80.00
镁质和镁基复相耐火材料	28.00
细晶镁合金制备方法及组织与性能	49.00
镁质材料生产与应用	160.00
轻金属冶金学	39.80
铝冶炼生产技术手册(上册)	239.00
铝冶炼生产技术手册(下册)	229.00
现代铝电解	108.00
电解法生产铝合金	26.00
铜加工生产技术问答	69.00